Zwischen Egoismus und Exzellenz

Ramzi Fatfouta

Zwischen Egoismus und Exzellenz

Wie Narzissmus unsere Arbeitswelt verändert und was wir tun können

1. Auflage

Haufe Group
Freiburg · München · Stuttgart

Bibliografische Information der Deutschen Nationalbibliothek

Die Deutsche Nationalbibliothek verzeichnet diese Publikation in der Deutschen Nationalbibliografie; detaillierte bibliografische Daten sind im Internet über http://dnb.dnb.de/ abrufbar.

Print:	ISBN 978-3-648-18099-0	Bestell-Nr. 12087-0001
ePub:	ISBN 978-3-648-18100-3	Bestell-Nr. 12087-0100
ePDF:	ISBN 978-3-648-18101-0	Bestell-Nr. 12087-0150

Ramzi Fatfouta
Zwischen Egoismus und Exzellenz
1. Auflage, August 2024

www.haufe.de
info@haufe.de

Bildnachweis (Cover): © Marina Demeshko, iStock

Produktmanagement: Mirjam Gabler
Lektorat: Helmut Haunreiter
Illustrationen: Stephen Paris

Für alle, die insgeheim denken, dieses Buch handele von ihnen und all diejenigen, die tagtäglich mit einem Seufzen damit umgehen müssen.

Inhaltsverzeichnis

Wie ich zu Narzissmus kam – und der Narzissmus zu mir

Montag, 09:04 Uhr, in einem Management Audit für ein führendes DAX-Unternehmen. Ein prägender Moment, der meine Reise in die Untiefen des Narzissmus einleitete. Mein Kandidat, Herr A., stand zum ersten Mal vor mir – eine unkonventionelle Erscheinung im Vergleich zu den anderen Senior Vice Presidents, die ich bereits zuvor für den Kunden auditiert hatte. Er trug einen schwarzen Anzug ohne Krawatte, war top gestylt, aus seiner weißen Hemdtasche ragte eine Zigarettenschachtel – Marke Marlboro Red – mit dem warnenden Hinweis: »Rauchen ist tödlich«, begleitet von einem abschreckenden Bild. War das bereits eine unbewusste Rückmeldung an mich? In jedem Fall war es ein interessanter Auftakt, der mich als Management-Diagnostiker und Psychologe neugierig auf den weiteren Vormittag machte.

Als ich die Agenda vorstellte, wirkte Herr A. gelangweilt und äußerte, er habe eigentlich keine Zeit für »derartige Verfahren«. Er wisse nicht, was das Ganze soll und überhaupt: Wozu brauche man überhaupt einen externen Dienstleister wie mich? Außerdem: Wie lange mache ich das jetzt schon, ich sehe ja so jung aus! Lässig lehnte er sich in seinen Stuhl zurück, wodurch seine Rolex unter dem mit Manschettenknöpfen versehenen Ärmel zum Vorschein kam. Ob es eine Day-Date oder eine Datejust war, vermochte ich von meiner Seite des Tisches nicht zu erkennen.

Während des Management Audits präsentierte er sich schließlich als erfahrene Führungskraft mit einer beeindruckenden Vita: Hohe Klarheit in Bezug auf sein Rollenverständnis, Positionierung auch bei aufkommenden Widerständen, ausgeprägter Kundenfokus. Dennoch ließen mich die übertriebene Betonung seiner Erfolge und seine anfängliche Abwehrhaltung gegenüber dem Verfahren darüber nachdenken, wie er wohl von seinem Team wahrgenommen wurde. Ist er eher ein People Manager, ein Stratege oder doch ein Macher?

Die Antwort auf diese Frage erhielt ich in der darauffolgenden Führungssimulation, in der ich einen renitenten Mitarbeiter mimen durfte: Kein Smalltalk zur Gesprächseröffnung, kein »Wie läuft es im Projekt?«, kein unnötiges Geplänkel. Herr A. kommt direkt zur Sache und konfrontiert mich mit den kritischen Passagen, die in seiner Instruktion stehen. Er arbeitet mit ungeprüften Annahmen, lässt mich kaum zu Wort kommen und wirkt wenig interessiert daran, wie *ich* die Dinge sehe (schließlich hatte ich als Rollenspieler auch eine entsprechende Instruktion). Was Herr A. scheinbar nicht wahrhaben wollte: Ich bin als Mitarbeiter nicht faul, unmotiviert oder inkompetent – sondern einfach überfordert, wünsche mir Unterstützung und ein offenes Ohr. Es war eines der wenigen Male, in denen ich in meiner Rolle von meinem Gegenüber angeschrien wurde. Faustschlag auf den Tisch inklusive, als würde diese theatralische Geste eine zuvor verborgene Energie endlich freisetzen.

Die Eindrücke aus dem anfänglich durchgeführten Interview verdichteten sich allmählich zu einem Gesamtbild. »Herr A. könnte insbesondere mit Blick auf seine weichen Führungsfacetten variantenreicher agieren« – so oder so ähnlich schrieb ich meine Beobachtungen in das anschließende Ergebnisgutachten. Mit maximalem Wohlwollen attestierte ich Herrn A. neben einer ausbaufähigen Empfängerorientierung ein zentrales Entwicklungsfeld im Bereich »Empowerment«. Als wir im Feedbackgespräch auf dieses Thema zu sprechen kamen, winkte er nur ab. »Ich sehe nichts Schlechtes darin, meinem Team Lösungen vorzugeben – das hat nichts mit Befähigung zu tun, sondern mit Erfahrung. Und davon hab' ich schließlich reichlich.«

Persönlichkeiten wie Herr A. sind es, die mich tagtäglich aufs Neue faszinieren: Selbstbezogen, machtorientiert und kaltherzig, gleichzeitig auch selbstsicher, dynamisch und zielstrebig. Dieser offensichtliche Widerspruch beschreibt die Paradoxie des Narzissmus. Denn trotz – oder vielleicht gerade wegen – dieser Eigenschaften hat Herr A. seine Position im Unternehmen gefestigt und den Kurs während einer anspruchsvollen Restrukturierung festigen können. Schließlich wurde er genau dafür geholt. Er sollte »den Laden so richtig aufräumen« und »die Mannschaft wieder auf die Spur bringen«. Doch zu welchem Preis? Wie geht es ihm selbst damit? Und was macht das wiederum mit seinem Team?

»Research is Me-Search« (Forschung ist Selbst[er]forschung): Mein Erkenntnisinteresse an Narzissmus ist zugegeben eng mit meinen eigenen persönlichen und beruflichen Erfahrungen verknüpft. Die Eigenschaft begleitet mich in unterschiedlicher Intensität bereits seit vielen Jahren – in der Wissenschaft, in der Beratung und in der Privatwirtschaft. Erste Berührungspunkte mit übermäßiger Selbstbezogenheit hatte ich bereits vor über 12 Jahren im Rahmen meiner Promotion über den Umgang mit zwischenmenschlichen Konflikten an der Freien Universität Berlin. Ich untersuchte unter anderem, ob und wie Narzisst:innen anderen vergeben und fand heraus: Auf die Art des Narzissmus kommt es an, ob nach einer Reiberei Friede, Freude, Eierkuchen herrscht oder eben nicht. Schon hier merkte ich: Es ist nicht alles Narzissmus, was wir als Selbstverliebtheit abtun.

Nach einer kurzen Postdoktorandenzeit, in der ich Narzissmus als eigenständiges Forschungsthema weiterverfolgte, stieg ich schließlich als Berater in eine führende deutsche Personal- und Managementberatung ein. Ich reiste quer durch die DACH-Region, führte zahllose Assessment und Development Center sowie Potenzialanalysen durch und begegnete in kurzer Zeit vielen markanten Persönlichkeiten – von Young Professionals bis Senior Executives. Gerade die Interaktionen mit gehobenen Führungskräften waren dabei für mich besonders eindrücklich, teilweise skurril: Je höher die

Führungsebene, desto geschliffener die Selbstpräsentationen (und Lebensläufe). Meine Aufgabe war es stets, hinter die Fassade zu blicken, die verbale Schminke behutsam abzuwischen und mittels Fragen offenzulegen, was der Habitus verdeckt – genau das begeistert mich seit jeher an diesem Konstrukt. Narzissmus hat – wie ein Kaleidoskop – unzählige Facetten, die immer wieder ein neues, faszinierendes Bild ergeben.

Mit diesem Buch möchte ich gemeinsam mit Ihnen einige dieser bunten (und zugegeben auch weniger bunten) Facetten näher beleuchten und über ein häufig missverstandenes Phänomen aufklären. Das Besondere? Ich tue das nachfolgend aus drei verschiedenen Rollen heraus: Einerseits möchte ich als Psychologe eigene Erkenntnisse aus vielen Jahren nationaler und internationaler Narzissmusforschung teilen, andererseits als HR-ler wertvolle Einsichten und Werkzeuge bieten, um Narzissmus im beruflichen Umfeld zu erkennen und damit umzugehen. Zu guter Letzt lasse ich als »Betroffener« meine eigenen Best Practices, Impulse und Erkenntnisse einfließen, in der Hoffnung, dass auch Sie davon profitieren können. Sind Sie bereit für einen Brückenschlag zwischen Theorie und Praxis?

Berlin im August 2024 — Dr. habil. Ramzi Fatfouta

Ein paar Disclaimer vor Beginn

Ferndiagnosen

Lassen Sie mich ganz unsexy mit einer Regel beginnen: Die Goldwater-Regel, benannt nach dem damaligen republikanischen US-Präsidentschaftskandidaten Barry Goldwater (1909–1998), ist eine ethische Richtlinie der Amerikanischen Psychiatrischen Vereinigung (APA). Sie besagt, dass es für Psychiater:innen ethisch nicht vertretbar ist, Diagnosen über Personen des öffentlichen Lebens zu stellen, ohne diese persönlich untersucht zu haben. Goldwater selbst wurde in den 1960er Jahren im Rahmen einer Befragung des Magazins *Fact* von über 1.000 Psychiater:innen als »psychologisch ungeeignet« für das Präsidentschaftsamt erklärt. Er erlitt infolgedessen einen gravierenden Imageverlust, verklagte das Magazin und gewann den Prozess. Die Goldwater-Regel wurde schließlich mit der Intention geschaffen, voreilige Diagnosen zu verhindern und die Integrität der psychiatrischen Praxis zu wahren.

Die gute Nachricht an dieser Stelle ist, dass es für Psycholog:innen wie mich keine vergleichbare Regel gibt (Lilienfeld et al., 2018). Gleichzeitig sei angemerkt, dass die Aussagen über den potenziellen Narzissmus bei prominenten Persönlichkeiten in diesem Buch nicht darauf abzielen, klinische Auffälligkeiten aufzuzeigen, diese Personen zu labeln oder gar (Fern-)Diagnosen zu stellen. Stattdessen dienen sie ausschließlich als prototypische Beispiele dafür, wie narzisstische Persönlichkeitsmerkmale in Erscheinung treten *können*. Wie wir sehen werden, können die Erscheinungsformen auch durchaus produktiv ausfallen, sodass die Aussagen nicht despektierlich gemeint sind. Alle anderen Beispiele in diesem Buch wurden anhand von selbst erlebten oder berichteten Fällen erarbeitet, zum Teil verfremdet, anonymisiert und so zu narzisstischen Personas amalgamiert. Sämtliche Ähnlichkeiten mit realen Personen oder Ereignissen sind somit rein zufällig und unbeabsichtigt.

Narzissmusbegriff

In diesem Buch greife ich bewusst auf die realitätsvereinfachende Formulierung »Narzisst« bzw. »Narzisstin« zurück, um Menschen mit einer hohen (vs. niedrigen) Ausprägung in der allgemein und graduell bestehenden Persönlichkeitseigenschaft Narzissmus zu beschreiben. Im klinisch-psychiatrischen Kontext wird dieser Begriff häufig auf Menschen mit einer diagnostizierten narzisstischen Persönlichkeitsstörung (NPS) bezogen. Diese ist jedoch nicht der Gegenstand dieses Buches. Hier geht es explizit um narzisstische Eigenschaften, die jede Person zu einem gewissen Ausmaß aufweisen kann, nicht um Störungen.

Die Verwendung der Formulierung »Narzissmus« dient hier somit nicht dazu, Menschen in eine bestimmte Kategorie einzusortieren, sie zu stigmatisieren oder gar eine Persönlichkeitsstörung zu attestieren. Vielmehr handelt es sich um eine stilistische

Verkürzung, die die vereinfachte Beschreibung von narzisstisch geprägten Personen ermöglicht. Darüber hinaus soll darauf hingewiesen werden, dass die Zuschreibung »narzisstisch« auf bestimmten Verhaltensweisen basiert und keine unumstößliche Tatsachenbeschreibung darstellt. Eine Person kann beispielsweise narzisstisch wirken oder sich narzisstisch verhalten, ohne notwendigerweise grundsätzlich erhöhte Ausprägungen der Persönlichkeitseigenschaft Narzissmus aufzuweisen oder gar unter einer NPS zu leiden.

Geschlechtergerechte Sprache

In dieser Publikation wird eine geschlechtergerechte Sprache verwendet. Dort, wo das nicht möglich ist oder die Lesbarkeit stark eingeschränkt würde, gelten die gewählten personenbezogenen Bezeichnungen für alle Geschlechter.

Einleitung

Wo viel Licht ist, ist starker Schatten.
Johann Wolfgang von Goethe

Ob Gesellschaft, Unternehmenswelt oder Politik: In den letzten Jahren mehren sich mediale Berichte über die geistige Verfassung einflussreicher Persönlichkeiten des öffentlichen Lebens – Musk, Trump, Putin & Co[1]. Sie alle scheinen durch ihr ausgeprägtes Maß an Selbstüberschätzung, Manipulation und Verleumdung das Paradebeispiel einer narzisstischen Person zu verkörpern. Auch in den Wirtschaftsmedien ist das Thema »Narzissmus« allgegenwärtig. »Narzissmus in deutschen Führungsetagen: Die Jungbullen kommen«, titelt der Harvard Business Manager (2021). Passend dazu fragt das Handelsblatt (2022): »Wie erkenne ich einen narzisstischen Chef?« Und die Capital (2020) weiß schließlich: »Wie Sie sich mit narzisstischen Chefs arrangieren«.

Schlagzeilen wie diese verdeutlichen, dass das Konzept des Narzissmus und damit zusammenhängende Themen immer mehr an Bedeutung gewinnen. Zu Recht: Die österreichische Philosophin und Publizistin Isolde Charim (2022) beschreibt in ihrem Buch, dass Narzissmus die vorherrschende Ideologie unserer Gesellschaft ist. Höher, schneller, weiter. Fast schon zwanghaft scheint der Druck, sich zu verändern, noch erfolgreicher zu sein und noch besser zu werden. Von diesem Druck sind insbesondere Führungskräfte als zentrale Figuren in Organisationen betroffen, zumal auch die Anforderungen an sie kontinuierlich steigen. Gerade gehobene Führungskräfte können häufig eine Attitüde an den Tag legen, die von Egoismus, Anspruchsdenken und Größenfantasien geprägt scheint.

Doch auch jenseits der Führungsetage sind narzisstische Tendenzen in der Arbeitswelt regelmäßig anzutreffen. Die meisten von uns sind in ihrer beruflichen Tätigkeit sicherlich Personen begegnet, die ständig den Fokus auf ihre eigenen Ideen legen, die Beiträge anderer herunterspielen und auf Anerkennung pochen. Seht her, wie geil ich bin! Diese Verhaltensweisen können sich auf verschiedene Art und Weise manifestieren und haben einen starken Einfluss auf das Betriebsklima, die Motivation sowie allgemein die zwischenmenschlichen Beziehungen im Unternehmen. Doch hinter dem vermeintlich grandiosen Selbstbild verbirgt sich häufig ein Gefühl der eigenen Unzulänglichkeit. Ist Narzissmus also vielmehr Schein als Sein?

1 Warum Narzissmus eher mit Männern bzw. dem männlichen Geschlecht in Verbindung gebracht wird, wird in Kap. 1.3 erläutert.

Narzisstische Personen sind stark auf ihre eigenen Bedürfnisse fixiert und suchen gleichzeitig die Bestätigung im Außen. Klaus Eidenschink (2023) bezeichnet dies sehr treffend als Fassadenkompetenz: Man bietet, was anderen imponiert. Um zu beeindrucken, streben viele Narzisst:innen an die Regierungs- oder Unternehmensspitze und lassen dabei kein Mittel ungenutzt. Ganz nach dem Motto: Koste es, was es wolle! Sie beuten andere aus, lügen, betrügen und treffen risikoreiche Entscheidungen. Mal mit exorbitanten Gewinnen, mal mit krachenden Verlusten. Sie können Kolleg:innen, Mitarbeitende und sogar Kund:innen für ihre eigenen Zwecke instrumentalisieren. Eines ist sicher: Mit einer solchen Person möchte sich vermutlich niemand umgeben. Oder etwa doch?

Das Eingangszitat von Goethe verdeutlicht, dass alles im Leben zwei Seiten hat, so auch Narzissmus. In der Praxis zeigt sich, dass es gemäßigte Ausprägungen von narzisstischen Persönlichkeiten gibt. Diese glänzen beispielsweise durch eine stimulierende Rhetorik, eine unbedingte Handlungs- und Umsetzungsorientierung oder ein furchtloses Krisenmanagement (ähnlich wie Herr A. in meinem Eingangsbeispiel). Weil sich die meisten bestehenden Publikationen zum Thema Narzissmus darauf konzentrieren, dessen negative Auswirkungen in der Arbeitswelt zu beleuchten, bleiben diese positiven Facetten zu Unrecht häufig unbeachtet. Führungswille, Innovation oder Unternehmertum werden von den meisten Menschen selten mit Narzissmus in Verbindung gebracht, geschweige denn Narzisst:innen zugeschrieben – und das, obwohl diese Aspekte durchaus Chancen für Unternehmen bieten können (Fatfouta, 2019a).

Auf genau diese unentdeckten Chancen möchte dieses Buch aufmerksam machen und gleichzeitig Empfehlungen geben, wie diese je nach Situation gehoben werden können – von Einzelpersonen sowie von Organisationen. Eines ist mir dabei sehr wichtig. Es geht mir nicht um die Bagatellisierung von Narzissmus, sondern um einen längst fälligen Perspektivwechsel. Aus eigener Erfahrung weiß ich, dass Menschen mit narzisstischen Tendenzen durchaus sehr herausfordernd sein können. Und dennoch: Nichts ist schwarz oder weiß – die Realität liegt, wie so oft, in den Nuancen dazwischen.

Dieses Buch nimmt innerhalb der bisherigen Gut-versus-schlecht-Debatte über Narzissmus daher eine Sonderstellung ein. Es ist in seiner Unvoreingenommenheit das etwas andere Narzissmusbuch – und ein Business-Ratgeber, der ein differenzierteres Verständnis von Narzissmus im Verhältnis von Führungskräften, Kolleg:innen und Mitarbeitenden vermittelt. Insgesamt trägt die vorliegende Publikation dazu bei, sich als Organisation besser aufzustellen, die hellen Seiten des Narzissmus je nach Situation konstruktiv nutzbar zu machen und Lösungen für kritische Momente zu finden.

An wen sich dieses Buch richtet

Dieses Buch richtet sich prinzipiell an alle Menschen, die ein State-of-the-Art-Verständnis von Narzissmus im Kontext von Arbeit und Organisation erlangen wollen. Es richtet sich im Besonderen an Führungskräfte, Unternehmer:innen und Geschäftsleitungen, die mehr über den Einfluss von Narzissmus im Business erfahren möchten. Darüber hinaus richtet sich dieses Buch an alle Berufstätige, Coach:innen, Berater:innen und Trainer:innen, die die Erkenntnisse dieses Buches für ihren Arbeitsalltag praktisch anwenden möchten. Ich schreibe dieses Buch zudem mit einer allparteilichen Haltung; sowohl für Menschen, die unter der narzisstischen Ausprägung anderer leiden, als auch für Menschen, die an sich selbst narzisstische Tendenzen erkennen und besser verstehen möchten.

Zielsetzung des Buches

Die Zielsetzung dieses Buches besteht darin, über Narzissmus im Arbeitskontext aufzuklären und eine Orientierung im Hinblick auf folgende drei Fragen zu liefern: Was ist Narzissmus? Woran erkenne ich Narzissmus (und woran nicht)? Was sind potenzielle Risiken und vor allem auch Vorteile von Narzissmus – und wie gehe ich mit narzisstischen Neigungen um; sei es bei mir selbst oder bei Mitarbeitenden, Kolleg:innen oder Führungskräften? Vorwissen zu Narzissmus ist nicht erforderlich, da das wichtigste Grundwissen in Teil 1 vermittelt wird.

Ich erläutere in diesem Buch grundlegende Befunde der empirischen Narzissmusforschung – darunter auch ganz narzisstisch meine eigene aus den letzten 10 Jahren – und beziehe diese auf den Kontext von Arbeit und Organisation. Auf diese Weise schaffe ich eine evidenzbasierte Grundlage für einen konstruktiven Umgang mit diesem Phänomen, damit Sie in der Lage sind, sich ein (neues) Bild von einer sonst zuweilen verhassten Eigenschaft zu machen.

Evidenzbasiert bedeutet, dass die hier vorgestellten Erkenntnisse, wo immer möglich, mithilfe von wissenschaftlichen Methoden abgesichert sind – beispielsweise durch Studien oder konzeptionelle Übersichtsarbeiten. Das bedeutet für Sie als Leserin oder Leser konkret: Dieses Buch bietet komplexe Antworten auf komplexe Fragen. Es wird daher selten ein Entweder-Oder, sondern vielmehr ein Sowohl-als-Auch geben, was die systemisch arbeitenden Menschen unter Ihnen freuen dürfte – eine dem Narzissmus immanente und durchaus irritierende Ambivalenz, die sich in vielen Abwägungen von Pro und Kontra zeigen wird.

Wer Heilsversprechen und schnelle Tipps zum Umgang mit Narzissmus sucht oder insgeheim auf ein Narzissmus-Bashing hofft, wird in diesem Buch weder das eine noch das andere finden. Stattdessen bricht dieses Buch bestehende Narrative rund um Narzissmus auf. Es fordert auch so manch hobbypsychologische und lieb gewonnene Mythen heraus – und damit auch meine Leserschaft. Nehmen Sie es mir daher bitte nicht übel, wenn Sie vieles, was Sie über Narzissmus wissen oder gehört haben, mit dieser Lektüre womöglich über Bord werfen müssen. Ich möchte Sie dazu ermutigen, sich mit Offenheit, Neugier und Mut auf Narzissmus einzulassen und dieser Eigenschaft eine neue Chance geben.

Struktur des Buches

Die drei zuvor genannten Fragen werden in drei zusammenhängenden Teilen beantwortet. In **Teil 1**, »Narzissmus erkennen und verstehen«, geht es darum, was Narzissmus aus psychologischer Sicht ist und was ihn konkret ausmacht. Dieser Teil behandelt das »Was« und beleuchtet mit einem frischen Blick verschiedene Mythen, die sich um Narzissmus ranken und oft unaufgelöst bleiben. Er liefert eine umfassende Basis für ein fundiertes Verständnis der Thematik und legt den Grundstein für die weiteren Abschnitte des Buches.

Teil 2, »Narzissmus in Action«, beschreibt die »hellen« und die »dunklen« Facetten von Narzissmus in der Arbeitswelt. Dieser Teil behandelt das »Wie« und widmet sich der Anwendung unseres Wissens über Narzissmus speziell im beruflichen Kontext. Wir werden anhand zahlreicher Erkenntnisse und (Fall-)beispiele die positiven Aspekte des Narzissmus beleuchten, die zur beruflichen Leistung und Karriereentwicklung beitragen können, während wir gleichzeitig auch die Herausforderungen und möglichen negativen Auswirkungen betrachten, die Menschen oder Organisationen nach einem rasanten Aufstieg auch zu Fall bringen können.

Teil 3, »Detox Schritt für Schritt«, schließlich gibt konkrete praktische Handlungsempfehlungen für den Umgang mit narzisstischen Personen und dafür, wie Sie diese Eigenschaft im Idealfall zu Ihrem eigenen Vorteil im Arbeitskontext nutzen können (bzw. wie Sie sich angemessen schützen, falls das nicht gehen sollte). Die Empfehlungen richten sich sowohl an Einzelpersonen als auch an Organisationen. Teil 3 wird zudem durch vier Interviews mit den renommiertesten Narzissmus-Expert:innen im deutschsprachigen Raum ergänzt – bleiben Sie also gespannt! Dieser Teil dient als Leitfaden für die Umsetzung des erworbenen Wissens in die Praxis und bietet wissenschaftlich erprobte Strategien, um positive – oder zumindest funktionalere – Arbeitsbeziehungen mit Narzisst:innen aufzubauen. Mit diesem geballten Wissen sind Sie bestens gerüstet, um Narzissmus mit einer neuen inneren Haltung zu begegnen. Sind Sie bereit?

Teil 1: Narzissmus erkennen und verstehen

1 Narzissmus: Nur ein Trendthema oder Lebensrealität?

Sich selbst zu lieben, ist der Beginn einer lebenslangen Romanze.
Oscar Wilde

Schon seit Jahrhunderten beschäftigen wir Menschen uns mit dem Selbst. Dabei ist gerade die Liebe zu uns selbst eine Fähigkeit, die uns von den meisten anderen Lebewesen unterscheidet. Wir praktizieren *Self-Care* (Selbstfürsorge), indem wir uns beispielsweise regelmäßig Zeit für Ruhe und Erholung gönnen, Podcasts über positive Affirmationen hören (»Ich bin wertvoll!«) oder uns selbst loben, um uns nach getaner Arbeit gut zu fühlen. Doch nicht immer akzeptieren Menschen sich so, wie sie sind, mit all ihren Stärken und Schwächen. Manchmal stellen sie nach außen etwas dar, das nicht ihrem realen Selbstbild entspricht. Außerdem kann es sein, dass Menschen unrealistische Erwartungen an sich selbst (und andere) hegen, insbesondere was ihre eigenen Bedürfnisse betrifft.

Was passiert, wenn die Selbstliebe überhandnimmt und sich zu einer übertriebenen Ichbezogenheit entwickelt? Eine solche übersteigerte Form kann in einen Zustand der Selbstverliebtheit gipfeln, den wir heute gemeinhin als »Narzissmus« kennen. In seiner wissenschaftlichen Minimaldefinition wird Narzissmus mit überheblicher Selbstwichtigkeit gleichgesetzt (engl. *entitled self-importance*; Krizan & Herlache, 2018). Man hält sich demnach nicht nur für übermäßig wichtig, sondern drückt dies auch unmissverständlich aus.

Das Interesse an Narzissmus ist ungebrochen, das bestätigt auch eine Abfrage über das Online-Tool Google Trends (s. Abbildung 1). Im Verlauf der letzten 20 Jahre lässt sich eine kontinuierliche Zunahme der Suchanfragen zum Begriff »Narzissmus« aufzeigen.

Man könnte meinen, dass Narzissmus inzwischen zu einer Art Modediagnose avanciert ist. Das Label »Narzisst« oder »Narzisstin« wird nahezu reflexhaft vergeben, sobald eine Person als übermäßig ichbezogen erlebt wird. Vor allem im Arbeitskontext gilt Narzissmus inzwischen als Sammelbegriff für allerlei als toxisch wahrgenommene Verhaltensweisen. Folgende Beispiele sollen das verdeutlichen:

- eine Führungskraft, die selbst konstruktives Feedback als persönlichen Angriff gegen sich selbst wertet und daher nicht akzeptieren kann,
- ein Teammitglied, das sich ständig mit seinen eigenen Erfolgen brüstet und die Leistungen anderer herunterspielt, oder
- Kund:innen, die unrealistische Anforderungen an ein Produkt oder eine Dienstleistung stellen und eine Sonderbehandlung nach der anderen einfordern.

Google Trends-Suche „Narzissmus"

Abb. 1: Google Trends-Suche nach dem Thema »Narzissmus« von 2004 – heute in Deutschland

Die Popularität von Narzissmus in unserer Gesellschaft kommt nicht von ungefähr. In einer Welt, die von Selbstdarstellung und Selbstoptimierung geprägt ist, ist es wenig überraschend, dass sich immer mehr Menschen mit dem Selbst beschäftigen. In der psychologischen Fachliteratur ist daher oft von einer regelrechten Narzissmus-Epidemie die Rede (Twenge&Campbell, 2009) – auch wenn wir später erfahren werden, dass hier kein wirklicher Grund zur Sorge besteht (vgl. Kap. 1.7).

Immer mehr Menschen scheinen sich nur noch auf ihre eigenen Bedürfnisse und Interessen zu konzentrieren und sich selbst als besonders wichtig, bedeutend oder wertvoll zu empfinden. Zahlreiche Ratgeber, Coachings und Crashkurse versprechen daher, Menschen aus toxischen Beziehungen zu befreien – mit einfachen Tipps soll sich jede Person aus den Fängen der Macht lösen und die lästigen Energieräuber loswerden können. Doch ist es tatsächlich so einfach, wie es uns diese Angebote glauben machen wollen? Und inwiefern lassen sich diese Versprechungen überhaupt auf den Arbeitskontext übertragen?

Eine wachsende Anzahl von Kritiker:innen stellt mittlerweile genau diese Fragen. Sie monieren darüber hinaus, dass der Begriff »Narzissmus« zu inflationär, unpräzise und unreflektiert verwendet wird. Nach und nach scheint sich die Verwendung von Narzissmus zur Persönlichkeitsbeschreibung zu verselbstständigen und mittlerweile ist der Begriff aus unserem Alltagswortschatz nicht mehr wegzudenken. Jemand spricht viel über sich selbst und stellt sich regelmäßig in den Mittelpunkt? Wie narzisstisch! Oder aber Menschen, die ständig Lob und Anerkennung von anderen suchen …? Alles Narzisst:innen!

Ähnlich verhält es sich mit zahlreichen Mythen, Vorurteilen und Scheinwahrheiten, die sich rund um das Thema Narzissmus ranken und unser alltagspsychologisches Verständnis prägen. Nachfolgend werden zehn sorgfältig recherchierte und für das weitere Verständnis des Buches relevante Mythen zu Narzissmus ausführlich dargestellt, kritisch geprüft und neu bewertet. Das Ziel der nachfolgenden Kapitel besteht darin, mit jedem dieser zehn Mythen aufzuräumen und damit aufzuzeigen, wie vielfältig, ambivalent und zugleich herausfordernd Narzissmus sein kann.

1.1 Mythos 1: Narzissmus ist nur ein Hype

Aus den vorangestellten Ausführungen könnte man zugegebenermaßen schlussfolgern, dass Narzissmus nur ein Buzzword ist. Wieder nur eine Sau, die von gewieften Berater:innen durch das Managementdorf getrieben wird. Oder aber eine Möglichkeit, mit verzweifelten Mitarbeitenden von narzisstischen Führungskräften Geld zu verdienen. Doch ein kurzer Blick in die Zeitgeschichte zeigt auf: Narzissmus ist eines der ältesten psychologischen Konstrukte der Menschheitsgeschichte.

Der Ursprung des Begriffs Narzissmus geht auf den römischen Dichter Ovid (43 v. Chr. – 17 n. Chr.) zurück und ist eng mit der griechisch-mythologischen Figur Narziss verbunden. Narziss war ein junger, attraktiver und begehrter Jäger, der von Frauen und Männern gleichermaßen umworben wurde. Doch anstatt sich ihnen hinzugeben, ignorierte er alle Avancen und wies seine Mitmenschen zurück. Einer der Zurückgewiesenen, der Jüngling Ameinias, verfluchte Narziss schließlich und wünschte ihm, die Qualen unerfüllter Liebe zu erleiden. Wenig später wurde dieser Wunsch erhört, sodass Narziss sich in sein eigenes Spiegelbild verliebte. Diese Selbstliebe hatte wiederum tragische Folgen, denn als Narziss sein eigenes Spiegelbild an einer einsamen Wasserquelle erblickte, ertrank er bei dem verzweifelten Versuch, es zu erreichen.

Dieses mythologische Motiv wurde von Ovid in seinem Werk »Metamorphosen« festgehalten und ist inzwischen eines der bekanntesten Beispiele für narzisstisches Verhalten in der Geschichte. Es diente fortan als Inspiration für die spätere Entwicklung des Narzissmusbegriffs in der Psychologie und zeigt bereits ein zentrales Merkmal des Phänomens, nämlich wie sich die übermäßige Beschäftigung mit dem eigenen Selbst negativ auf die Beziehung zu anderen Menschen auswirken und in einer Katastrophe enden kann (Levy et al., 2011).

Der Mythos von Narziss wurde seither in Kunst, Literatur und psychologischen Theorien immer wieder aufgegriffen. Sigmund Freud (1856–1939), Begründer der Psychoanalyse, verwendet den Begriff »Narzissmus« schließlich, um die Beziehung zwischen dem Ich und der Triebenergie (Libido) zu beschreiben (Freud, 1914). Die Libido kann dabei als Grundtrieb verstanden werden, der unserer Selbsterhaltung und dem Lustgewinn dient. Freuds Grundannahme ist denkbar einfach: Jeder Mensch durchläuft im Rahmen seiner psychosexuellen Entwicklung eine narzisstische Phase. Genau genommen unterscheidet er zwischen dem primären und dem sekundären Narzissmus.

Der *primäre Narzissmus* entwickelt sich als ein normales Stadium der Selbstentwicklung, in dem der Mensch seine Libido ausschließlich auf sich selbst richtet. Kleinkinder sind beispielsweise sehr stark auf die Befriedigung ihrer eigenen Bedürfnisse fokussiert, wie etwa Hunger, Durst und Schlaf. In dieser Phase werden die Bedürfnisse der Erziehungspersonen vernachlässigt, da für das Kleinkind kein anderes Objekt existiert, außer es selbst. Im Verlauf seiner Entwicklung lernt der heranwachsende Mensch jedoch, seine Libido auf andere Objekte außerhalb des eigenen Selbst zu richten, wie zum Beispiel andere Bezugspersonen. In späteren Lebensphasen und Kontexten (z. B. Kindergarten, Schule, Arbeit etc.) nimmt der Mensch somit zunehmend auch fremde Bedürfnisse wahr und reagiert auf diese. Zum Glück!

Der *sekundäre Narzissmus* entwickelt sich als gestörter Übergang von der Selbstliebe zur Objektliebe. Dabei zieht der Mensch seine Libido vom äußeren Objekt ab und richtet sie wieder auf sich selbst. Diese Rückkehr zu einer früheren Phase – im Fachjargon »Regression« genannt – kann durch Selbstwertbedrohungen, wie Kränkungen oder seelische Verletzungen, ausgelöst werden. Obwohl frühe Kindheitserlebnisse durchaus prägend für die Persönlichkeitsentwicklung sind, wurde Freuds Theorie aufgrund ihrer deterministischen Haltung oft kritisiert (Westen, 1998). Denn Freud postulierte, dass die Entwicklung in den verschiedenen Stadien zwangsläufig wie vorgesehen ablaufe, was von Psycholog:innen nach wie vor kontrovers diskutiert wird. Dennoch bleibt der Begriff »Narzissmus«, wenn auch inzwischen anders verstanden, ein wichtiger Bestandteil der psychologischen Literatur und Diskussion über menschliches Verhalten und Persönlichkeitsentwicklung.

Doch wie wird heute, nach über 100 Jahren Freudscher Psychoanalyse, Narzissmus definiert? Nach aktueller psychologischer Auffassung lässt sich Narzissmus durch eine übersteigerte Selbsteinschätzung, Empathiemangel und arrogante, dominante sowie charmante Verhaltensweisen charakterisieren (Morf & Rhodewalt, 2001). Aus dieser Kurzdefinition lassen sich drei zentrale Komponenten identifizieren, die Narzissmus im Kern ausmachen (Campbell & Green, 2008; s. Abbildung 2):

1. Das Selbst,
2. die Beziehung des Selbst zu anderen und
3. eine Vielzahl an sog. selbstregulatorischen Strategien. Diese Strategien dienen dazu, das grandiose Selbstbild aufrechtzuerhalten bzw. vor potenziellen Kränkungen zu schützen.

Komponenten von Narzissmus

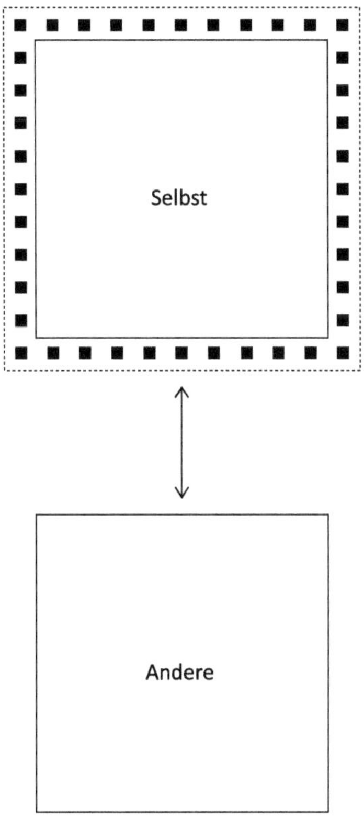

Abb. 2: Die drei Komponenten von Narzissmus (in Anlehnung an Campbell & Green, 2008)

Vereinfacht gesagt handelt es sich bei Narzissmus um ein Defizit in der Selbst(wert-)regulation. Die erste Komponente, das *narzisstische Selbst*, ist gekennzeichnet durch die Annahme, besonders, einzigartig und/oder besser als der Durchschnittsmensch zu sein. Das narzisstische Selbst äußert sich beispielsweise in Anspruchsdenken (z. B. »Eine Organisation sollte dankbar sein, mich als Mitarbeiter:in zu haben!«) oder Überlegenheitsgefühlen (z. B. »Ich bin an Kompetenz nicht zu übertreffen!«).

Die zweite Komponente, die *Beziehung des Selbst zu anderen*, ist gekennzeichnet durch ein geringes Maß an Mitgefühl und Nähe. Narzisstische Beziehungen sind oftmals eher oberflächlich, volatil und vornehmlich auf die Bedürfnisse, Wünsche und Interessen der narzisstischen Person ausgerichtet (z. B. »Ich brauche dich nicht, aber du brauchst mich!«). Das Gegenüber dient häufig nur als Projektionsfläche der eigenen idealisierten Vorstellungen, eine echte Empathie im Sinne von »Mitfühlen« für die

Person hingegen fehlt.[2] Oft werden politische Taktiken eingesetzt, um andere für sich und die eigene Position zu gewinnen (z.B. indem »nützliche« Kontakte mit anderen geknüpft werden; O'Reilly & Pfeffer, 2021).

Die letzte Komponente, *selbstregulatorische Strategien*, bezieht sich auf die eingesetzten Mittel von narzisstischen Personen, um das grandiose Selbstbild zu wahren. Denn wer davon ausgeht, etwas Besonderes zu sein, entwickelt eine Vielzahl von Behelfsmechanismen im Alltag, um die übermäßig positive Selbstbewertung vor möglichen Angriffen auf das Ego zu schützen. Das kann beispielsweise durch die Beschäftigung mit Fantasien von grenzenlosem Erfolg, die Suche nach übermäßiger Bewunderung oder die Abwertung anderer geschehen (z.B. »Ich stehe über den Regeln. Meine Meinung ist das Einzige, was zählt!«).

Narzisst:innen können durch persönliche Rückschläge auch vom Underdog zum Champion werden. Eine Studie konnte beispielsweise zeigen, dass narzisstische Menschen auf eine Selbstwertbedrohung mit einer Leistungssteigerung (anstatt mit einer Abwertung) reagieren (Nevicka et al., 2016). Die Selbstwertbedrohung bestand in diesem Fall darin, dass die Teilnehmenden negatives Feedback erhielten. Anschließend wurden sie gebeten, eine herausfordernde Aufgabe zu lösen. Die Ergebnisse zeigten, dass narzisstische Personen nach einer Selbstwertbedrohung eher bereit waren, Aufgaben zu lösen, bei denen sie ihre Fähigkeiten unter Beweis stellen und damit glänzen konnten. Kritik kann sie somit ebenfalls zu Mehranstrengung motivieren.

Fakt

Narzissmus ist keineswegs ein Hype, sondern hat eine lange Geschichte in unserer Menschheitsentwicklung, von der griechischen Mythologie über Freud bis hin zur modernen Psychologie.

1.2 Mythos 2: Narzissmus ist (immer) eine Störung

Wir alle haben ein alltagspsychologisches Verständnis von Narzissmus. Wenn wir jemanden als »narzisstisch« beschreiben, diagnostizieren wir für gewöhnlich jedoch keine psychische Störung, sondern nutzen diesen Begriff zur Persönlichkeitsbeschreibung bzw. zur Unterscheidung von Personen untereinander. Während sich eine Person beispielsweise als sehr selbstbewusst innerhalb eines Meetings oder beim Zusammensitzen in der Pause präsentiert, tritt die andere eher bescheiden und fast schon unscheinbar auf.

2 Die kognitive Empathie im Sinne von »Wissen, was das Gegenüber fühlt« ist bei Narzissmus hingegen häufig durchschnittlich ausgeprägt.

In der akademischen Psychologie gilt Narzissmus zunächst als eine Eigenschaft, die unterschiedliche Facetten der Persönlichkeit gesunder (d. h. klinisch unauffälliger) Menschen umfasst. Diese Eigenschaft ist in der Bevölkerung genauso wie Körpergröße, Gewicht oder Intelligenz graduell verteilt. Das bedeutet, dass die meisten Menschen einen durchschnittlichen Narzissmus aufweisen, während nur wenige Menschen einen sehr niedrigen oder sehr hohen Narzissmus zeigen. Mit anderen Worten: Ein durchschnittliches Maß an Narzissmus gilt als »normal«, wobei die Verwendung des Begriffs »normal« an sich mit Vorsicht zu genießen ist. Wenn wir von »normalem« Narzissmus sprechen, beziehen wir uns auf einen Durchschnittswert im Sinne der sog. Normalverteilung, in der Narzissmus auf einem Kontinuum von geringer bis hoher Ausprägung variiert.

Was bedeutet das nun in Zahlen ausgedrückt? Wenn wir die Verteilung von Narzissmus in der Bevölkerung grafisch darstellen, entsteht eine Gaußsche Glockenkurve (s. Abbildung 3).

Verteilung von Narzissmus

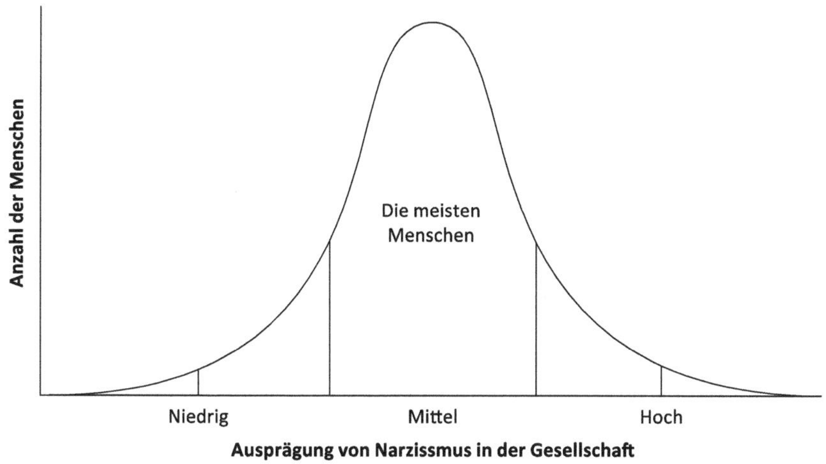

Abb. 3: Idealtypische Häufigkeitsverteilung von Narzissmus in der Bevölkerung

Die in Abbildung 3 dargestellte Kurve verdeutlicht, dass die Mehrheit der Menschen eine durchschnittliche Ausprägung an Narzissmus aufweist, während extrem niedrige oder extrem hohe Ausprägungen seltener vorkommen.

Zu erkennen ist, dass etwa 68 % der Menschen in der Nähe des Durchschnitts liegen (Mitte), während rund 14 % sehr hohe Werte und weitere rund 14 % sehr niedrige Werte aufweisen (jeweils links und rechts von der Mitte). An den beiden Endpunkten der

Verteilung befinden sich mit jeweils etwa 2% schließlich noch die extrem narzisstischen bzw. nicht-narzisstischen Personen (ganz links bzw. rechts). Daraus folgt, dass ein Großteil von uns zumindest durchschnittlich narzisstische Anteile in sich trägt. Bei einer aktuellen Bevölkerungszahl von etwa 84 Millionen Menschen in Deutschland wären das immerhin rund 57 Millionen Menschen.

Von Narzissmus als Persönlichkeitseigenschaft ist, wie bereits oben kurz erwähnt, Narzissmus als Persönlichkeitsstörung abzugrenzen. Die NPS ist durch ein anhaltendes Muster von Grandiosität, Bewunderung und mangelnder Empathie gekennzeichnet. Das Besondere an Personen mit einer NPS ist, dass sie bei Vorliegen bestimmter persönlicher Eigenschaften (z. B. Attraktivität, Intelligenz, sozioökonomischer Status) lange Zeit ihre Schattenseiten kompensieren und dadurch »unentdeckt« bleiben können (Vater et al., 2013). Das verdeutlicht einmal mehr, dass ein Mensch nie »nur narzisstisch« ist, sondern in der Gesamtheit seiner Persönlichkeit wahrgenommen werden muss.

Der wesentliche Unterschied zwischen einer NPS und Narzissmus als Eigenschaft ist folgender: In der Psychologie wird Narzissmus als Kontinuum betrachtet, auf dem Menschen sich von wenig narzisstisch bis hoch narzisstisch einordnen lassen (vgl. Abbildung 3). In der Psychopathologie hingegen werden Menschen entsprechend des Erfüllungsgrades bestimmter Diagnosekriterien als »Narzisst:in« klassifiziert (oder eben nicht). Die Grenzen zwischen normalem Narzissmus und einer NPS sind dabei fließend (Vater et al., 2013).

Im DSM-5 (Diagnostic and Statistical Manual of Mental Disorders, Fifth Edition), dem offiziellen internationalen Klassifikationssystem für psychische Störungen der APA (2013, S. 669 f.), müssen mindestens fünf von neun Kriterien erfüllt sein, um die Diagnose einer NPS stellen zu können (Zimmerman, 2023).

DIAGNOSEKRITERIEN FÜR DIE NPS

1. Das übertriebene, unbegründete Gefühl wichtig und talentiert zu sein (Grandiosität)
2. Die dauernde Beschäftigung mit Fantasien von unbegrenztem Erfolg, Einfluss, Macht, Intelligenz, Schönheit oder perfekter Liebe
3. Der Glaube, speziell und einzigartig zu sein und sich nur mit Menschen auf höchstem Niveau einzulassen
4. Der Wunsch, bedingungslos bewundert zu werden
5. Ein Gefühl des Anspruchs
6. Ausnutzung anderer, um die eigenen Ziele zu erreichen
7. Ein Mangel an Empathie (im Sinne von Mitgefühl)
8. Neid auf andere und der Glaube, dass andere einen beneiden
9. Überheblichkeit und Arroganz

Im ICD-11 (International Classification of Diseases, 11. Überarbeitung), dem Klassifikationssystem der Weltgesundheitsorganisation (WHO), ist die NPS hingegen nicht als eigenständige Diagnose aufgeführt, sondern stellt lediglich eine spezifische Variante von Persönlichkeitsstörungen dar. Diese ist durch anhaltende Beeinträchtigungen in der Selbstfunktion (z. B. schwankender Selbstwert) und der interpersonellen Funktion gekennzeichnet (z. B. Rücksichtslosigkeit gegenüber den Bedürfnissen anderer; Renneberg & Herpertz, 2021).

Je nach Schweregrad der Persönlichkeitsstörung kann der extreme Selbstbezug zu Schwierigkeiten beim Aufbau enger und für beide Seiten befriedigender Beziehungen führen. Aus diesem Grund ist es für Personen mit stark narzisstischen Tendenzen sehr schwierig, tragfähige Arbeitsbeziehungen oder eine langfristige Kooperation aufrechtzuerhalten (Bach et al., 2022).

Entgegen populärwissenschaftlicher Meinungen, die NPS sei seit 2022 aus dem Diagnosesystem der WHO gestrichen oder abgeschafft worden, ist festzuhalten: Die WHO hat die NPS nie als eigenständiges Krankheitsbild im ICD aufgeführt. Darüber hinaus ist die NPS im Gegensatz zu Narzissmus als Persönlichkeitseigenschaft »in der freien Wildbahn« wesentlich seltener vorzufinden. Die Prävalenz, also die Häufigkeit in der Allgemeinbevölkerung, beträgt je nach Studie etwa 0 % – 6.2 % (Dawood et al., 2020).

Für die angemessene Therapie von Personen mit klinisch auffälligem Narzissmus mag dieser Umstand eine sehr hohe Relevanz besitzen. Schließlich gilt es, Betroffenen die bestmögliche Versorgung zukommen zu lassen. Für Menschen, die unter den Folgen narzisstischer Personen leiden (müssen), ist das verwendete Diagnosesystem hingegen unerheblich. Statt Menschen als narzisstisch oder nicht-narzisstisch zu klassifizieren und Narzissmus als Pathologie zu sehen, sollten wir uns vielmehr auf Narzissmus als Persönlichkeitseigenschaft fokussieren. Denn narzisstisch geprägte Personen begegnen uns im Alltag wesentlich häufiger als wir annehmen. Wenn im Folgenden daher von Narzissmus oder narzisstischen Personen die Rede ist, ist stets die Persönlichkeitseigenschaft gemeint.

Fakt

Narzissmus ist nicht zwangsläufig pathologisch, sondern zunächst einmal eine Facette der Persönlichkeit. Jeder Mensch trägt narzisstische Anteile in sich, die bei einigen stärker und bei anderen schwächer ausgeprägt sind.

1.3 Mythos 3: Narzissmus betrifft nur Männer

Geschlecht – im Sinne von biologischem Geschlecht – und Geschlechtsunterschiede sind nach wie vor kontrovers diskutierte Themen, die oft emotional besetzt sind. Gleich zu Beginn sei daher gesagt, dass die existierende Studienlage zu Geschlechtsunterschieden bei Narzissmus lediglich Unterschiede zwischen Männern und Frauen untersucht hat (bzw. Menschen, die sich als solche identifizieren). Erfahrungsgemäß wählen übrigens nur sehr wenige Personen eine andere Option als »männlich« oder »weiblich«, wenn sie nach ihrem Geschlecht gefragt werden – in einer meiner letzten publizierten Studien mit deutschen und US-amerikanischen Stichproben waren es beispielsweise etwa 2% aller befragten Personen (Zeigler-Hill et al., 2023). Mit einer derart kleinen Stichprobe lassen sich keine verlässlichen Geschlechtervergleiche anstellen. Aus diesem Grund wird im Folgenden auf ein binäres Verständnis von Geschlecht zurückgegriffen, auch wenn nicht auszuschließen ist, dass Unterschiede im Hinblick auf Narzissmus auch bei anderen Geschlechtern vorkommen können.

Schon der Mythos von Narziss lässt erahnen, dass Narzissmus ein typisch männliches Merkmal ist (vgl. Kap 1.1). Studien zur Häufigkeit narzisstischer Persönlichkeitsmerkmale zeigen beispielsweise, dass bis zu 75% der Menschen, bei denen eine NPS diagnostiziert wird, männlich sind (APA, 2013). Männer tendieren somit eher zu klinischem Narzissmus als Frauen, doch wie sieht es im Hinblick auf Narzissmus als Persönlichkeitseigenschaft aus?

Eine Untersuchung mit über 470.000 Personen, die die Ergebnisse aus 355 Einzelstudien aus 18 Ländern im Zeitraum von 1990 bis 2013 zusammenfasste, stellte auch hier fest, dass Männer im Durchschnitt eine (leicht) höhere Narzissmusausprägung aufweisen als Frauen (Grijalva et al., 2015) – das trifft speziell auf den grandiosen Narzissmus (z.B. Anspruchsdenken, Machtstreben und Selbstdarstellung) zu, der später noch ausführlicher erläutert wird (vgl. Kap. 1.9). Die Aussage, dass Männer narzisstischer als Frauen sind, ist somit grundsätzlich zutreffend, wobei die gefundenen Unterschiede eher klein ausfallen. Einer neueren Untersuchung zufolge kann das Geschlecht nur etwa 6% der Unterschiede in der Ausprägung von Narzissmus erklären (Weidmann et al., 2023). Das bedeutet, dass 94% (!) der Unterschiede auf andere Einflüsse zurückzuführen sind.

Wie lassen sich die gefundenen Geschlechtsunterschiede im Zusammenhang mit Narzissmus erklären? Handelt es sich hierbei um reale (d.h. biologisch bedingte) Unterschiede oder verstehen Männer und Frauen womöglich die Fragen in einem Narzissmusfragebogen unterschiedlich? Wenn der Fragebogen beispielsweise Formulierungen beinhaltet, die Männer anders interpretieren als Frauen, könnte es sein, dass Männer und Frauen unterschiedlich antworten (obwohl sie eigentlich dasselbe meinen). So könnten beispielsweise Begriffe wie Durchsetzungsstärke, Dominanz oder Risikobereitschaft bei Männern anders (positiver) konnotiert sein als bei Frauen. Schließlich machen Männer und Frauen im Laufe ihres Lebens unterschiedliche Sozialisationserfahrungen und entwickeln dadurch unterschiedliche Überzeugungen und Einstellungen, die ihr Verhalten beeinflussen könnten. In der zitierten Studie (Grijalva et al., 2015) wurde diesem Umstand zwar Rechnung getragen, doch das ist längst nicht in allen geschlechtervergleichenden Studien der Fall. Geschlechtsunterschiede in der Ausprägung von Narzissmus lassen sich somit zumindest zu einem gewissen Teil auf Unterschiede im Fragebogenverständnis zurückführen.

Neben dieser methodischen Erklärung für die gefundenen Geschlechtsunterschiede kann andererseits auch die soziale Rollentheorie herangezogen werden (Eagly et al., 2000). Nach dieser Theorie ergeben sich geschlechtsspezifische Unterschiede im Verhalten aus den gesellschaftlich zugewiesenen sozialen Rollen von Männern und Frauen. Von Mädchen (und Frauen) wird oft erwartet, stereotyp feminine Eigenschaften an den Tag zu legen (z. B. bescheiden sein, anderen Unterstützung anbieten). Jungen (und Männer) hingegen werden eher dazu ermutigt, stereotyp maskuline Eigenschaften zu zeigen (z. B. selbstbewusst sein, sich behaupten). Diese Einflüsse können dazu beitragen, dass Männer häufiger »offen« narzisstische Persönlichkeitsmerkmale zeigen, da diese eher mit Stärke und Dominanz assoziiert werden und diese in unserer Leistungskultur gesellschaftlich akzeptiert erscheinen.

Bei Frauen hingegen kann sich Narzissmus eher in einer »verdeckten« Erscheinungsform zeigen, die in der klinischen Praxis durch Gehemmtheit, Empfindlichkeit oder Gefühle von Demütigung gekennzeichnet ist (Wardetzki, 2023; vgl. auch das Interview in Kap. 4.5.4).

Betrachten wir darüber hinaus die Diagnosekriterien (vgl. Kap. 1.2), stellen wir auch hier fest, dass Narzissmus per se viele stereotyp maskuline Aspekte (z. B. Wunsch nach Einfluss und Macht) beinhaltet, die leichter Männern als Frauen zugeschrieben werden.

Fakt

Männer sind im Durchschnitt narzisstischer als Frauen. An diesem Mythos ist also etwas Wahres dran, aber die angenommenen Unterschiede sind recht klein und zeigen sich nur für bestimmte Formen des Narzissmus.

1.4 Mythos 4: Narzissmus ist dasselbe wie ein hoher Selbstwert

Womöglich hat jede:r von uns schon einmal bei dem einen oder anderen persönlichen Höhenflug innegehalten und sich gefragt, wie groß der oder die Narzisst:in in einem selbst ist. Oder aber wir haben eine Person zu Unrecht als narzisstisch betitelt, obwohl sie lediglich sehr stolz von ihren eigenen Erfolgen berichtet hat. Wir lernen bereits früh, dass »Eigenlob stinkt«, doch es gibt sie dennoch: Personen, die einen höheren Selbstwert als andere besitzen und dies auch bereitwillig kundtun.

Ein hoher Selbstwert zeigt sich beispielsweise darin, dass sich eine Person selbst positiv wahrnimmt und weniger negative Ansichten über sich selbst hegt (für eine Übersicht, s. Rudolph et al., 2016). Die Ähnlichkeit zwischen Narzissmus und einem hohen Selbstwert erscheint augenfällig, da beiden gemeinsam eine positive, selbstbezogene Sicht ist. Man könnte somit vorschnell annehmen, Narzissmus sei nichts anderes als ein übermäßig hoher Selbstwert. Also wo genau liegen die Unterschiede zwischen diesen beiden Eigenschaften?

Unter dem Begriff Selbstwert (manchmal auch Selbstwertschätzung) wird in der Psychologie der allgemeine Wert verstanden, den ein Mensch sich selbst zuschreibt (Rosenberg, 1965). Durch diesen Zuschreibungsprozess bildet man sowohl ein Urteil über die eigene Person auf kognitiver Ebene (z. B. »Ich bin gut genug« oder aber »Ich bin unwichtig«) als auch ein Gefühl zu diesem Urteil auf emotionaler Ebene. Dieses Gefühl kennen wir im alltäglichen Sprachgebrauch besser unter dem Begriff »Selbstwertgefühl«. Eine positive Bewertung der eigenen Person ist mit einem positiven Selbstwertgefühl verbunden (z. B. Stolz), während eine negative Bewertung der eigenen Person mit einem negativen Selbstwertgefühl verbunden ist (z. B. Scham oder Schuld; Hanning & Schmielewski, 2020).

Im Arbeitskontext bringt ein positiver Selbstwert durchaus Vorteile mit sich. Menschen mit einem positiven Selbstwert sind beispielsweise resilienter (widerstandsfähiger) gegenüber Stress. Sie sind auch zufriedener mit ihrer Arbeit und erzielen insgesamt bessere Arbeitsleistungen (Brown & Zeigler-Hill, 2018). Narzissmus kann dabei tatsächlich als eine Variante eines besonders hohen Selbstwerts betrachtet werden (Vater et al., 2013). Mit anderen Worten: Personen, die sich als narzisstisch beschreiben, bewerten sich selbst auch insgesamt positiver als weniger narzisstische Personen.

Und dennoch sind Narzissmus und hoher Selbstwert nicht ein und dasselbe. Denn wenn Narzissmus wirklich eine übersteigerte Form des Selbstwerts ist, müssten diese beiden Eigenschaften sehr stark miteinander zusammenhängen und es dürfte nahezu keine narzisstischen Menschen mit niedrigem Selbstwert geben. Die Korrelation –

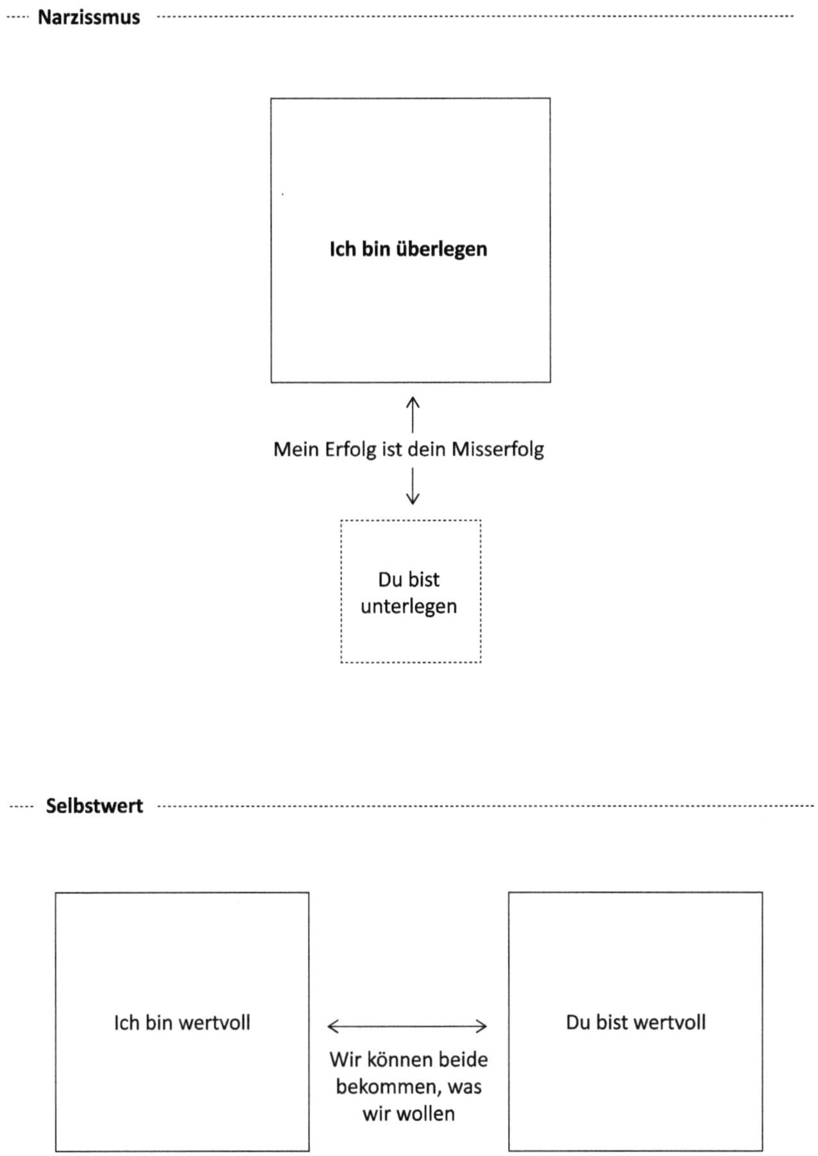

Abb. 4: Unterschiedliche Glaubenssätze bei Narzissmus und Selbstwert (eigene Darstellung in Anlehnung an Brummelman et al., 2018; S. 49)

also der Zusammenhang – zwischen Narzissmus und Selbstwert ist Studien zufolge jedoch nur schwach bis moderat ausgeprägt (Hyatt et al., 2018).

Und es gibt noch einen Haken: Wenn Narzissmus mit einem hohen Selbstwert gleichzusetzen wäre, müssten Narzisst:innen durchgehend ein unerschütterlich positives

Bild von sich aufweisen. Das ist jedoch mitnichten der Fall. Es gilt mittlerweile als gut gesichert, dass der Selbstwert von narzisstischen Personen über die Zeit und verschiedene Situationen hinweg schwankt und damit zerbrechlich ist (Geukes et al., 2017). Das bedeutet, die beiden Eigenschaften sind durchaus voneinander abgrenzbar. Doch wie genau?

Wie Abbildung 4 verdeutlicht, besteht ein wesentlicher Unterschied zwischen Narzissmus und Selbstwert in den jeweils vorherrschenden Glaubenssätzen (Brummelman et al., 2018; auch im Folgenden). Diese erinnern vermutlich manche von Ihnen an die verschiedenen Grundeinstellungen der Transaktionsanalyse (Berne, 1983).

Glaubenssätze können als tief verinnerlichte Grundüberzeugungen verstanden werden, die wir über uns selbst, andere und die Beziehung zwischen uns und anderen hegen. In Bezug auf das *Selbst* hat eine narzisstische Person den Glaubenssatz, dass sie ihren Mitmenschen naturgemäß überlegen ist (»Ich bin ok – du bist nicht ok«). Sie kann sich beispielsweise für intelligenter, kompetenter oder insgesamt fähiger (als andere) halten, selbst wenn diese Selbstwahrnehmungen nicht der Realität entsprechen.

Im Gegensatz dazu glaubt eine Person mit einem hohen Selbstwert, dass andere ihr ebenbürtig sind (»Ich bin ok – du bist ok«). Sie begegnet anderen auf Augenhöhe, erachtet sie als gleichwertig und hält sich nicht für etwas Besseres. Die Selbstwahrnehmungen von Personen mit einem hohen Selbstwert sind damit meist realistischer als die von narzisstischen Personen.

In Bezug auf *andere* hat eine narzisstische Person den Glaubenssatz, dass diese ihr untergeordnet sind bzw. sein müssen. In Beziehungen versuchen narzisstische Personen beispielsweise regelmäßig, andere zu dominieren, zu übertreffen oder sich über sie lächerlich zu machen. Gleichzeitig instrumentalisieren sie andere Menschen, um ihre Bewunderung zu erhalten. Wird ihnen diese nicht unmittelbar zuteil, erleben sie diesen Zustand als Bedrohung für ihr Selbst und reagieren wütend oder aggressiv.

Eine Person mit einem hohen Selbstwert hingegen schaut nicht auf andere herab. Sie glaubt, dass andere – so wie sie selbst – einen Wert besitzen. Niemand ist zwingend besser oder schlechter als sie. Darüber hinaus sieht sie andere Menschen nicht als Quelle, um bewundert zu werden. Auch die Reaktion bei einer potenziellen Selbstwertbedrohung ist bei ihnen anders: Personen mit einem hohen Selbstwert reagieren weniger stark mit Wut oder Aggression auf Kränkungen, vielmehr sind sie verträglicher in Konflikten.

In Bezug auf *soziale Beziehungen* hat eine narzisstische Person den Glaubenssatz, dass das Leben ein Nullsummenspiel ist: »Es kann nur eine Nummer eins geben!«, »Mein Erfolg ist dein Misserfolg!« oder »Mein Gewinn ist dein Verlust (und umgekehrt)«

sind typische Beispiele dafür. Diese Überzeugungen tragen dazu bei, dass narzisstische Personen oft in Wettbewerbs- und Konkurrenzdenken verstrickt sind und sich ständig mit anderen vergleichen. Misserfolge sind für sie besonders schmerzlich, da sie das Ideal ihrer eigenen Überlegenheit infrage stellen. Aus diesem Grund investieren sie viel Energie darin, die erlebte Unzulänglichkeit oder Minderwertigkeit – im Fachjargon auch »Insuffizienz« genannt – zu vermeiden. Grundsätzlich geht es narzisstischen Personen eher um das eigene Vorankommen im Leben (engl. *getting ahead*), weniger um das gemeinschaftliche Auskommen mit anderen (engl. *getting along*). In der Zusammenarbeit kann sich diese Haltung beispielsweise darin äußern, dass eine narzisstische Person Erfolge für sich beansprucht und Misserfolge eher anderen zuschreibt. Oder aber sie versucht, auf Kosten anderer einen persönlichen Vorteil für sich selbst zu sichern.

Anders sieht es bei einer Person mit einem hohen Selbstwert aus. Für sie ist das Leben kein Nullsummenspiel, sondern von gemeinschaftlichen Zielen und Interessen geprägt. Da jeder Mensch für sie einen Wert hat, kann jede:r auch das erreichen, was er oder sie möchte – zumindest wenn sich beide Parteien aktiv um eine Kooperation bemühen. Diese wertschätzende Einstellung hat auch im zwischenmenschlichen Bereich Vorteile: Personen mit einem hohen Selbstwert gelingt es tendenziell leichter, langfristige Beziehungen aufrechtzuerhalten.

Fakt

Narzissmus und (hoher) Selbstwert sind grundverschieden. Narzisstische Personen haben eine illusorische Vorstellung ihrer eigenen Selbstwichtigkeit, während Personen mit einem hohen Selbstwert eine positive und zugleich realistische Selbstsicht einnehmen.

1.5 Mythos 5: Narzissmus entsteht durch mangelnde Anerkennung

Wie Narzissmus entsteht, ist bis heute noch nicht vollständig geklärt. Wird er uns in die Wiege gelegt oder bringt die Erziehung kleine Prinzessinnen und Prinzen hervor? Zu diesem Mythos kursieren viele (falsche) Annahmen. Expert:innen sind sich mittlerweile einig, dass sowohl die Gene als auch die Umwelt einen Einfluss darauf haben, wie narzisstisch wir werden. Aktuelle Studien deuten darauf hin, dass Narzissmus zu etwa 50% erblich bedingt sein könnte, während die restlichen 50% auf Umweltfaktoren zurückzuführen sind (Luo&Cai, 2018). Da wir auf unsere Gene wenig Einfluss nehmen können, lohnt sich ein Blick auf die Umweltfaktoren. Vor allem die soziale Umwelt scheint unsere narzisstischen Ausprägungen stark beeinflussen zu können.

Aus heutiger Sicht lassen sich unterschiedliche Erklärungsansätze zur Entstehung von Narzissmus heranziehen, von denen wir drei näher beleuchten. Der erste Ansatz dürfte den meisten von Ihnen bekannt sein, da er vielen intuitiv in den Sinn kommt: Narzisst:innen versuchen, eine im Grunde tief verwurzelte Selbstunsicherheit durch ihr großspuriges Gehabe zu »übertünchen«. Mit anderen Worten: Sie vermitteln zwar nach außen hin ein positives Bild von sich selbst (hoher *expliziter Selbstwert*), fühlen sich insgeheim jedoch klein und unbedeutend (niedriger *impliziter Selbstwert*). Diese Diskrepanz ist besser bekannt als »Maskenmodell des Narzissmus« und suggeriert, dass narzisstische Menschen tief im Inneren mit starken Selbstzweifeln zu kämpfen haben. Doch stimmt das? Eine umfassende Untersuchung mit über 5.500 Personen, an der ich ebenfalls mitgewirkt habe, demaskiert die Idee des Maskenmodells: Narzisstische Personen kompensieren ihre Selbstzweifel nicht mehr und nicht weniger als andere. Was den expliziten Selbstwert anbetrifft, waren Narzisst:innen hingegen durchaus überzeugt von sich – die äußere Fassade verbirgt jedoch nicht zwangsläufig eine innere Selbstunsicherheit (Mota et al., 2020).

Vor allem psychodynamische Ansätze machen die Kinderstube für die Entstehung von Narzissmus verantwortlich, wobei die Eltern (oder andere wichtige Bezugspersonen) eine zentrale Rolle einnehmen. Wie wir uns selbst sehen, wird maßgeblich von unseren Eltern geprägt (Thomaes&Brummelman, 2018; auch im Folgenden). Die Grundannahme des zweiten Ansatzes ist, dass Narzissmus durch elterliche »Überbehütung« entsteht. Wenn Eltern ihre Kinder als etwas Besonderes gegenüber anderen Kindern ansehen, verinnerlichen die Sprösslinge die elterlichen Annahmen und leiten daraus ein Anrecht auf eine besondere Behandlung ab. Stellen Sie sich ein Kind vor, das für ein selbstgemaltes Bild unangemessen häufig und übermäßig mit Lob überhäuft wird. Wenn Eltern dem Kind wiederholt vermitteln, es sei der nächste Picasso (oder die nächste Frida Kahlo), wird es vermutlich denken, es sei wesentlich begabter als andere Kinder und künftig immer wieder Bilder malen, um noch mehr Zuspruch zu erhalten. Die narzisstische Tretmühle nimmt so ihren Lauf.

Der dritte Ansatz setzt ebenfalls an der Erziehung an, geht jedoch davon aus, dass Narzissmus als Reaktion auf fehlende elterliche Fürsorge entsteht. Wenn Eltern ihren Kindern kühl und gleichgültig begegnen, verinnerlichen diese den Eindruck, dass sie und ihre Bedürfnisse unbedeutend sind. Als Reaktion darauf unternehmen die Kinder dieser Eltern schließlich allerlei Anstrengungen, um die fehlende Anerkennung zu erhalten. Stellen Sie sich wieder ein Kind vor, das seinen Eltern voller Stolz ein selbstgemaltes Bild zeigt. Wenn diese dem Bild kaum Beachtung schenken oder es gar kommentarlos beiseitelegen, erhält das Kind keine Resonanz. Infolgedessen wird das Kind den Glauben ausbilden, es sei unwichtig oder nicht gut genug und künftig andere Wege suchen, um Anerkennung zu bekommen.

Doch welcher der beiden zuletzt präsentierten Ansätze stimmt nun: Elterliche Überbehütung oder Gefühlskälte? Auch wenn beide Ansätze plausibel erscheinen, sprechen die aktuellen Befunde eher dafür, dass die Überbehütung, also die übertriebene elterliche Zuwendung und Lobhudelei, die Ursache für die Entstehung von Narzissmus ist (Brummelman et al., 2015).[3] Wenn wir unseren Kindern also vermitteln, dass sie etwas Besseres verdienen, hilft ihnen das womöglich, sich nicht mit allem zufriedenzugeben, aber wir können sie damit auch zu kleinen Narzisst:innen erziehen, die später im Arbeitsleben für einen Minimaleinsatz Applaus erwarten. Mit Blick auf folgende Generationen müssen wir uns also klar werden, dass Narzissmus – im wahrsten Sinne – ein hausgemachtes Problem ist.

Fakt

Narzissmus ist etwa zu gleichen Teilen durch unsere Gene und unsere soziale Umwelt geprägt. Statt mangelnder Anerkennung trägt genau das Gegenteil – in Form von überschwänglichem Lob – zur Ausbildung von narzisstischen Tendenzen bei.

1.6 Mythos 6: Narzissmus ist ein westliches Problem

Die Kultur, in der wir aufwachsen und leben, prägt uns als Menschen maßgeblich. Sie beeinflusst unsere Denkmuster, unser Verhalten und damit auch unsere Persönlichkeit. Während es in manchen Kulturen als selbstverständlich gilt, Gutes zu tun und öffentlich darüber zu sprechen (z. B. in den USA), stößt man in anderen Kulturen für dasselbe Verhalten wiederum auf Unverständnis oder gar Empörung (z. B. Japan). Der niederländische Sozialpsychologe Geert Hofstede (2001; auch im Folgenden) nahm derartige Beobachtungen als Anlass, um kulturelle Unterschiede in verschiedenen Ländern bzw. Nationen zu untersuchen und messbar zu machen. Eine zentrale Kulturdimension, die er in seinen Forschungen entdeckte, war Individualismus versus Kollektivismus. Diese Dimension ist besonders relevant für Narzissmus, da sie das Ausmaß widerspiegelt, in dem wir andere Menschen als Teil unseres Selbst wahrnehmen (oder davon abgegrenzt).

Westliche Kulturen wie beispielsweise in den USA, Kanada oder Teilen (West-)Europas sind vornehmlich individualistisch geprägt. Sie betonen das Individuum eher als die Gemeinschaft, stellen die eigenen Bedürfnisse, Interessen und Ziele über das Kollektiv und betonen Werte wie Unabhängigkeit, Autonomie und Selbstverwirklichung. Was zählt, ist die Betonung der eigenen Identität. Von Menschen in diesen Kulturen

3 Mitnichten bedeutet das, dass die »Gefühlskälte-Theorie« verworfen werden muss – für sie ist die derzeitige Studienlage lediglich zu dünn. So wurde im Rahmen meiner Interviews mit weiteren Expert:innen deutlich, dass im therapeutischen Kontext mangelnde Resonanz beim Narzissmus eine wichtige Rolle spielt (vgl. Kap. 4.5).

wird beispielsweise erwartet, dass sie eine eigene Meinung haben und diese gegenüber anderen auch direkt vertreten.

Nicht-westliche Kulturen wie beispielsweise in Asien, Afrika und Lateinamerika sind hingegen vornehmlich kollektivistisch geprägt. Sie legen Wert auf die soziale Gruppe, stellen die Bedürfnisse und Ziele dieser Gruppe über ihre eigenen und betonen Werte wie Zusammenhalt, Harmonie und Fürsorge für die Familie bzw. familienähnliche Strukturen. Worauf es ankommt, ist der Gruppenerfolg und weniger der Erfolg des Individuums. Menschen in diesen Kulturen streben in Diskussionen beispielsweise oft nach Kompromisslösungen, um die Gruppenharmonie aufrechtzuerhalten oder signalisieren Zustimmung, obwohl sie innerlich anderer Meinung sein können.

Die Frage nach kulturellen Unterschieden im Zusammenhang mit Narzissmus bewegt seit vielen Jahren die Gemüter. Da Menschen aus individualistischen Kulturen eher Wert auf das Herausstechen des Individuums legen, müssten diese durchschnittlich höhere Narzissmuswerte aufweisen als ihre kollektivistisch orientierten Mitmenschen. Ein Forschungsteam aus den USA widmete sich vor rund 20 Jahren genau dieser Fragestellung (Foster et al., 2003). Im Rahmen ihrer Untersuchung wurden über 3.000 Teilnehmende aus unterschiedlichsten Weltregionen gebeten, anhand eines Fragebogens einzuschätzen, in welchem Maß Narzissmus bei ihnen ausgeprägt sei. Die Ergebnisse zeigten erwartungsgemäß, dass Teilnehmende aus den USA im Durchschnitt die höchsten Narzissmuswerte aufwiesen. Es folgten – der Reihenfolge nach – Teilnehmende aus Europa, Kanada, Asien und dem Mittleren Osten. Die Forschenden schlussfolgerten daraus, dass Individualismus untrennbar mit Narzissmus verbunden ist.

Auch wenn diese Schlussfolgerung intuitiv plausibel erscheint, wurde sie in den Folgejahren Gegenstand lebhafter Diskussionen. Zwar bestätigten einige Folgestudien, dass Menschen aus westlichen Kulturen narzisstischer als ihre nicht-westlichen Mitmenschen sind (z. B. USA als prototypisch individualistisches Land und China als prototypisch kollektivistisches Land), allerdings gab es ebenso Beiträge, die weniger eindeutig waren. Auch ich wurde auf die Studie von Foster und Kollegen (2003) aufmerksam und wiederholte diese fast zwei Jahrzehnte später mit einer neuen Stichprobe und verbesserten Analyseverfahren (Fatfouta et al., 2021). Mein Team und ich kamen paradoxerweise zum gegenteiligen Ergebnis: Menschen aus kollektivistischen Kulturen (z. B. Asien und Afrika) wiesen *höhere* Narzissmuswerte auf als Menschen aus individualistischen Kulturen (z. B. USA und Europa). Da derselbe Fragebogen verwendet wurde, ist es unwahrscheinlich, dass die Unterschiede darauf zurückzuführen sind. Doch wie lassen sich die Diskrepanzen stattdessen erklären?

Aus meiner Sicht tragen verschiedene gesellschaftliche Entwicklungen zu dieser Feststellung bei. Zum einen kann der Anstieg des Narzissmus in kollektivistischen

inszenierten Bildern auf Instagram oder TikTok lässt einen jedoch schnell alt und unbedeutend wirken. Darüber hinaus wurde bereits im vorigen Kapitel (vgl. Kap. 1.6) klargestellt, dass durchaus kulturelle Unterschiede im Hinblick auf Narzissmus bestehen. Ändert sich die ethnische Zusammensetzung der untersuchten Stichproben im Laufe der Zeit, sind auch Veränderungen, die das Thema Narzissmus betreffen, möglich.

Das Team um Eunike Wetzel von der Universität Konstanz nahm die Aussage von Twenge erneut unter die Lupe und berücksichtigte dabei die zuvor erwähnten Kritikpunkte (Wetzel et al., 2017). Sie analysierte, wie sich die erzielten Punktwerte in rund 60.000 ausgefüllten Narzissmusfragebögen im Zeitraum von 1990 bis 2010 entwickelt haben und kam dabei zu einem erstaunlichen Ergebnis: Narzissmus ist in den untersuchten drei Jahrzehnten nicht gestiegen, sondern ging sogar leicht zurück. Denn tatsächlich lassen sich die Befunde von Twenge unter anderem damit erklären, dass einige Aussagen des verwendeten Narzissmusfragebogens im Laufe der Zeit ihre Bedeutung verändert haben, also früher und heute unterschiedlich interpretiert werden.

Die Ergebnisse offenbaren noch eine weitere interessante Erkenntnis: Frühere Befunde führten zur Annahme, dass wirtschaftlicher Aufschwung Narzissmus fördert, während Wirtschaftskrisen mit weniger Narzissmus verbunden sind. Wetzel konnte jedoch zeigen, dass der Narzissmus bereits vor der Wirtschaftskrise im Jahr 2008, in verhältnismäßig stabilen Zeiten, abnahm. Die Frage, inwieweit diese Ergebnisse auf Deutschland übertragbar sind und ob eine vermeintliche Narzissmus-Epidemie auch hierzulande existiert, bleibt derzeit jedoch offen.

Fakt

Die Annahme, dass die Ausprägungen von Narzissmus immer stärker werden, insbesondere in der jüngeren Generation, ist nicht haltbar. Im Gegenteil: Es ist ein leichter Rückgang zu verzeichnen.

1.8 Mythos 8: Narzisst:innen wissen nicht, dass sie narzisstisch sind

Wissen narzisstische Personen eigentlich, wie sie ticken? Zugegeben: Die menschliche Einsichtsfähigkeit mag aufgrund kognitiver Fehlschlüsse, unbewusster Vorurteile und anderer Wahrnehmungslücken ihre Grenzen haben und dennoch stellt sich die Frage, inwieweit sich Narzisst:innen über ihre eigenen Stärken und Entwicklungsfelder im Klaren sind. Aufgrund ihres grandiosen Selbstbildes könnte man meinen, dass sie sich in vielen Lebensbereichen als (unzutreffend) überlegen wahrnehmen. Doch wie findet man das verlässlich heraus?

Eine simple Möglichkeit zur Beantwortung dieser Frage besteht darin, die Selbstwahrnehmung von narzisstischen und weniger narzisstischen Personen miteinander zu vergleichen. Schätzen sich Narzisst:innen im Durchschnitt besser ein, spricht das zunächst für eine überaus positive Selbstsicht. In der Tat belegen Studien, dass Menschen mit einem stärker ausgeprägten Narzissmus im Vergleich zu Menschen mit einem niedrigeren Narzissmusgrad zu Selbstüberschätzung neigen. Diese zeigt sich in sämtlichen Lebensbereichen, etwa auch hinsichtlich der wahrgenommenen Leistung in Bereichen wie Führungsfähigkeit oder Intelligenz (Grijalva & Zhang, 2016). Doch wenn sich Narzisst:innen besser als andere einschätzen, sind wir nicht wirklich schlauer als vorher. Denn das kann sowohl eine irrationale Überschätzung der eigenen Kompetenzen als auch eine »echte« Überlegenheit gegenüber anderen bedeuten.

Um herauszufinden, welche der beiden genannten Optionen zutreffender ist, kann man die narzisstische Selbstwahrnehmung mit objektiven Kriterien vergleichen (z. B. standardisierte Tests, Leistungskennzahlen, Zielvorgaben etc.). Die Tendenz zur Selbstbeschönigung lässt sich bei diesem Vorgehen dann feststellen, wenn die selbst eingeschätzte Leistung merklich von der objektiv gemessenen Leistung abweicht. Meine Kolleg:innen und ich haben diesen Abgleich an einem für Narzisst:innen sehr wichtigen Merkmal vorgenommen: Intelligenz.

Bittet man narzisstische Personen darum, ihre Intelligenz im Vergleich zu anderen einzuschätzen, sind diese besonders häufig der Überzeugung, schlauer zu sein als andere. Diese subjektive Einschätzung hält jedoch einer objektiven Überprüfung durch wissenschaftlich fundierte Intelligenztests nicht Stand – Narzisst:innen schneiden demnach genauso gut oder schlecht ab wie ihre weniger narzisstischen Mitmenschen (Leniarska et al., 2023). Das bedeutet, das Gefühl der eigenen Überlegenheit ist tatsächlich nur ein Gefühl, keine Realität.

Schließlich bietet uns noch eine dritte Quelle Informationen darüber, wie realistisch die Selbstwahrnehmung von narzisstischen Personen ist: Fremdeinschätzungen. Im Gegensatz zu Selbsteinschätzungen, bieten Einschätzungen durch Dritte (z. B. Arbeitskolleg:innen, Kund:innen oder Führungskräfte) eine weniger stark beeinflusste Perspektive von außen. Diese kann wiederum der eigenen Einschätzung gegenübergestellt werden. Je mehr Selbst- und Fremdeinschätzung voneinander abweichen, desto verzerrter die Selbstwahrnehmung.

Auch hier zeigen bisherige Befunde, dass narzisstische Menschen sich in Bezug auf ihre Eigenschaften tendenziell positiver einschätzen als ihr Ruf es vermuten lässt. Im beruflichen Kontext neigen Narzisst:innen beispielsweise dazu, sich selbst als führungsstark zu beschreiben. Lässt man hingegen Kolleg:innen die Führungsqualitäten einschätzen, so fallen diese Bewertungen deutlich kritischer aus (Judge et al., 2006).

Das Phänomen der Selbstüberschätzung gilt jedoch nicht ausnahmslos für alle Eigenschaften. Wie Sie womöglich aus den oberen Ausführungen entnehmen konnten, sind bestimmte Bereiche (z. B. Leistung, Intelligenz, Führung) von der narzisstischen Selbstüberschätzung stärker betroffen als andere. Als relativ gesichert kann davon ausgegangen werden, dass Narzisst:innen sich selbst bei sach- und aufgabenorientierten Eigenschaften (oft auch »agentisch« genannt) überschätzen, das aber bei beziehungs- und gemeinschaftsorientierten Eigenschaften (oft auch »kommunal« genannt) nicht tun (Grijalva&Zhang, 2016; auch im Folgenden). Eine exemplarische Übersicht über mögliche Eigenschaften ist in Tabelle 1 abgebildet.

Agentische Eigenschaften	Kommunale Eigenschaften
• Aktiv	• Ehrlich
• Ausdauernd	• Einfühlsam
• Clever	• Freundlich
• Durchsetzungsfähig	• Fürsorglich
• Ehrgeizig	• Geduldig
• Fleißig	• Hilfsbereit
• Führungsstark	• Kooperativ
• Leistungsfähig	• Sanft
• Selbstständig	• Unterstützend
• Zielstrebig	• Warmherzig

Tab. 1: Auswahl an agentischen und kommunalen Eigenschaften

Kommunale Eigenschaften wie beispielsweise Freundlichkeit oder Kooperationsbereitschaft werden von narzisstischen Personen ziemlich realistisch eingeschätzt und unterliegen somit keiner wirklichen Selbstüberschätzung. Das liegt unter anderem daran, dass Attribute, die die Gemeinschaft (statt das Individuum) in den Vordergrund stellen, weniger zentral (und damit weniger relevant) für das narzisstische Selbstkonzept sind. Für narzisstische Menschen sind jedoch Eigenschaften wie Ausdauer, Durchsetzungsstärke und Führung sehr wichtig, weil diese ihnen ermöglichen, ihre eigenen Ziele zu verfolgen und Eindruck bei anderen zu schinden. Da haben wir es wieder: Vorankommen statt Auskommen (vgl. Kap. 1.4). Erfolg im Zwischenmenschlichen scheint somit weniger von Bedeutung für das narzisstische Selbstbild zu sein.

Abschließend bleibt noch die Frage offen, inwiefern Narzisst:innen sich ihrer eigenen narzisstischen Tendenzen bewusst sind – jenseits der bereits geschilderten optimistischen Selbsteinschätzung. Forschungsarbeiten der US-amerikanischen Psychologin Erika Carlson (2011; 2013) liefern hierauf eine aufschlussreiche Antwort. In ihren Studien konnte sie nachweisen, dass narzisstische Personen sich im Allgemeinen darüber im Klaren sind, von anderen als narzisstisch (z. B. arrogant, angeberisch oder herablassend) wahrgenommen zu werden und sich diese Eigenschaften auch selbst zuschreiben. Darüber hinaus betrachteten Narzisst:innen narzisstische Züge als wünschenswert für ihre eigene Persönlichkeit, jedoch nicht zwingend für andere (immerhin). Narzisstische Personen scheinen narzisstische Tendenzen so sehr zu schätzen, dass sie Narzissmus als Teil ihres Idealselbst – also ihrer Wunschvorstellung vom eigenen Selbst – sehen.

Fakt

Narzisst:innen sind sich durchaus ihrer narzisstischen Merkmale bewusst, haben aber dennoch eine positive Einstellung dazu und betrachten sie als zu sich gehörend. Außerdem überschätzen sie sich insbesondere in Bereichen, die ihnen das Vorankommen im sozialen Leben erleichtern.

1.9 Mythos 9: Es gibt *den* einen Narzissmus

Dieser Mythos hält sich leider besonders hartnäckig, weshalb ihm hier etwas mehr Raum eingeräumt werden soll. Wenn wir den Begriff Narzissmus hören, entstehen vermutlich viele und zum Teil widersprüchliche Bilder in unserem Kopf. Alle hier zu beschreiben, würde den Rahmen dieses Buches sprengen. Bevor wir die wichtigsten Aspekte kennenlernen, möchte ich Sie gerne zu einem kleinen Gedankenexperiment einladen.

GEDANKENEXPERIMENT: ERSTER EINDRUCK

Stellen Sie sich bitte vor, Sie befinden sich auf Ihrer Arbeit. Denken Sie nun an eine Situation zurück, in der Sie zum ersten Mal auf eine Person gestoßen sind, von der Sie später den Eindruck hatten, dass sie möglicherweise narzisstische Züge aufweist. Erinnern Sie sich an diesen ersten Eindruck, als Sie dieser Person völlig unbedarft begegneten und noch nicht genau wussten, was Sie von ihr erwarten sollen. Lassen Sie diesen Ersteindruck und die Gefühle, die er in Ihnen ausgelöst hat, wieder lebendig werden. Gehen Sie in die Details dieses Augenblicks und lassen Sie die Atmosphäre auf sich wirken. Haben Sie ein Bild vor Ihrem inneren Auge? Notieren Sie sich nachfolgend bitte fünf Adjektive zu der Person:

Die Person wirkte anfangs im Erstkontakt auf mich …

1. ____________ 2. ____________ 3. ____________ 4. ____________ 5. ____________

Stellen Sie sich nun vor, dass Sie die Person im Laufe der Zeit besser kennengelernt haben. Sie bemerken, wie die Person, die Sie gerade in Ihrer

Erinnerung vor Augen haben, im Verlauf Ihrer Interaktionen allmählich ihr »wahres Gesicht« zeigt. Unter Umständen haben Sie sogar enger miteinander zusammengearbeitet, die Person bei Arbeitstreffen näher beobachtet und irgendwann ist es so weit: Ein Störgefühl stellt sich bei Ihnen ein. Anfangs ist es nur ein diffuses Unbehagen, doch es wird zunehmend immer stärker, weil die Person Sie mit ihrem Verhalten absolut auf die Palme bringt. Haben Sie auch dieses Bild vor Ihrem inneren Auge? Notieren Sie nachfolgend bitte erneut fünf Adjektive zu der Person:

Die Person wirkte später im weiteren Verlauf auf mich …

1. ________ 2. ________ 3. ________ 4. ________ 5. ________

Was stellen Sie fest, wenn Sie beide Aufzählungen von Adjektiven miteinander vergleichen? Wie passt der zweite Eindruck mit dem zusammen, was Sie sich zuerst vorgestellt bzw. notiert haben? Vermutlich wenig, denn die meisten Personen finden Narzisst:innen anfangs sympathisch. Aus vielen durchgeführten Management Audits kann ich bestätigen, dass narzisstische Personen zuerst durchaus charmant, einnehmend und humorvoll auftreten und somit einen guten Ersteindruck hinterlassen und eine kurzfristige Anziehungskraft auf uns ausüben können. Die Betonung liegt dabei auf kurzfristig. Denn mit der Zeit bröckelt der schöne Schein, was die Beziehungsqualität nachhaltig belasten kann (Leckelt et al., 2015). Und genau deshalb wird Narzissmus oft auch als paradoxe Eigenschaft bezeichnet (Morf & Rhodewalt, 2001).

1.9.1 Die Kaleidoskop-Metapher des Narzissmus

Um dieses Paradox aufzulösen, greife ich hier auf die bereits im Vorwort erwähnte Kaleidoskop-Metapher zurück (Fatfouta, 2019b). Diese ist hilfreich, um die Vielschichtigkeit der narzisstischen Persönlichkeit besser zu begreifen. Es ist vermutlich schon eine Weile her, dass Sie ein Kaleidoskop in der Hand hatten. Lassen Sie uns daher kurz einen Blick darauf werfen, wie es funktioniert. Wenn wir durch ein Kaleidoskop schauen, können wir durch Drehen des Rohrs eine immense Vielfalt an buntschillernden Mustern beobachten. Obwohl sich die entstehenden Muster leicht ändern können, bleiben die Elemente, die diese Muster erzeugen, unverändert. Analog dazu können bei uns unterschiedliche Eindrücke (Muster) entstehen, wenn ein und dieselbe narzisstische Person (Element) aus verschiedenen Blickwinkeln betrachtet wird (drehen des Rohrs).

Denken Sie zur Veranschaulichung nochmals an das Gedankenexperiment von eben zurück: Auch wenn Sie ein bestimmtes Bild von einer narzisstischen Person im Kopf hatten (Muster), kann eine Änderung der Situation, in der Sie die Person erleben (erster Eindruck vs. letzter Eindruck; Drehen des Rohrs), am Ende ein völlig anderes Bild ergeben (z. B. sympathisch vs. unangenehm). Die Person selbst hat sich hingegen nicht verändert (Element). Die Paradoxie besteht darin, dass sowohl die narzisstische Person verschiedene Facetten aufweist als auch eben diese Facetten aus unterschiedlichen Perspektiven betrachtet anders wirken können.

Der Kaleidoskop-Metapher liegt somit die Idee zugrunde, dass Narzissmus nicht in schwarz-weiß bzw. gut-schlecht einzuteilen ist. Es gibt eine unendliche Vielfalt an bunten Fragmenten, Zwischentönen und Nuancen, die die Komplexität dieser Eigenschaft widerspiegeln. Darüber hinaus ist wichtig, dass Narzissmus – wie *jede* andere Persönlichkeitseigenschaft auch – sowohl positive als auch negative Aspekte aufweist. Das bedeutet, eine hohe oder niedrige Narzissmusausprägung ist per se weder gut noch schlecht. Ob und inwiefern eine Eigenschaft wie Narzissmus als positiv oder negativ erlebt wird, hängt vielmehr von der Rolle und dem Kontext ab, in dem die jeweilige Person agieren muss (Spain et al., 2014). Dieser Umstand ist besonders wichtig und sollte verinnerlicht werden, da er uns davor bewahrt, (narzisstische) Personen vorschnell zu verurteilen.

1.9.2 Die vielen Gesichter des Narzissmus

Betrachten wir als nächstes die jeweiligen »Muster« des Kaleidoskops genauer. In der Psychologie werden zwei grundlegende Dimensionen von Narzissmus unterschieden, die sich wiederum in vier darunterliegende Facetten zerlegen lassen (Miller et al., 2021). Narzissmus kann somit am besten als hierarchisch strukturierte Eigenschaft verstanden werden (vgl. Abbildung 5).

Unterhalb der ersten Ebene lassen sich grandioser (großartiger oder auch offener) und vulnerabler (verletzlicher oder auch verdeckter) Narzissmus voneinander unterscheiden. Der *grandiose Narzissmus* spiegelt ein aufgeblasenes Selbstbild wider, das mit dem Glauben an die eigene Überlegenheit einhergeht, während sich der *vulnerable Narzissmus* auf eine übermäßige Sorge bezieht, von anderen verletzt zu werden, was häufig mit unrealistischen Erwartungen an andere Personen einhergeht (Miller et al., 2017).

Das, was wir uns typischerweise unter dem Begriff Narzissmus vorstellen und was auch in den Populärmedien vielfach aufgegriffen wird, ist am ehesten der grandiose Narzissmus. Das liegt unter anderem daran, dass grandioser Narzissmus stark mit extravertierten und damit leicht sichtbaren Verhaltensweisen zusammenhängt (z. B. kontaktfreudig, lebhaft, aktiv), während vulnerabler Narzissmus stark mit introvertierten und damit eher unscheinbaren Verhaltensweisen zusammenhängt (z. B. reser-

Struktur von Narzissmus

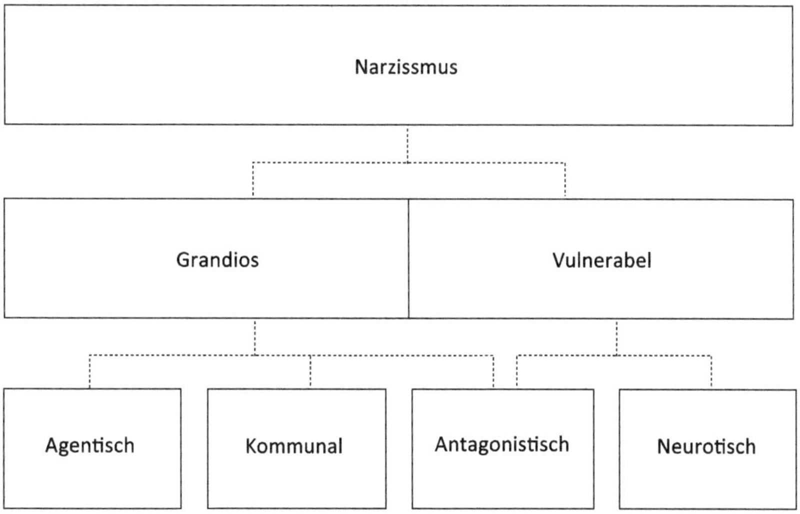

Abb. 5: Narzissmus als hierarchisch strukturierte Eigenschaft mit zwei verschiedenen Dimensionen und vier darunterliegenden Facetten

viert, schweigsam, zurückhaltend; Jauk et al., 2017). Vereinfacht gesagt sind grandiose Narzisst:innen die »lauteren« und damit leichter zu erkennenden Narzisst:innen.

Auf der darunterliegenden Ebene befinden sich die vier Facetten des Narzissmus: agentisch, antagonistisch, neurotisch und kommunal (Back et al., 2013; Gebauer et al., 2012; Miller et al., 2017; auch im Folgenden).

Der **agentische Narzissmus** beschreibt das Bedürfnis, Bewunderung durch selbstbewusste Selbstdarstellung bzw. -vermarktung zu erfahren. Für agentische Narzisst:innen ist es besonders wichtig, in Bezug auf persönliche Leistungen, Erfolge oder Fähigkeiten als überlegen oder einzigartig wahrgenommen zu werden. Sie schreien förmlich: Seht her, was ich alles kann! Mit einem bezaubernden Lächeln verstehen sie es, Aufmerksamkeit zu erregen – ohne zwingend abwertend zu sein.

Der **antagonistische Narzissmus** bezieht sich hingegen auf das Bestreben, soziales Versagen durch Verteidigung des Selbst und/oder Fremdabwertung zu vermeiden. Antagonistische Narzisst:innen scannen ihre Umgebung kontinuierlich nach potenziellen Selbstwertbedrohungen ab, um im Zweifel in den Gegenangriff zu gehen. Sie sind ständig auf der Hut und nicht zimperlich, wenn es darum geht, anderen Licht ans Fahrrad zu machen.

Der **neurotische Narzissmus** beschreibt die Tendenz, sehr sensibel auf Zurückweisung durch andere zu reagieren und sich bei Kränkungen oder Misserfolgen in ein Schneckenhaus zurückzuziehen. Neurotische Narzisst:innen haben oft ein tiefsitzendes Gefühl von Unsicherheit und Angst vor Ablehnung, was dazu beiträgt, dass sie nach außen hin oft unsicher und in sich gekehrt wirken. Selbst kleinste Verfehlungen können als vernichtend wahrgenommen werden.

Der **kommunale Narzissmus** bezieht sich schließlich auf das Bedürfnis, Bewunderung durch vermeintliche Selbstaufopferung zu erfahren. Für kommunale Narzisst:innen ist es besonders wichtig, in Bezug auf Empathie, Engagement oder Hilfsbereitschaft als überlegen oder einzigartig wahrgenommen zu werden. Ähnlich wie bei den agentischen Narzisst:innen geht es ihnen jedoch insgeheim auch um Anerkennung, Macht und Status – nur eben im sozialen Bereich. So kann es sein, dass sie sich als überaus vertrauenswürdig, kooperativ und loyal sehen, auch wenn sie sich anderen gegenüber nicht unbedingt so verhalten.

Alle eben genannten Facetten hängen eng miteinander zusammen und sind nicht als voneinander unabhängige »Typen« zu verstehen. In der Realität werden Sie nie die eine oder die andere Narzissmusfacette in ihrer Reinform erleben, sondern immer ein Konglomerat aus allen genannten, wobei durchaus eine oder mehrere besonders akzentuiert sein können. Während die agentische und kommunale Facette des Narzissmus jeweils spezifische Marker für grandiosen Narzissmus darstellen und die neurotische Facette spezifisch für den vulnerablen Narzissmus steht, ist die antagonistische Facette ein zentrales Element der Narzissmusstruktur und beiden übergeordneten Dimensionen gemeinsam (Rogoza et al., 2022).

Eine übersichtliche Zusammenfassung der verschiedenen Narzissmusfacetten findet sich in Tabelle 2. Diese erläutert für jede Facette die zugrundeliegenden Motive, verinnerlichten Überzeugungen, typischen Verhaltensweisen und potenziellen Einflüsse auf die soziale Umwelt.

Narzissmus-facette	Motiv	Glaubenssatz	Handlungen	Mögliche Auswirkung auf andere
Agentischer Narzissmus	Zeige, was du kannst!	Ich bin der/die Tollste, Beste, Geilste	Streben nach Besonderheit, charmantes bzw. selbstsicheres Auftreten und grandiose Fantasien	Sozialer Einfluss/ Kontrolle
Antagonistischer Narzissmus	Beweise deine Überlegenheit!	Ich halte wenig von anderen Menschen	Streben nach Überlegenheit, aggressives Verhalten und Abwertung anderer (v. a. nach Kritik)	Sozialer Konflikt

Narzissmus-facette	Motiv	Glaubenssatz	Handlungen	Mögliche Auswirkung auf andere
Neurotischer Narzissmus	Bestätige meinen Wert!	Ich bin verunsichert, wenn andere mich nicht anerkennen	Streben nach Rückversicherung, schüchternes bzw. selbstkritisches Verhalten und Sensibilität gegenüber Zurückweisung	Sozialer Rückzug
Kommunaler Narzissmus	Zeige, wie aufopfernd du bist!	Ich bin wichtig, wenn ich andere unterstütze und ihnen helfe	Analog zum agentischen Narzissmus (sozialer Einfluss/Kontrolle), jedoch in Bezug auf Beziehungs- und Gemeinschaftsorientierung	

Tab. 2: Die verschiedenen Gesichter des Narzissmus im Vergleich

1.9.3 Fallbeispiele für die Gesichter des Narzissmus

Um die vielfältigen Facetten des Narzissmus mit ihren jeweiligen Verhaltensweisen, Herausforderungen und Bedürfnissen zu veranschaulichen, betrachten wir nun vier konkrete Beispiele im Arbeitskontext. Die Hauptfiguren sind Mika, Toni, Robin und Alex. Diese sind stellenweise bewusst etwas überspitzt gezeichnet, um die Unterschiede zwischen den jeweiligen Persönlichkeiten deutlich herauszuarbeiten.

Fallbeispiel Mika (agentischer Narzissmus)

Mika ist als Head of Sales and Marketing in einem namhaften Unternehmen eines Automotive-Zulieferers tätig. Er ist grundsätzlich davon überzeugt, etwas ganz Besonderes zu sein. Niemand außer ihm verdient es, als »Sales-Guru« angesehen zu werden. Er wird als ehrgeiziger, witziger, charismatischer Mann beschrieben, der gerne im Mittelpunkt steht und bewundert werden möchte. In Meetings beispielsweise beurteilt er seine eigenen Ideen als »mega« oder »bahnbrechend« und betreibt Namedropping, wo es geht. Er präsentiert sich als sehr selbstbewusst und seine Persönlichkeit verhilft ihm dabei, auch schwierige Verhandlungen erfolgreich zu führen und neue Kund:innen für das Unternehmen zu gewinnen. Sein charmantes Auftreten macht ihn bei Kund:innen und Kolleg:innen gleichermaßen beliebt. Mika weist ein hohes Maß an Selbstvertrauen auf und ist immer auf der Suche nach neuen Herausforderungen, die er meistern kann. Er hat ein starkes Verlangen nach Anerkennung und Bestätigung, was ihn dazu motiviert, sehr hart zu arbeiten und seine Ziele zu erreichen. Überstunden sind für ihn die Regel und diesen Einsatz erwartet er auch von seinem Team. Darüber hinaus verfügt Mika über eine ausgeprägte Fähigkeit, sich selbst zu motivieren, um immer das Beste zu geben. Aufgrund seiner grandiosen Fantasien gelingt es ihm, seinen Mitarbeitenden eine attraktive Vision für die Zukunft der Abteilung zu vermitteln. Sein Ziel ist es, seine Karriere weiter voranzutreiben und bald zum Sales Director aufzusteigen.

Fallbeispiel Toni (antagonistischer Narzissmus)

Toni arbeitet als Head of Credit Sales bei einer Direktbank. Sie ist grundsätzlich davon überzeugt, dass andere in ihrer Branche keine Ahnung haben und findet, dass die Konkurrenz nicht ernst zu nehmen sei. Toni verhält sich oft arrogant und überheblich gegenüber ihren Kolleg:innen – auch Kund:innen sind von ihrem Verhalten nicht ausgenommen, was die Firma zuletzt beinahe einen wichtigen Auftrag gekostet hat. Glücklicherweise konnte ihr Team das ausbügeln. Sie zeigt wenig Mitgefühl gegenüber anderen und wirkt oft verärgert, wenn Dinge nicht so laufen, wie sie es möchte. Als zuletzt eine Mitarbeiterin ihre Schwangerschaft verkündete, zog Toni sie von ihrem Projekt ab. In Meetings reagiert sie gereizt, wenn andere versuchen, ihr die Show zu stehlen oder sie zu kritisieren. Toni neigt dazu, andere zu manipulieren, um ihre eigenen Ziele zu erreichen und zeigt häufig ein gefühlloses Verhalten, was sich negativ auf die Zufriedenheit in ihrem Team auswirkt. Sie ist auch sehr neidisch auf andere erfolgreiche Kolleg:innen und tut oft alles, um sie zu übertrumpfen. Toni kann zudem sehr unberechenbar erscheinen und sie lässt sich von anderen nicht in die Karten schauen. Sie delegiert gerne langwierige Aufgaben und bevorzugt es, alleine Entscheidungen zu treffen, um die Dinge voranzutreiben. Ihre schwierige Art führt häufig zu Konflikten und Problemen innerhalb des Teams, was eine sehr hohe Fluktuation nach sich zieht.

Fallbeispiel Robin (neurotischer Narzissmus)

Robin ist als Principal Software Development bei einem IT-Konzern beschäftigt. Er wird erlebt als jemand, der sich oft unsicher fühlt und deshalb ständig nach Bestätigung und Rückversicherung sucht. Robin neigt dazu, sich immer mit anderen vergleichen zu müssen und fühlt sich minderwertig, wenn er das Gefühl hat, dass seine Leistung nicht gesehen wird. Er ist sehr darauf bedacht, Fehler zu vermeiden und versucht oft, alles perfekt zu machen. Obwohl er gut qualifiziert ist, ist ihm der Aufstieg in die Führungsebene bislang nicht gelungen. Er fühlt sich als Versager, weil er mit Mitte vierzig immer noch auf seiner Stelle hockt. Robin kann sehr besorgt und zerstreut wirken, wenn er glaubt, dass er nicht gut genug ist oder dass seine Beiträge nicht ausreichend gewürdigt werden. Seine Selbstzweifel führen dazu, dass er sich zurückzieht und Probleme hat, schwierige Entscheidungen zu treffen oder sich gegen andere zu positionieren. In Meetings beispielsweise führt Robins Sorge um die Bewertung durch andere dazu, dass er sich selbst zurückhält und nicht alles sagt, was er denkt. Wenn er sich doch einmal traut, tendiert er dazu, seine eigenen Ideen und Beiträge in einem anklagenden Ton zu präsentieren. Er ist oft sehr kritisch gegenüber sich selbst und anderen und er regt sich schnell über Kleinigkeiten auf. Robin reagiert zudem sehr empfindlich auf Kritik und fühlt sich selbst von konstruktivem Feedback angegriffen.

Fallbeispiel Alex (kommunaler Narzissmus)

Alex leitet die Personalabteilung eines Start-ups im Cleantech-Bereich. Sie ist davon überzeugt, dass sie die geborene Personalerin ist – einerseits, weil sie einen sehr positiven Einfluss auf ihre Kolleg:innen ausübt, und andererseits, weil sie sich stets für das Wohlbefinden ihrer Mitarbeitenden einzusetzen glaubt. In ihrer Rolle hat Alex ein starkes Interesse daran, das Image und den Ruf des Unternehmens in der Öffentlichkeit zu verbessern. Sie ist bestrebt, eine positive Wahrnehmung des Unternehmens seitens potenzieller Bewerbender und auch in der Branche zu schaffen, und setzt sich mit Herzblut für soziales Engagement und Nachhaltigkeitsinitiativen ein. Alex vermittelt ein starkes Bedürfnis, eine enge Beziehung zu ihren Mitmenschen aufzubauen. Sie engagiert sich daher sehr für die bereichsübergreifende Zusammenarbeit, vergisst keinen Geburtstag in ihrem Team und möchte, dass ihre Mitarbeitenden sich wertgeschätzt und einbezogen fühlen. Sie ist bestrebt, sich als hilfsbereit und fürsorglich darzustellen und möchte dafür von anderen für ihre Sozialkompetenz und ihre Hilfsbereitschaft bewundert werden. Obwohl Alex ein starkes Engagement nach außen zeigt, geht es ihr tief im Inneren weniger um die Bedürfnisse ihrer Mitarbeitenden, sondern um ihr eigenes Wohl. Schließlich ist ihre individuelle Zielerreichung an den Grad der Zufriedenheit ihrer Mitarbeitenden geknüpft. Sie neigt daher dazu, ihre Empathie und ihr Interesse an anderen Menschen für ihre eigenen Zwecke zu nutzen und manipuliert Beziehungen, um ihre eigenen Ziele zu erreichen.

Fakt

Den einen Narzissmus gibt es nicht. Wie Sie sehen, ist Narzissmus ein facettenreiches Phänomen, dessen Erscheinungsform sehr verschieden ausfallen kann. Trotz der Unterschiedlichkeit ist die Grundthematik einer maladaptiven Selbstregulation bei allen Facetten ähnlich.

1.10 Mythos 10: Narzissmus kann man nicht messen

Wie finden wir heraus, wie narzisstisch jemand ist? Die vermutlich einfachste Möglichkeit ist, die jeweilige Person zu befragen. Es existiert mittlerweile eine Vielzahl von wissenschaftlich fundierten Fragebögen, um narzisstische Tendenzen verlässlich zu erheben. Wie bei jedem anderen Fragebogen auch lesen die befragten Personen dabei eine Reihe von selbstbeschreibenden Aussagen und geben an, ob bzw. wie sehr sie diesen jeweils zustimmen. Nachfolgend stelle ich Ihnen einen Klassiker zum Messen von Narzissmus vor, ergänzt um eine ultrakurze Variante für Ungeduldige. Darüber hinaus erfahren Sie, welche innovativen Methoden als Alternative zum Fragebogen mittlerweile existieren.

1.10.1 Der klassische Narzissmus-Test

Möchten Sie sich lediglich ein allgemeines Bild über die Narzissmusausprägung einer Person machen, können Sie auf den *Narcissistic Personality Inventory* (NPI) zurückgreifen. Der NPI wurde bereits Ende der 1970er-Jahre von Robert Raskin und Calvin Hall entwickelt und stellt heute eines der bekanntesten und etabliertesten Verfahren zur Messung von Narzissmus dar (Raskin & Hall, 1979). Die Entwicklung des NPI erfolgte in etwa zeitgleich mit der Aufnahme der NPS in das Klassifikationssystem für psychische Störungen der APA in den frühen 1980er-Jahren. Der Fragebogen wurde damals mit der Absicht entwickelt, NPS-typische Merkmale in Form einer kontinuierlich verteilten Persönlichkeitseigenschaft in der allgemeinen Bevölkerung zu erheben. Er spiegelt vornehmlich die grandiose Dimension des Narzissmus wider (vgl. Kap. 1.9.2), was zugleich eine seiner Einschränkungen darstellt.

Das NPI besteht aus 40 verschiedenen Satzpaaren, aus denen die befragte Person jeweils den Satz auswählen bzw. ankreuzen soll, mit dem sie sich am ehesten identifiziert. Die Sätze sind dabei entweder narzisstisch (z. B. »Ich bin eine außergewöhnliche Persönlichkeit«) oder nicht-narzisstisch formuliert (z. B. »In vielerlei Hinsicht bin ich wie jeder andere Mensch«). Je häufiger die narzisstische Option gewählt wird, desto narzisstischer gilt jemand. Die Befragten erfahren selbstverständlich nicht, wie die Aussagen kodiert sind oder dass der Test[4] Narzissmus misst.

Mit 40 Fragen ist der NPI ein eher umfassendes Instrument, das für die Anwendung in der Praxis wenig praktikabel erscheint. Mittlerweile existiert mit dem NPI-10 eine Kurzversion, mit der Sie die Möglichkeit haben, Ihr eigenes Narzissmusniveau einzuschätzen (von Collani, 2014). Bitte beachten Sie, dass es sich hierbei um ein informelles Instrument handelt, das keine klinisch fundierte Diagnose ermöglicht.

Unter https://www.therapie.de/psyche/info/test/weitere/narzissmus/ oder über den QR-Code finden Sie eine Online-Version des Verfahrens mit anschließender Kurzauswertung.

Wenn Ihnen diese zehn Fragen immer noch zu viel sind, können Sie auf die *Single Item Narcissism Scale* (SINS; Konrath et al., 2014) umsteigen. Dieses Verfahren macht sich die zuvor beschriebene Eigenschaft von Narzisst:innen zunutze, dass sie kein Problem damit haben, ihre Selbstverliebtheit zuzugeben (vgl. Kap. 1.8). Bei der SINS wird lediglich eine einzige Frage gestellt, um Narzisst:innen zu erkennen.

4 Die Bezeichnung »Test« ist trotz ihrer Geläufigkeit irreführend, da ein Test »richtige« und »falsche« Antworten beinhaltet und damit die Leistung einer Person erfasst. Das gewohnheitsmäßige Verhalten eines Menschen hingegen ist streng genommen weder richtig noch falsch, sondern vielmehr Ausdruck seiner Persönlichkeit.

NARZISSMUS MIT EINER FRAGE MESSEN

Inwiefern stimmen Sie dieser Aussage zu: »Ich bin ein/eine Narzisst/-in.« (Hinweis: Das Wort »Narzisst/-in« bedeutet, egozentrisch, selbstbezogen und eitel zu sein). Ihnen steht eine 7-stufige Antwortskala zur Verfügung (1 = *trifft überhaupt nicht zu*, 7 = *trifft voll und ganz zu*).

In 11 Studien mit 2.250 Personen konnten Sara Konrath und ihr Team zeigen, dass diese einfache Frage eine erstaunlich zuverlässige und obendrein ökonomische Methode zur Messung von Narzissmus darstellt. Die Ergebnisse der Frage hängen beispielsweise stark positiv mit denen umfangreicherer Narzissmusfragebögen zusammen, darunter auch mit dem eben vorgestellten NPI.

Da bislang kein Verfahren existiert, das alle vormals genannten Narzissmusfacetten gemeinsam im Rahmen eines einzelnen Fragebogens erfasst, müssen Anwendende meist auf einzelne Fragebögen ausweichen und diese bei Bedarf kombinieren, sofern sie ein vollständiges Bild über die narzisstischen Ausprägungen einer Person haben möchten.

Alternativ können Sie auch den *Narcissism at Work Inventory* (NWI) verwenden, den ich speziell für dieses Buch entwickelt habe und der alle vier Facetten im Arbeitskontext lediglich mit zwölf Aussagen und damit auf sehr ökonomische Weise erfasst. Ein weiterer Vorteil des NWI besteht darin, dass die Aussagen nicht generisch formuliert sind (wie etwa beim NPI oder der SINS), sondern einen expliziten Berufsbezug aufweisen und damit für die Praxis besser geeignet sind.

NARCISSISM AT WORK INVENTORY

Der *Narcissism at Work Inventory* (NWI) ist ein Instrument zum Messen von subklinischen narzisstischen Persönlichkeitsmerkmalen speziell im beruflichen Kontext. Es unterstützt Sie dabei, den berufsbezogenen Narzissmus bei Mitarbeitenden oder Führungskräften differenziert zu erheben. Der NWI beinhaltet vier Subskalen, die zusammen die vier Gs des Narzissmus abbilden: *Geltungsbedürfnis* (Überlegenheitsstreben und Glaube an eigene herausragende Leistungen; agentischer Narzissmus), *Gegnerschaft* (Neigung, andere im Arbeitsumfeld abzuwerten; antagonistischer Narzissmus), *Gehemmtheit* (Unsicherheit und Unterlegenheitsgefühle gegenüber anderen; neurotischer Narzissmus) und selbstbezogener *Gemeinsinn* (Glaube, besonders unterstützend und unverzichtbar für das Arbeitsumfeld zu sein; kommunaler Narzissmus).

Alle Fragen orientieren sich an etablierten, wissenschaftlich fundierten Narzissmusfragebögen und wurden auf die Arbeitswelt adaptiert. Bitte beachten Sie, dass dieser Fragebogen bisher nicht vollumfänglich validiert wurde und primär für Selbstreflexionszwecke konzipiert ist. Er kann beispielsweise im

Rahmen von Personalentwicklungsmaßnahmen verwendet werden, wie etwa als Teil einer Intervention in Trainings, Coachings oder 360°-Feedbackprozessen. Der NWI liegt in einer Selbst- und Fremdeinschätzungsvariante vor.

Selbsteinschätzungsvariante

Bitte geben Sie an, wie stark die folgenden Aussagen auf Sie persönlich zutreffen. Sie können dazu ein fünfstufiges Antwortformat verwenden, wobei 1 »trifft überhaupt nicht zu« und 5 »trifft vollkommen zu« bedeutet.

Aussage	1	2	3	4	5
1. Ich reagiere frustriert oder wütend, wenn meine Arbeit nicht angemessen gewürdigt wird.	○	○	○	○	○
2. Ich habe es verdient, als Leistungsträger:in im Unternehmen angesehen zu werden.	○	○	○	○	○
3. Es ist mir unangenehm, Anerkennung für meine Leistungen mit dem Team zu teilen.	○	○	○	○	○
4. Ich bin der/die beste Kolleg:in, den/die man sich vorstellen kann.	○	○	○	○	○
5. Ich verspüre Genugtuung, wenn meine Konkurrenz im Job hinter mir zurückbleibt.	○	○	○	○	○
6. Ich schöpfe viel Kraft daraus, mich positiv von Kolleg:innen abzuheben.	○	○	○	○	○
7. Ich nehme die Aussagen meiner Teammitglieder oder Kolleg:innen oft persönlich.	○	○	○	○	○
8. Ich habe einen sehr positiven Einfluss auf mein Arbeitsumfeld.	○	○	○	○	○
9. Die meisten Kolleg:innen sind ziemliche Nichtsnutze.	○	○	○	○	○
10. Mit meinen besonderen Leistungen stelle ich Kolleg:innen oder Vorgesetzte in den Schatten.	○	○	○	○	○
11. Ich bereichere die Arbeit anderer ungemein.	○	○	○	○	○
12. Es trifft mich schnell, wenn Kolleg:innen mich bloßstellen oder abfällige Bemerkungen über mich machen.	○	○	○	○	○

Fremdeinschätzungsvariante

Bitte geben Sie an, wie stark die folgenden Aussagen auf die zu beurteilende Person zutreffen. Sie können dazu ein fünfstufiges Antwortformat verwenden, wobei 1 »trifft überhaupt nicht zu« und 5 »trifft vollkommen zu« bedeutet.

Aussage	1	2	3	4	5
1. Er/sie reagiert frustriert oder wütend, wenn seine/ihre Arbeit nicht angemessen gewürdigt wird.	○	○	○	○	○
2. Er/sie glaubt, er/sie hat es verdient, als Leistungsträger:in im Unternehmen angesehen zu werden.	○	○	○	○	○
3. Es ist ihm/ihr unangenehm, Anerkennung für seine/ihre Leistungen mit dem Team zu teilen.	○	○	○	○	○
4. Er/sie glaubt, er/sie ist der/die beste Kolleg:in, den/die man sich vorstellen kann.	○	○	○	○	○
5. Er/sie verspürt Genugtuung, wenn seine/ihre Konkurrenz im Job hinter ihm/ihr zurückbleibt.	○	○	○	○	○
6. Er/sie schöpft viel Kraft daraus, sich positiv von Kolleg:innen abzuheben.	○	○	○	○	○
7. Er/sie nimmt die Aussagen seiner/ihrer Teammitglieder oder Kolleg:innen oft persönlich.	○	○	○	○	○
8. Er/sie glaubt, er/sie hat einen sehr positiven Einfluss auf sein/ihr Arbeitsumfeld.	○	○	○	○	○
9. Er/sie denkt, die meisten Kolleg:innen sind ziemliche Nichtsnutze.	○	○	○	○	○
10. Er/sie glaubt, mit seinen/ihren besonderen Leistungen Kolleg:innen oder Vorgesetzte in den Schatten zu stellen.	○	○	○	○	○
11. Er/sie glaubt, die Arbeit anderer ungemein zu bereichern.	○	○	○	○	○
12. Es trifft ihn/sie schnell, wenn Kolleg:innen ihn/sie bloßstellen oder abfällige Bemerkungen über ihn/sie machen.	○	○	○	○	○

Auswertungshinweise für beide Varianten:
Nachdem Sie jede der 12 Aussagen bewertet haben, summieren Sie bitte die Punkte wie folgt auf:

- **Geltungsbedürfnis:** Summieren Sie die Punkte der Aussagen 2, 6 und 10.
- **Gegnerschaft:** Summieren Sie die Punkte der Aussagen 1, 5 und 9.
- **Gehemmtheit:** Summieren Sie die Punkte der Aussagen 3, 7 und 12.
- **Gemeinsinn:** Summieren Sie die Punkte der Aussagen 4, 8 und 11.
- **Gesamtwert Narcissism at Work:** Summe über alle 12 Aussagen.

Die höchste Punktzahl in einer Subskala zeigt an, welche Narzissmusfacette bei Ihnen bzw. bei der betreffenden Person am stärksten ausgeprägt ist. Dies kann dabei helfen, den berufsbezogenen Narzissmus genauer zu verstehen und erste Impulse für Folgemaßnahmen abzuleiten. Grundsätzlich kann man sagen: Je höher die Punktzahl, als desto narzisstischer gilt jemand.

1.10.2 Grenzen klassischer Narzissmus-Tests

Wie Sie im Rahmen dieses Selbstversuchs womöglich bemerkt haben, weisen Fragebögen zum Messen von Narzissmus zwei entscheidende Nachteile auf: Zum einen ist da das Problem der sozialen Erwünschtheit. Dieses Phänomen beschreibt die Neigung von Menschen, so zu antworten, wie sie meinen, dass es »gut aussieht« oder von ihnen erwartet wird. Oftmals beobachtet man sozial erwünschtes Antwortverhalten bei der Frage nach gesundheitsbezogenen Verhaltensweisen (z. B. »Wie häufig trinken Sie Alkohol?«, »Wie viele Zigaretten rauchen Sie täglich?«). Hier wird die Anzahl häufig nach unten korrigiert und aus einer Flasche Wein »ein kleines Gläschen am Abend« oder einer Schachtel Zigaretten »nur ein paar Kippen« gemacht. Ähnliches lässt sich auch bei der Einschätzung von Eigenschaften wie Narzissmus beobachten. Warum?

Fragebögen – ob zum Messen von Narzissmus oder anderer Eigenschaften – setzen grundsätzlich voraus, dass die befragte Person bereit und willens ist, eine ehrliche Selbstauskunft zu geben. Gerade weil narzisstische Menschen um ihre »besondere« Persönlichkeit Bescheid wissen, können sie ihre Antworten je nach Situation zu ihrem Vorteil verfälschen – beispielsweise, weil sie gezielt ein bestimmtes Bild von sich bei anderen erzeugen wollen (Fremdtäuschung), oder aber, weil sie sich selbst gerne in einem positiven Licht wahrnehmen möchten, auch wenn dies nicht zwingend der Realität entspricht (Selbsttäuschung). Wenn ein Fragebogen eine Aussage wie »Es fällt mir leicht, andere zu manipulieren.« verwendet, könnten Narzisst:innen somit dazu neigen, absichtlich auf erwünschte Weise zu antworten, weil sie wissen, dass »Manipulation« in der Gesellschaft negativ konnotiert ist.

Zum anderen ist die Einsichtsfähigkeit von narzisstischen Personen eingeschränkt, was zu einer verzerrten oder unvollständigen Selbstbeschreibung führen kann (vgl. Kap. 1.8). Nehmen wir hier als Beispiel folgende Aussage: »Ich habe einen starken Machtwillen.« Wenn die befragte Person sich nicht an eine passende Situation erinnern kann oder nicht ganz versteht, was in der Frage mit »Machtwillen« genau gemeint ist, kann ihre Antwort ebenfalls von der Wirklichkeit abweichen. Mit anderen Worten: Fragebögen zum Messen von Narzissmus sind nicht ohne Einschränkungen geeignet, um narzisstische Ausprägungen unverfälscht zu erheben. Denn sie messen alle lediglich den *expliziten Narzissmus*, den sich eine Person im Rahmen einer bewussten Selbsteinschätzung zuschreibt. Diese Zuschreibung muss jedoch nicht zwangsläufig mit ihren narzisstischen Motiven übereinstimmen, die ihrem Verhalten unbewusst zugrunde liegen.

1.10.3 Moderne Narzissmus-Tests

Genau dieser Umstand hat mein Team und mich vor einigen Jahren dazu veranlasst, den *impliziten Narzissmus* zu beleuchten. Impliziter Narzissmus kann als spontaner, unbewusster und schwer kontrollierbarer Bestandteil des narzisstischen Selbstkonzepts beschrieben werden. Er entsteht durch wiederholte Erfahrungen des Selbst mit anderen in der sozialen Umgebung.

Nehmen wir an, eine Person zeigt in verschiedenen beruflichen Situationen eine überaus starke Konfliktbereitschaft. Die Person könnte in einer Familie aufgewachsen sein, in der Selbstbehauptung und Dominanz als positiv angesehen und belohnt wurden. Während ihrer Kindheit und Jugend könnte die Person schließlich wiederholt Situationen erlebt haben, in denen sie für sich einstehen musste, sei es in der Schule, im Mannschaftssport oder bei anderen Aktivitäten. Die Unternehmenskultur, in die die Person schließlich hineingekommen ist, könnte möglicherweise bestimmte Führungswerte wie Gehorsam, Unterordnung oder Konformität stärker betonen als andere. Diese Erfahrungen werden mit zunehmendem Auftreten immer weiter im (impliziten) Selbstbild verfestigt, ohne dass die Person sich dessen bewusst sein muss. Mit der Zeit entsteht eine automatische Assoziation zwischen dem Selbst (»Ich«) und narzisstischen Tendenzen (z. B. »konfliktbereit«).

Um impliziten Narzissmus ohne Rückgriff auf Fragebögen zu erfassen, haben wir ein computergestütztes Verfahren entwickelt. Dieses basiert auf der Technik des sog. Impliziten Assoziationstests (IAT), der bereits Ende der 1990er-Jahre von der Harvard Universität zur Messung von unbewussten Vorurteilen entwickelt wurde (Greenwald et al., 1998). Der IAT basiert auf der Annahme, dass unsere sozialen Erfahrungen und Prägungen unser Selbstbild und unser Verhalten auf unbewusste Weise beeinflussen. Der IAT misst diese unbewussten Assoziationen mithilfe einer einfachen Kategorisierungsaufgabe.

Unter diesem Link https://www.millisecond.com/download/library/v6/iat/an_iat/an_iat_german/an_iat_german.web oder über den QR-Code können Sie eine Testversion des Narzissmus-IATs verwenden.

Die Teilnehmenden werden dabei angewiesen, Wörter, die nacheinander in der Mitte des Bildschirms erscheinen, so schnell und so genau wie möglich den passenden Kategorien zuzuordnen. Jedes Wort gehört ausschließlich zu einer Kategorie (s. Abbildung 6). Der Test besteht aus zwei Teilen: Im ersten Teil ordnen die Teilnehmenden Wörter den Kategorien »Ich« und »Narzisstisch« sowie »Nicht-Ich« und »Nicht-Narzisstisch« durch Tastendruck nach links bzw. rechts zu. Das Wort »kritikfähig« in diesem Beispiel gehört zur Kategorie »Nicht-Narzisstisch« und muss daher nach rechts einsortiert werden (oberer Teil der Abbildung). Im zweiten Teil erfolgt eine Neuordnung der Kategorien, sodass »Nicht-Ich« und »Narzisstisch« sowie »Ich« und »Nicht-Narzisstisch« jeweils in die gleiche Richtung zugeordnet werden. Beachten Sie oben die veränderten Kategorien: Das Wort »ich« in diesem Beispiel fällt in die Kategorie »Ich« und muss deshalb nach rechts sortiert werden (unterer Teil der Abbildung). Während dieser Zuordnung wird die Reaktionszeit in Millisekunden gemessen.

Narzissmus-IAT

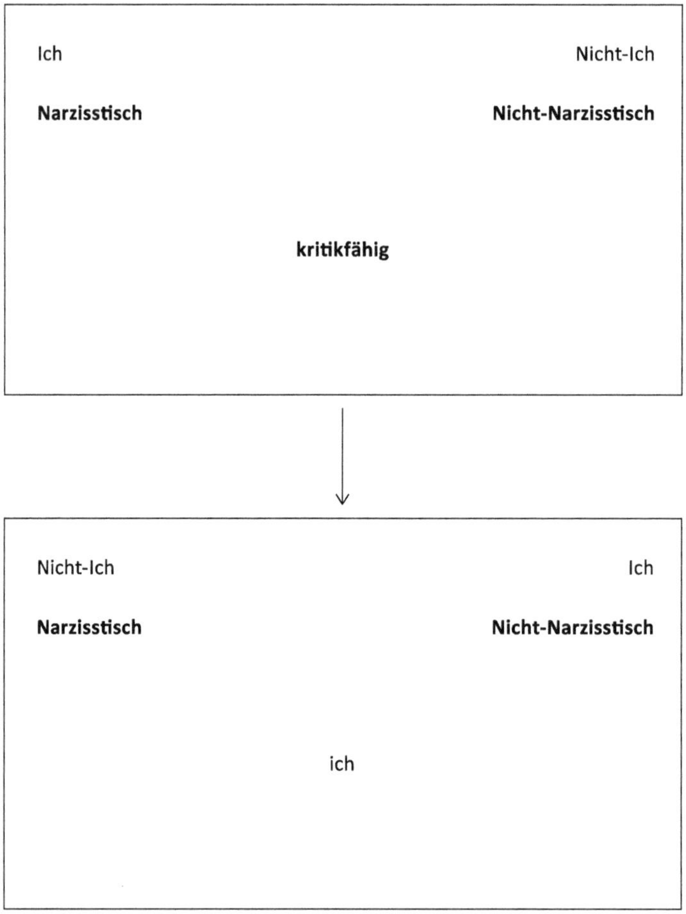

Abb. 6: Schematischer Ablauf des Narzissmus-IATs

Ein Algorithmus wandelt die gemessenen Reaktionszeiten in einen Wert um, der die implizite Narzissmusneigung der Person beschreibt. Wenn Teilnehmende im ersten Teil schneller reagieren, deutet dies darauf hin, dass die Kategorien »Ich« und »Narzisstisch« stark miteinander verknüpft sind. Daher wird eine Person, die im ersten Teil schneller ist als im zweiten Teil, als narzisstischer eingestuft.

In unserer Untersuchung haben wir drei Studien mit mehr als 1.000 Personen durchgeführt, um die Qualität dieses neuen Instruments zu überprüfen (Heinze et al., 2020). Das Ergebnis: Der implizite Narzissmus hing positiv mit Empathiemangel, Unverträglichkeit und Aggression zusammen. Die Untersuchung hat außerdem gezeigt, dass mithilfe des neuen Testverfahrens vorhergesagt werden konnte, wie befreundete Personen oder Bekannte das Ausmaß an Narzissmus einer Person beurteilen würden. Hierzu wurden die Ergebnisse des IATs mit Fremdberichten verglichen.

Im Gegensatz zu herkömmlichen Fragebögen, bei denen Personen oft abwägen, welche Antwort am besten in das gewünschte Bild passt – sei es, um dem Gegenüber zu gefallen oder um ein übermäßig positives Selbstbild zu wahren –, sind die Werte, die im IAT erfasst wurden, nur schwer absichtlich beeinflussbar. Dieser Vorteil macht den Narzissmus-IAT zu einem vielversprechenden Instrument zur objektiveren und unverfälschten Erfassung narzisstischer Persönlichkeitsmerkmale – auch im beruflichen Kontext.

Fakt

Narzissmus lässt sich mithilfe geeigneter Instrumente zuverlässig messen, wenngleich Fragebögen für verschiedene Fehlerquellen anfällig sind. Reaktionszeitbasierte Verfahren wie der Narzissmus-IAT sind hilfreich, um Narzissmus implizit (d. h. ohne bewusstes Nachfragen) zu messen.

1.11 Zusammenfassung Teil 1 »Narzissmus erkennen und verstehen«

- Narzissmus ist durch eine übermäßig positive Selbstsicht, Anspruchsdenken und mangelnde (emotionale) Empathie gekennzeichnet. Narzissmus ist kein Trend, sondern hat eine lange Tradition in unserer Menschheitsgeschichte.
- Narzissmus stellt eine Facette der menschlichen Persönlichkeit dar, die in der Bevölkerung in einem breiten Spektrum von Ausprägungen existiert. Jeder Mensch trägt narzisstische Anteile in sich, manche mehr und manche weniger.
- Männer und Frauen unterscheiden sich minimal im Narzissmus, doch die Erscheinungsformen können variieren. Die Unterschiede bestehen auf psychologischer Ebene (z. B. geschlechtertypische Rollenerwartungen) und sind nicht ausschließlich biologisch bedingt.
- Narzissmus und Selbstwert unterscheiden sich in ihren Glaubenssätzen: Narzisstische Personen sehen sich als überlegen, während Personen mit hohem Selbstwert anderen auf Augenhöhe begegnen.
- Sowohl die genetische Veranlagung als auch das soziale Umfeld (z. B. Überbehütung) stellen maßgebliche Faktoren bei der Entstehung von Narzissmus dar.

- Aus kulturvergleichenden Untersuchungen wissen wir, dass Narzissmus nicht ausschließlich auf westliche Nationen beschränkt ist, sondern auch in kollektivistisch geprägten Kulturen vorkommen kann.
- Die Antwort auf die Frage, ob wir in einer Zeit der Narzissmus-Epidemie leben, ist komplex, da existierende Studien sowohl für einen Anstieg als auch für einen Rückgang von Narzissmus sprechen.
- Die Selbstwahrnehmung narzisstischer Personen ist überaus vielschichtig. Dass Narzisst:innen ihre Selbstunsicherheit mit ihrer Grandiosität »maskieren«, ist wissenschaftlich jedoch nicht bestätigt.
- Narzissmus ist eine mehrdimensionale Eigenschaft. Unterschieden werden grandioser und vulnerabler Narzissmus, die sich wiederum in vier Facetten (agentisch, antagonistisch, neurotisch und kommunal) aufteilen.
- Das Messen von Narzissmus ist ein komplexes Unterfangen, da sich Menschen in Fragebögen nicht immer authentisch selbst präsentieren. Der Narzissmus-IAT bietet eine vielversprechende Alternative, um Narzissmus unverfälschter zu erfassen.

Teil 2: Narzissmus in Action

2 Die helle Seite: Die Vorteile der Egomanie

Menschen reagieren positiv auf die, die wissen, was sie wollen.
Anna Wintour

Anna Wintour, Chefredakteurin der US-amerikanischen Vogue, hat es bereits klar erkannt: Wer weiß, was er oder sie will, kommt bei anderen gut an. Eine gewisse Portion Eigenliebe scheint im Arbeitsleben hilfreich zu sein. Ein guter Grund, dass wir uns im Folgenden den »hellen Seiten« des Narzissmus widmen.

Auf den ersten Blick mag es paradox – fast höhnisch – wirken, die Vorteile einer dunklen Persönlichkeitseigenschaft näher beleuchten zu wollen. Aber genau darum geht es: Licht ins Dunkel bringen. Denn Narzissmus wird zugegebenermaßen häufig als eine negative Eigenschaft angesehen; ein Label, das man besser nicht zugeschrieben bekommen möchte. Doch aus der Persönlichkeitspsychologie wissen wir: Es gibt per se keine »gute« oder »schlechte« Persönlichkeit – auch wenn uns manche Persönlichkeitseigenschaften (z.B. Extraversion) erwünschter als andere erscheinen. Oder haben Sie schon einmal irgendwo gelesen, dass ein reserviertes, zurückhaltendes und schüchternes Teammitglied gesucht wird?

Narzissmus hat einen schlechten Ruf, doch die Eigenschaft an sich hat ihre Daseinsberechtigung. Je nach Kontext können sich narzisstische Tendenzen eher positiv oder eher negativ auswirken und genau diese Kontextspezifität gilt es, stets im Blick zu behalten. In bestimmten Umfeldern kann Narzissmus einen Segen darstellen, in anderen wiederum einen Fluch. Deshalb ist es bei der Bewertung narzisstischer Tendenzen stets wichtig, sich drei Fragen zu stellen:

- *Für wen* kann Narzissmus förderlich oder hinderlich sein (für die narzisstische Person selbst vs. für andere Menschen)?
- *Für was* kann Narzissmus Vor- oder Nachteile mit sich bringen (für soziale Interaktion, beruflichen Fortschritt, wirtschaftlichen Erfolg etc.)?
- *Für wie lange* kann Narzissmus Chancen oder Risiken bieten (kurzfristige Gewinne vs. langfristige Verluste)?

Vor diesem Hintergrund beleuchten wir im Folgenden sechs verschiedene Themenbereiche, die speziell die Sonnenseiten des Narzissmus im Arbeitskontext aufzeigen:

- Innovation,
- Charisma,
- Arbeitsengagement,
- Unternehmertum,
- unternehmerischer Erfolg sowie
- positive Führungsaspekte.

Dabei ist es wichtig zu betonen, dass beide Seiten – Licht und Schatten – nicht immer trennscharf voneinander betrachtet werden können. Die Übergänge sind häufig fließend, was wiederum die Vielschichtigkeit dieses Persönlichkeitsmerkmals verdeutlicht. Ergänzend sei angemerkt, dass nachfolgend nicht immer alle zuvor vorgestellten Facetten des Narzissmus differenziert werden können. Oft wird daher allgemein von Narzissmus gesprochen, insbesondere dann, wenn die Studienlage keine detaillierte Unterscheidung der verschiedenen Narzissmusfacetten erlaubt.

2.1 Innovation vs. Tradition: Warum Narzisst:innen das Neue reizt

In einer sich ständig verändernden Welt ist es für Unternehmen essenzieller denn je, innovativ zu sein und zu bleiben. Der zunehmende Wettbewerbsdruck, sich wandelnde Kundenanforderungen und rasante technologische Fortschritte, kombiniert mit unvorhersehbaren Krisen (z.B. COVID-19-Pandemie, Ukraine-Krieg, Nahostkonflikt etc.), sind nur einige der zentralen Treiber für Unternehmen. Sie spielen nicht nur eine Rolle dabei, als Organisation wettbewerbsfähig zu bleiben, sondern auch langfristiges und nachhaltiges Wachstum zu sichern. Unternehmen, die sich nicht flexibel diesen veränderten Umweltbedingungen anpassen, können schnell das Nachsehen haben und schlimmstenfalls von der Bildfläche verschwinden.

Innovation kann als Prozess verstanden werden, der aus der Entwicklung neuer Ideen, deren Bewertung und anschließender Umsetzung in neue Produkte, Prozesse oder Geschäftsmodelle besteht (Rowold et al., 2015; auch im Folgenden). Als Beispiele können hier die Entwicklung von Künstlicher Intelligenz, autonomen Fahrzeugen oder nachhaltigen Energietechnologien genannt werden. Aufgrund der Wichtigkeit von Innovationen für den Unternehmens- aber auch gesellschaftlichen Fortschritt befassen sich Menschen schon lange mit den organisationalen Faktoren, die Innovation begünstigen (z.B. innovationsförderliche Strukturen und Prozesse, Wissensmanagement, Anreizsysteme etc.). Die Bedeutung der Persönlichkeit für Innovation wurde bisher hingegen etwas stiefmütterlich behandelt – vor allem, was »dunkle« Persönlichkeitseigenschaften wie Narzissmus anbetrifft.

Der Gedanke, dass Narzissmus und Innovation positiv miteinander zusammenhängen, erscheint aus mindestens drei Gründen naheliegend. Zum einen sind Innovationsprozesse häufig von Unsicherheiten und Risiken geprägt. Neue Ideen und Ansätze beinhalten, dass es keine bewährten Methoden oder vorgetrampelten Erfolgspfade gibt, auf die man zurückgreifen kann. Das Fehlen einer Blaupause erfordert daher meist das Betreten von unbekanntem Terrain, was vielen Unbehagen bereitet. Menschen mit narzisstischen Tendenzen zeichnen sich hier in der Regel durch ein hohes Maß an Selbstvertrauen, Risikoneigung und Furchtlosigkeit aus. Diese Eigenschaften befähigen sie, entschlossener vorzugehen und sich bereitwilliger auf unkonventionelle Ideen und Risiken einzulassen, da sie fest von ihrem eigenen Urteilsvermögen überzeugt sind: Tschakka, *ich* schaff' das! Ein netter Nebeneffekt: Glückt das Vorhaben, ernten sie Bewunderung für ihre Taten.

Zum anderen sind Innovationsprozesse häufig von Rückschlägen und unerwarteten Herausforderungen gekennzeichnet. Innovieren bedeutet demnach auch, dass das Ausprobieren neuer Dinge scheitern kann, Vorhaben verworfen und neu gedacht werden müssen. Denken Sie beispielsweise an die Erfindung des Post-its: Eigentlich sollte Spencer Silver in den späten 1960er-Jahren einen Superkleber erfinden. Stattdessen hat er einen Klebstoff erfunden, der leicht ablösbar war. Hätte er hier vorschnell den Kopf in den Sand gesteckt, hätte er wohl niemals den Durchbruch geschafft.

Auch narzisstische Personen zeigen eine beeindruckende Entschlossenheit und ein ausgeprägtes Durchhaltevermögen. Diese Eigenschaften ermöglichen es ihnen, Hindernisse zu überwinden und hartnäckig an ihren Projekten und Ideen zu arbeiten, selbst wenn der lange Atem nicht mehr ganz frisch ist.

Zu guter Letzt beinhalten Innovationsprozesse auch eine wesentliche vertriebliche Komponente, da ein neues Produkt oder eine neue Dienstleistung verkauft werden muss. Die potenzielle Kundschaft muss umgarnt werden, während Kritiker:innen vom Mehrwert der Idee überzeugt werden müssen. Denn eine Idee, die in der Schublade verschwindet, bleibt ungenutzt. Daher ist es oft entscheidend, andere Menschen von den Vorzügen der Innovation zu überzeugen, um sie erfolgreich in der Praxis umzusetzen und zu vermarkten. Narzisst:innen können auch in dieser Phase von Vorteil sein, da es ihnen besonders leicht fällt, andere für ihre Ideen zu gewinnen und die notwendige Unterstützung und Akzeptanz zu erhalten.

Soweit die theoretische Herleitung, doch wie sieht es empirisch aus? Die Studie des US-amerikanischen Managementprofessors Mickey B. Smith von der University of South Alabama ist eine der wenigen, die die positiven Effekte von Narzissmus im Kontext von Innovation untersucht hat (Smith&Webster, 2018). Gemeinsam mit seinem Kollegen führte der Forscher zwei unabhängige Studien durch, eine Laborstudie und eine Feldstudie. In der ersten Studie wurden 181 Personen gebeten, ihren Narzissmus anhand eines Fragebogens einzuschätzen und eine sog. *Ideation Task* zu lösen (Ideenfindungs-Aufgabe). Ziel der Aufgabe: Aus verschiedenen Lebensmitteln (z. B. Eier, Butter, Müsli) und Verpackungsmaterialien (z. B. Glasrohr, Sprühflasche, Einmachglas) so viele neue und zugleich praktikable Methoden zur Verpackung wie möglich finden. Was halten Sie beispielsweise von einem Glasrohr als stylishe Verpackung für Eier? Wie Sie sehen, war innovatives Denken gefragt.

Die Versuchspersonen hatten 30 Minuten Zeit, um so viele Lebensmittel-Verpackungs-Kombinationen wie möglich zu entwickeln. Anschließend wurden sie aufgefordert, für jede ihrer Ideen schriftlich zu erläutern, wie diese logistisch umsetzbar wäre und welche Vorteile die vorgeschlagenen neuen Lebensmittelverpackungen für Unternehmen und Verbrauchende hätten. Der Innovationsgehalt der Ideen wurde anschließend nicht etwa von den beiden Forschern selbst, sondern von unabhängigen Beurteilenden bewertet. In einer nachfolgenden Untersuchung wurden 288 Berufstätige gebeten, ihren Narzissmus einzuschätzen und ihre jeweilige Führungskraft als Feedbackgebende anzugeben. Diese wiederum wurde kontaktiert und gebeten, die Fähigkeit zur Innovation ihres direkt unterstellten Mitarbeitenden anhand verschiedener Fragen einzuschätzen (z. B. »Wie würden Sie seine/ihre Leistung im Vergleich zu den Kolleg:innen in Bezug auf die Entwicklung neuer Ideen bewerten?«).

Die Ergebnisse beider Studien zeigten, dass Narzissmus und Innovation positiv zusammenhängen. Darüber hinaus konnten Smith und Webster nachweisen, dass der Zusammenhang zwischen Narzissmus und Innovation durch eine weitere Variable erklärt werden konnte: die Adaptabilität. Adaptabilität beschreibt die Fähigkeit, sich leicht an veränderte Umstände anzupassen, indem Abweichungen von erwarteten Ereignissen erkannt und angemessen darauf reagiert wird (Ployhart & Bliese, 2006). Laut den beiden Forschern hilft diese Anpassungsfähigkeit Narzisst:innen offenbar dabei, mit potenziellen Herausforderungen im Rahmen des Innovationsprozesses umzugehen, ihr Vorgehen bei Bedarf anzupassen und neue Lösungen zu suchen. Dies wiederum erhöht ihre Chancen, Innovationen erfolgreich zu implementieren.

Dennoch bleiben einige Fragen offen: Wie verändert sich der Zusammenhang zwischen Narzissmus und Innovation, wenn man ihn über mehrere Jahre hinweg betrachtet? Wie sieht die Ursache-Wirkungs-Beziehung genau aus? Und welche langfristigen Auswirkungen haben narzisstische Tendenzen auf die Innovationsfähigkeit eines Unternehmens in der Praxis?

Diesen Fragen ist der US-amerikanische Marketingprofessor Saim Kashmiri von der School of Business Administration nachgegangen. Seine Untersuchung umfasste eine längsschnittliche Betrachtung – also eine Untersuchung, bei der zu verschiedenen Zeitpunkten Daten erhoben wurden – von 395 börsennotierten US-Unternehmen und deren CEOs im Zeitraum von 2006 bis 2010 (Kashmiri et al., 2017). Da CEOs nicht gerade Schlange stehen, um einen Narzissmusfragebogen auszufüllen, bediente sich Kashmiri mit seinem Team dem sog. *CEO Narcissism Index* (Chatterjee & Hambrick, 2007). Dieser Index wurde entwickelt, um speziell bei CEOs Narzissmus ohne deren Zutun zu messen. Die beiden Forscher berücksichtigten vier verschiedene Indikatoren:

1. die Prominenz des Fotos der/des CEO in den Geschäftsberichten
2. die Wichtigkeit der/des CEO in Pressemitteilungen
3. die monetäre Vergütung der/des CEO im Verhältnis zur am nächstbesten bezahlten Führungskraft
4. die nicht-monetäre Vergütung der/des CEOs (z.B. Aktienoptionen) im Verhältnis zur am nächstbesten bezahlten Führungskraft

Die Grundlogik: Auf alle diese vier Indikatoren haben CEOs in der Regel einen starken Einfluss, sodass sie Hinweise auf ihre Persönlichkeit geben sollten. CEOs, die beispielsweise sehr präsent im Geschäftsbericht sind (z.B. alleine über eine halbe Seite Platz einnehmen), sehr häufig in Pressemitteilungen erwähnt werden und sehr viel Geld verdienen, gelten als narzisstischer im Vergleich zu CEOs, denen es nicht so wichtig ist, die öffentliche Aufmerksamkeit auf sich zu ziehen oder deren Vergütung bescheidener ausfällt.

Der *CEO Narcissism Index* wurde schließlich mit zwei Indikatoren für Innovation in Verbindung gebracht: Neuprodukteinführungen und Radikalität der Neuerungen. Bei den Neuprodukteinführungen wurde die Anzahl neuer Produkte oder Dienstleistungen betrachtet, die ein Unternehmen im Laufe des Beobachtungszeitraums auf den Markt gebracht hat. Die Überlegung dahinter: Je mehr Neuprodukteinführungen ein Unternehmen vorzuweisen hat, desto erfolgreicher ist es. Die Daten wurden aus produktbezogenen Pressemitteilungen der Unternehmen gesammelt. Bei der Radikalität der Neuerungen wurde die Anzahl neuer Produkte oder Dienstleistungen analysiert, die von unabhängigen Personen mit Expertise als radikale Innovationen eingestuft wurden. Eine Innovation wurde dann als radikal eingestuft, wenn sie verglichen mit allen bereits bestehenden Produkten auf dem Markt einen unvergleichlichen bzw. revolutionären Charakter aufwies und der Kundschaft einen erheblichen Nutzen einbrachte (z.B. durch Einführung neuer Technologien, Verbesserung von Produktmerkmalen und/oder Erschließung eines völlig neuen Marktes). Diese Daten wurden aus verschiedenen Datenbanken, Nachrichten oder Pressemitteilungen erhoben und ebenso von unabhängigen Expert:innen bewertet.

Die Ergebnisse stützen die zuvor angenommene positive Verbindung zwischen Narzissmus und Innovation: Unternehmen mit narzisstischen CEOs führten in der untersuchten Zeitspanne (2006–2010) signifikant mehr neue Produkte und Dienstleistungen auf den Markt ein und wiesen auch einen höheren Anteil an radikalen Innovationen im Produktportfolio auf. Interessanterweise zeigte sich auch, dass der Einfluss des Narzissmus auf die Innovation kontinuierlich anstieg und nicht etwa von einem bestimmten Schwellenwert abhing. Das bedeutet, dass CEOs mit höheren Narzissmuswerten (bzw. deren Unternehmen) im Durchschnitt mehr Innovationen auf den Markt brachten als ihre weniger narzisstischen Kolleg:innen.

Die Beobachtungen von Kashmiri decken sich mit Studienergebnissen zur sog. Technologieadaption narzisstischer CEOs. Diese beschreibt das Ausmaß, in dem Organisationen neue und vielversprechende Technologien in ihre Geschäftsprozesse und -strategien integrieren (z. B. durch die Bildung strategischer Allianzen, Unternehmenszukäufe oder die Einführung eigener Forschungs- und Entwicklungsprojekte). Ein konkretes Beispiel hierfür ist die Entwicklung von individualisierten Krebstherapien in den 2000er Jahren, die auf die genetischen Merkmale der Erkrankten zugeschnitten sind.

Eine Längsschnittanalyse von führenden Pharmaunternehmen im Zeitraum von 1980 bis 2008 zeigt, dass CEOs mit höheren Narzissmuswerten in dieser Zeitspanne aggressiver in derartige Biotechnologieinitiativen investierten; insbesondere dann, wenn das mediale Interesse an derartigen Initiativen hoch war (Gerstner et al., 2013). Laut Wolf-Christian Gerstner, Leiter der Studie von der Universität Erlangen-Nürnberg, spielen die positiven Ergebniserwartungen von Narzisst:innen hier eine entscheidende Rolle: Wenn narzisstische Personen glauben, dass ihre Handlungen von anderen als besonders wagemutig angesehen werden, wird ihr Bedürfnis nach Bewunderung befriedigt. Die Bereitschaft, das Unternehmen in stark wachsende Branchen zu lenken, wird daher als Möglichkeit gesehen, die eigene Sichtbarkeit und Reputation zu steigern. Es ist daher plausibel, dass Narzissmus auch mit anderen innovationsgetriebenen Unternehmensaktivitäten positiv zusammenhängt, insbesondere in Bezug auf Mergers and Acquisitions (z. B. größere Ausgaben für Unternehmenszukäufe; Aabo et al., 2021), Forschungs- und Entwicklungsaufwendungen (z. B. höhere Ausgaben für selbige; Ham et al. 2018) und Internationalisierungsvorhaben (z. B. stärkere Expansion ins Ausland; Oesterle et al., 2016).

Bei allem Optimismus muss jedoch fairerweise angemerkt werden, dass Unternehmen unter der Führung von narzisstischen CEOs nicht nur innovativer, sondern auch insgesamt riskanter agieren können (Kraft, 2022). Kashmiri konnte beispielsweise zeigen, dass innovative Unternehmen auch vermehrt mit Verbraucherwarnungen, Produktrückrufen oder zivilrechtlichen Sanktionen zu kämpfen hatten (z. B. aufgrund von Sicherheitsbedenken).

Narzissmus kann Organisationen zu einer verstärkten innovativen Ausrichtung verhelfen, da narzisstische Persönlichkeiten oft bereit sind, unkonventionelle Wege zu beschreiten und mutige, risikoreiche Entscheidungen zu treffen, um ihre Visionen zu verwirklichen. Andererseits kann dieser Vorteil für Organisationen auch zum Verhängnis werden, wenn die möglichen negativen Auswirkungen übersehen oder zu spät erkannt werden (vgl. dazu ausführlicher Teil 3).

2.2 Charisma vs. Chaos: Wie Narzisst:innen uns in den Bann ziehen

Charisma ist eine mindestens genauso faszinierende Eigenschaft wie Narzissmus selbst. Ob Barack Obama, Oprah Winfrey, Sir Richard Branson oder Beyoncé – sie alle gelten als charismatisch, inspirierend und vereinnahmend. Charismatische Menschen zeichnen sich durch eine einzigartige Ausstrahlung aus, die unsere Aufmerksamkeit auf eine wundersame Weise an sich zieht und uns unwiderstehlich zu ihnen hingezogen fühlen lässt. Das Geheimnis des Charismas liegt oft im Unbegreiflichen: Es fällt uns schwer, zu erklären, *warum* wir uns von bestimmten Menschen inspiriert fühlen, während andere uns nahezu kalt lassen.

Charisma wird immer dann wichtig, wenn sich ein System – z. B. eine Organisation – in einer strukturellen Krise befindet (Weber, 1978). In solchen Zeiten sind Menschen auf der Suche nach Leitfiguren, die ihnen Orientierung und Hoffnung bieten können. Bleiben wir bei dem Beispiel aus dem vorigen Kapitel: Zu Beginn der 2000er-Jahre war die Biotechnologie ein sich schnell entwickelnder Bereich mit enormem Wachstumspotenzial, aber auch hohen Risiken. Die Entwicklung und Vermarktung von Biotech-Produkten kostet viel Geld, die Zeitspanne von der Idee bis zur Zulassung ist stellenweise sehr lang und die langfristige Wirksamkeit nicht immer kalkulierbar. In einer solch prekären und dynamischen Umwelt ist es nahezu unverzichtbar, dass es Menschen gibt, die andere motivieren und inspirieren können, sich auf neue Herausforderungen einzustellen. Hier kommen charismatische Persönlichkeiten ins Spiel: Sie sind in der Lage, eine Vision zu vermitteln und andere zu einem gemeinsamen Ziel zu führen.

Der Begriff Charisma stammt aus dem Griechischen (χάρισμα; chárisma) und bedeutet »Gnadengabe«. Der Begriff impliziert, dass charismatische Menschen eine Art Geschenk besitzen, das sie mit anderen teilen können. Doch was beinhaltet genau dieses Geschenk? Laut dem kanadischen Psychologen Konstantin Tskhay besteht Charisma aus zwei unterschiedlichen Dimensionen (Tskhay et al., 2018): Einfluss und Zugänglichkeit. Während Einfluss die Fähigkeit bezeichnet, andere zu führen, beschreibt Zugänglichkeit die Fähigkeit, anderen ein gutes Gefühl zu vermitteln. Die Mischung macht's in dem Fall: Charismatische Menschen können andere motivieren, inspirieren und dazu bringen, ihre Ideen anzunehmen. Gleichzeitig kreieren sie eine positive Atmosphäre und können gut auf andere zugehen, um zwischenmenschliche Beziehungen aufzubauen.

Eine fünfminütige Interaktion reicht bereits aus, um eine zuverlässige Wahrnehmung von Charisma zu ermöglichen (Tskhay et al., 2018). Charisma ist somit eine Zuschreibung, die wir bei anderen aufgrund von wahrgenommenen Signalen vornehmen. Interessanterweise hängen Narzissmus und Charisma positiv miteinander zusammen.

Der deutsche Psychologe und international führende Narzissmusforscher Mitja Back konnte dies beispielsweise in einem Experiment zeigen, bei dem Personen gebeten wurden, einen kurzen Videoclip anzusehen, in dem sich eine unbekannte Person selbst präsentierte (Back et al., 2010). Das Ergebnis: Je narzisstischer die Person war, desto charismatischer wurde sie von anderen wahrgenommen. Dies lag insbesondere an nonverbalen Signalen wie einem charmanten Gesichtsausdruck, einer aufrechten Körperhaltung und Humor.

Da Charisma darauf beruht, eine Erfolgsaura um sich aufzubauen, könnte es im Unternehmenskontext schwerfallen, eine Grenze zwischen Narzissmus und Charisma zu ziehen. Doch woran kann man erkennen, ob charismatische Menschen gleichzeitig auch Narzisst:innen sind? Laut dem US-amerikanischen Führungspsychologen Jay Conger zeichnet sich eine charismatische Führungspersönlichkeit insbesondere durch folgende fünf Aspekte aus (Conger et al., 1997):

1. Strategische Vision und Artikulation (z. B. neue Ideen für die Zukunft der Organisation entwickeln)
2. Sensibilität für das Umfeld (z. B. die Fähigkeiten, aber auch die Grenzen anderer Menschen einschätzen)
3. Sensibilität für die Bedürfnisse der Organisationsmitglieder (z. B. persönliches Interesse an den Bedürfnissen anderer zeigen)
4. Persönliches Risiko (z. B. für die Firma persönliche Risiken in Kauf nehmen)
5. Unkonventionelles Verhalten (z. B. neue Mittel und Wege ausprobieren)

Auch wenn bei Narzisst:innen die Sensibilität für andere im Hintergrund stehen mag (vgl. Punkte 2 und 3 in der Aufzählung oben), lassen sich durchaus Gemeinsamkeiten zum Charisma finden wie die Artikulation von klaren Visionen, die Risikoneigung oder das Ausprobieren neuer Dinge. Ein Erkennungsmerkmal für Narzissmus (und nicht für Charisma) ist allerdings die *Motivation*, mit der Narzisst:innen ihre Visionen verwirklichen möchten. Der Ursprung der narzisstisch geprägten Vision liegt in dem Bedürfnis, persönliche Anerkennung zu erhalten und das Ego zu befriedigen. Der Einfluss wird dabei hauptsächlich zum eigenen Vorteil genutzt und die Perspektiven anderer werden – wenn überhaupt – nur oberflächlich berücksichtigt.

Konkret bedeutet das: Während Narzisst:innen eher auf *personalisiertes Charisma* setzen, zeichnen sich »echte« charismatische Persönlichkeiten durch ein *sozialisiertes Charisma* aus (Popper, 2002). Letztere nutzen ihre Macht uneigennützig, um die Ziele der Organisation zu erreichen. Sie teilen eine Vision, die das kollektive Wohl im Blick hat, kümmern sich um die Bedürfnisse anderer und legen Wert auf eine offene und vertrauensvolle Kommunikation.

Abbildung 7 verdeutlicht in vereinfachter Form das Zusammenspiel aus Narzissmus und Charisma und deren mögliche Effekte für Organisationen (adaptiert nach

O'Reilly&Chatman, 2020; S. 3). Die X-Achse repräsentiert den Grad an Narzissmus, während die Y-Achse den Grad an Charisma zeigt. Die vier Quadranten lassen sich wie in Abbildung 7 dargestellt beschreiben.

Typologie von Narzissmus und Charisma

Charisma \ Narzissmus	hoch	niedrig
hoch	Ambivalente Effekte	Positive Effekte
niedrig	Narzisstische Einfaltspinsel	„Normale" Mitarbeiter:innen

Abb. 7: Potenzielle Auswirkungen von Narzissmus und Charisma auf Organisationen

- **Charisma ohne Narzissmus (1. Quadrant):** Diese Persönlichkeiten sind in der Regel ziemliche »Menschenmagneten«. Sie besitzen die Fähigkeit, Bewunderung in anderen zu erzeugen, ohne sich selbst über sie zu stellen. Andere werden ohne Druck oder Manipulation dazu inspiriert, an eine Vision zu glauben und an ihr mitzuwirken.
- **Charisma gepaart mit Narzissmus (2. Quadrant):** Diese Persönlichkeiten können sowohl positive als auch negative Auswirkungen auf Organisationen haben. Sie können innovative und motivierende Zielbilder entwickeln, aber auch rücksichtslos und kaltherzig sein. Diese Kombination ist somit zweischneidig und kann Organisationen voranbringen, aber auch schaden.

- **Narzissmus ohne Charisma (3. Quadrant):** Diese Persönlichkeiten – von O'Reilly und Chatman (2020) als »narzisstische Einfaltspinsel« bezeichnet – sind häufig schädlich für Organisationen und ihre Mitglieder. Sie präsentieren sich als egoistisch, manipulativ und ausnutzend. Dieser ausschließlich dunklen Seite des Narzissmus widmen wir uns in Teil 3 des Buches genauer.
- **Kein Charisma und kein Narzissmus (4. Quadrant):** Diesen Persönlichkeiten wird weder Charisma noch Narzissmus zugeschrieben. Hierbei handelt es sich meist um Mitarbeitende oder Führungskräfte, die einfach »nur ihren Job« machen. Sie fallen wenig auf, arbeiten in der Regel produktiv und erscheinen zufrieden.

Vor allem die beschriebene Ambivalenz im 2. Quadranten – Charisma gepaart mit Narzissmus – veranlasste mich, der Frage auf den Grund zu gehen, welche Narzissmusfacette eher mit positiven Effekten und welche eher mit negativen Effekten für die Organisation einhergehen kann. Zu diesem Zweck befragten mein Kollege Radosław Rogoza und ich über 700 Personen zu ihrem Narzissmus und ließen sie anschließend ihr Charisma anhand der von Tskhay beschriebenen Dimensionen einschätzen (Rogoza & Fatfouta, 2020). Wir stellten fest, dass insbesondere der agentische Narzissmus positiv mit Charisma zusammenhängt. Im Gegensatz dazu zeigt der antagonistische Narzissmus eine negative Verbindung zu Charisma. Diese Erkenntnisse legen nahe, dass Personen mit agentischem Narzissmus (»Zeige, was du kannst!«) effektiver sein können, wenn es darum geht, andere zu inspirieren und zu motivieren, während Personen mit antagonistischem Narzissmus (»Beweise deine Überlegenheit!«) als weniger zugänglich und eher abschreckend wahrgenommen werden können.

2.3 Hustle Culture vs. Quiet Quitting: Warum Narzisst:innen Arbeit lieben

»*There's no substitute for hard work*« – es gibt keinen Ersatz für harte Arbeit. Das Zitat von Thomas Alva Edison, Erfinder der Glühbirne (und vielen weiteren technischen Errungenschaften), bringt die Bedeutung von *Hustle Culture* auf den Punkt. Der Ausdruck »hustlen« kommt aus dem Englischen (*to hustle*) und bedeutet so viel wie »hart arbeiten, sich abrackern«. Hustle Culture bezeichnet eine Arbeitsethik, die die eigene Überarbeitung bis zur Erschöpfung zum Zwecke der Produktivitätsmaximierung normalisiert (Garcia, 2022). Unter Hashtags wie #hustle, #hustleharder oder #hustlemotivation posten Menschen in den sozialen Medien zahlreiche Stories und Bilder, die ihren Erfolg, ihren Reichtum oder ihre unbedingte Leistungsfähigkeit verdeutlichen sollen. Die Kernbotschaft: Geh' an deine Grenze, um zu sehen, wer du sein kannst (und noch nicht bist).

Ein kleines Beispiel soll diesen Lifestyle veranschaulichen: In einem Interview mit dem Tagesspiegel von 2023 beschreibt der weltweit erfolgreichste Parfum-Influencer

Daniel Schütz, besser bekannt als Jeremy Fragrance, seine Alltagsroutine wie folgt: »Arschkalt duschen, Fahrrad fahren, 5:11 Uhr aufstehen.« Düfte sind seine Lebensaufgabe. Der Selfmade-Millionär im reinweißen Anzug investiert nahezu jede verfügbare Minute in sein Unternehmen, um die Parfumwelt zu revolutionieren. Der Erfolg gibt ihm Recht: Über 8 Millionen Follower:innen zählt die selbst ernannte »Nummer 1 Parfum-Ikone« auf TikTok. Hinzukommen 2.2 Millionen Abonnements auf YouTube und 1.5 Millionen Fans auf Instagram. Bekannt ist Fragrance auch für seine exzentrische Art: Um noch produktiver zu sein, macht er einarmige Liegestütze (z. T. während Interviews), folgt einer strikten Diät (er isst z. B. Eier mit Schale aufgrund des Calciumgehalts) und verzichtet eigenen Angaben zufolge auf Drogen und Alkohol. Sein Mantra: KRAFT! POWER! STRENGTH!

Menschen wie Fragrance sind bereit, alles zu geben, um ihre Ziele zu erreichen. Daran ist erst einmal nichts Verwerfliches, denn Leistungsbereitschaft kann zu einem hohen Maß zur Produktivität beitragen. Gleichzeitig kann dahinter auch ein narzisstisches Motiv stecken. Studien zeigen, dass Narzissmus positiv mit *Workaholism* (Arbeitssucht) zusammenhängt. *Workaholism* bezeichnet die Tendenz, zwanghaft und übermäßig viel zu arbeiten. Der Begriff wurde bereits Anfang der 1970er-Jahre vom Psychologen Wayne Oates geprägt, der damit seine eigene Arbeitssucht – in Analogie zum Alkoholismus – beschrieben hat. Typischerweise arbeiten sog. *Workaholics* (Arbeitssüchtige) aus einem inneren Bedürfnis heraus so viel und nicht zwingend aufgrund externer Faktoren wie Geld, Karriereperspektiven oder anderen extrinsischen Aspekten (Schaufeli et al., 2008). Doch was kennzeichnet narzisstische *Workaholics*?

Die norwegische Psychologin Cecilie Andreassen von der Universität Bergen konnte in einer Stichprobe von Bankangestellten zeigen, dass Narzisst:innen freiwillig mehr arbeiten, als von ihnen erwartet wird – aus Freude an der Arbeit selbst (Andreassen et al., 2012). Trotz des exzessiven Bedürfnisses nach Arbeit konnte Andreassen auch belegen, dass narzisstische Beschäftigte eine positive Einstellung gegenüber ihrer Arbeit hatten. Sie stimmten beispielsweise Aussagen zu, dass sie bei ihrer Arbeit voll überschäumender Energie waren, in ihrer Arbeit völlig aufgingen oder sich glücklich fühlten, wenn sie viel arbeiteten.

Kritische Stimmen könnten nun anmerken, dass das Alter der Beschäftigten, ihr Geschlecht, die Berufserfahrung oder gar ihre Position (Führungskraft vs. Mitarbeitende ohne Personalverantwortung) für die Ergebnisse verantwortlich seien, doch diese Aspekte haben die Forschenden in ihren Analysen berücksichtigt. Die Ergebnisse bleiben weiterhin bestehen: Narzisst:innen arbeiten also nicht nur viel, sondern auch gerne. Andreassen erklärt die Ergebnisse damit, dass die Arbeit für narzisstische Menschen eine zentrale selbstregulierende Funktion in ihrem Leben einnimmt. Beispielsweise bietet der Arbeitskontext zahlreiche Möglichkeiten für einen sozialen Vergleich (z. B. Menschen mit dem gleichen Job oder Menschen, die in derselben Branche oder Organisation tätig sind), der wiederum für die eigene Selbstaufwertung genutzt werden kann.

Wie bereits in Teil 1 beschrieben, haben Menschen mit narzisstisch akzentuierter Persönlichkeit ein chronisches Bedürfnis nach externer Validierung, um ihr fragiles Selbstbild zu schützen (vgl. Kap. 1.2 und Kap. 1.4). Die Arbeit erfüllt dieses Bedürfnis praktischerweise in zweierlei Hinsicht: Einerseits bietet die Arbeit ein attraktives Spielfeld, auf dem Narzisst:innen ihre besonderen Fähigkeiten unter Beweis (oder auch zur Schau) stellen können. Denn je mehr sie arbeiten, desto mehr können sie mit ihren Kompetenzen, Qualifikationen und Erfahrungen glänzen. Andererseits bietet die Arbeit ihnen eine nahezu unerschöpfliche Quelle für Bestätigung. Extrem hartes Arbeiten kann beispielsweise zu Lob oder Anerkennung durch Vorgesetzte, Kolleg:innen oder Kund:innen führen, aber auch potenzielle Misserfolgserlebnisse übertünchen. Die Bewältigung komplexer Herausforderungen, das Führen schwerer Kundengespräche oder das Meistern anspruchsvoller Projekte – all das versetzt Narzisst:innen in rauschähnliche Zustände des Erfolgs, der sie wiederum in ihrer Arbeit bestätigt und ihren Selbstwert steigert.

Neben dieser zugegeben extremen Form des Arbeitsengagements gibt es auch eine moderatere, aber ebenso bedeutsame Art des persönlichen Einsatzes, die mit Narzissmus in Verbindung steht: *Organizational Citizenship Behavior* (OCB; Organ, 1988). OCB bezeichnet demnach nicht nur ein Zigarettenpapier, sondern sämtliches Verhalten, das über »Dienst nach Vorschrift« hinausgeht (nicht despektierlich gemeint) und dem Erfolg und der Leistung einer Organisation zugutekommt. Es kann gewissermaßen als eine mildere Ausprägung der *Hustle Culture* verstanden werden, die auch den Fokus auf Eigeninitiative legt, nur ohne den zuvor beschriebenen Suchtcharakter. Aus stilistischen Gründen nutze ich im Folgenden den Begriff des freiwilligen Arbeitsengagements, was den meisten Leser:innen vermutlich besser unter dem Begriff der berühmten »Extrameile« bekannt ist.

Freiwilliges Arbeitsengagement geht mit vielen positiven Effekten einher. Mitarbeitende, die die Extrameile gehen, zeigen beispielsweise eine höhere Bindung an ihr Unternehmen, sind zufriedener mit ihrer Arbeit und weisen weniger Fehlzeiten auf (Podsakoff et al., 2009). Dabei handeln Mitarbeitende insofern freiwillig, als das Extra an Arbeit weder in ihrem Arbeitsvertrag noch in einer Zielvereinbarung verschriftlicht ist. Dennoch entfaltet es einen positiven Einfluss auf die Dynamik einer Organisation.

Freiwilliges Arbeitsengagement kann sich auf die Organisation als Ganzes richten oder aber auf die einzelnen Organisationsmitglieder. Ersteres beinhaltet beispielsweise Verhaltensweisen, bei denen man die eigene Firma positiv gegenüber anderen vertritt, Vorschläge zur kontinuierlichen Verbesserung einbringt oder sich eigeninitiativ weiterbildet, um die Arbeit besser erledigen zu können. Letzteres beinhaltet hingegen Verhaltensweisen, bei denen man anderen bereitwillig bei ihren Aufgaben hilft, ausgleichend bei Meinungsverschiedenheiten unter Kolleg:innen agiert oder auch ein offenes Ohr für ihre persönlichen Belange übrig hat.

Die Frage, inwiefern narzisstische Personen bereit sind, die Extrameile zu gehen, ist alles andere als trivial. Theoretisch gesehen sind ganz gegensätzliche Annahmen möglich: Narzisst:innen streben wie zuvor beschrieben als *Workaholics* nach sozialer Anerkennung und sollten daher keine Chance ungenutzt lassen, um sich durch Mehrarbeit hervorzutun. Dies könnte sie dazu motivieren, sich intrinsisch bei Aufgaben und Projekten zu engagieren, um ihre Leistungen und ihren Status noch weiter zu steigern. Andererseits legen narzisstische Menschen auch eine hohe Anspruchshaltung an den Tag und konzentrieren sich hauptsächlich auf die Erfüllung ihrer persönlichen Ziele und Interessen. Somit könnten sie es nicht für nötig erachten, Zeit und Energie in Arbeit zu investieren, die keine unmittelbare Belohnung für sie versprechen. Doch welche der beiden Annahmen stimmt nun?

Die bisherige Studienlage zum Zusammenhang von Narzissmus und freiwilligem Arbeitsengagement ist uneindeutig: Untersuchungen zeigten keinen Zusammenhang, einen negativen Zusammenhang, aber auch einen positiven Zusammenhang. Das liegt hauptsächlich daran, dass fast alle Studien Narzissmus als einheitliches Konstrukt verstehen, was problematisch ist (vgl. Teil 1, Kap. 1.9). In einer Studie mit über 500 deutschen Arbeitnehmenden aus 15 verschiedenen Industrien habe ich daher beide Annahmen überprüft (Fatfouta, 2023). So viel sei vorab gesagt: Beide Annahmen treffen zu, je nachdem, welche Facette von Narzissmus und freiwilligem Arbeitsengagement betrachtet wird. Menschen mit »dunkleren« Aspekten des Narzissmus (v. a. narzisstisches Autoritätsbedürfnis) zeigten sich weniger bereit, freiwilliges Arbeitsverhalten zu zeigen (sowohl gegenüber der Organisation als auch gegenüber ihren Mitgliedern). Menschen mit »helleren« Aspekten des Narzissmus (v. a. narzisstischer Führungsanspruch) gaben hingegen an, mehr dieser Verhaltensweisen zu zeigen.

Narzissmus ist somit nicht per se dysfunktional für Organisationen und ihre Mitarbeitenden, sondern *kann* sich auch positiv auf beides auswirken. Ein narzisstischer Führungsanspruch trägt in Maßen beispielsweise dazu bei, dass sich Mitarbeitende über das geforderte Maß hinaus engagieren, ihre Komfortzone verlassen und persönlich an ihren Aufgaben wachsen. Wenn man bereits eine Führungsrolle innehat, kann dieser Anspruch dabei helfen, die eigenen Mitarbeitenden in ihren persönlichen Stärken und Fähigkeiten weiterzuentwickeln. Die große Kunst liegt darin, eine gute Balance zwischen Über- und Unterforderung zu finden, damit die positiven Aspekte des Narzissmus gehoben werden können.

2.4 Start-up vs. Fuck-up: Was Narzisst:innen am Gründen fasziniert

Jüngste Skandale um Unternehmen wie Signa Holding haben unter anderem dazu beigetragen, die Rolle von Narzissmus im unternehmerischen Umfeld näher zu beleuchten. Ein eigenes Start-up zu gründen, ist für viele Menschen ein Lebenstraum. Man kann seine eigenen Ideen realisieren, ein Unternehmen hochziehen und selbstbestimmt handeln. Doch der Weg in die Gründung ist oft steinig und voller Herausforderungen. Laut Statistiken scheitern in Deutschland etwa 80–90 % der Neugründungen innerhalb der ersten drei Jahre (Lehnen et al., 2020). Das bedeutet, dass nur ein Bruchteil der Jungunternehmen es schafft, sich auf dem Markt zu positionieren und profitabel zu werden. Gründen stellt somit ein riskantes Unterfangen dar, bei dem der Erfolg eher die Ausnahme als die Regel ist: Fraugster (Anti-Betrugssoftware), zenloop (SaaS-Lösung für Feedbackmanagement) oder Banovo (Badsanierung) – sie alle schlitterten 2023 in die Insolvenz.

Studien belegen, dass neben soziodemografischen Merkmalen wie Geschlecht, Alter und Bildung auch bestimmte Persönlichkeitseigenschaften beim Gründen hilfreich sein können (Zhao & Seibert, 2006; Brandstätter, 2011). Das »Big Five Modell der Persönlichkeit« ist in diesem Kontext zweifelsohne einer der bekanntesten (und wichtigsten) Ansätze zur Beschreibung der Persönlichkeit. Die Grundidee ist, dass sich sämtliche Unterschiede zwischen Menschen mithilfe von lediglich folgenden fünf zentralen Dimensionen und deren Ausprägungen beschreiben lassen (vgl. Rauthmann, 2017; S. 259 f.):

1. **Offenheit:** Interesse an neuen Erlebnissen, Erfahrungen und Eindrücken (und Bereitschaft zur Auseinandersetzung damit)
2. **Gewissenhaftigkeit:** Unterschiede in der Gestaltung, Strukturierung und Umsetzung von (langfristigen) Aufgaben
3. **Extraversion:** Häufigkeit zwischenmenschlicher Interaktionen und Bedürfnis nach Stimulation und positiven Emotionen
4. **Verträglichkeit:** Freundlicher Umgang und Streben nach Harmonie in zwischenmenschlichen Beziehungen
5. **Neurotizismus:** Anfälligkeit für negative Emotionen wie Angst, Nervosität oder Niedergeschlagenheit

Interessanterweise zeigen Gründer:innen und Narzisst:innen – hauptsächlich agentische Narzisst:innen – ein ähnliches Big-Five-Persönlichkeitsprofil (Brandstätter, 2011; Back et al., 2013). Insofern verwundert es wenig, dass *Entrepreneurship* (Unternehmertum) positiv mit Narzissmus zusammenhängt (Mathieu & St-Jean, 2013). Beiden gemeinsam ist ein eher hohes Maß an Extraversion, Gewissenhaftigkeit und Offenheit sowie ein eher niedriges Maß an Neurotizismus und Verträglichkeit. Dazu passt, dass Narzist:innen liebevoll als »unverträgliche Extravertierte« bezeichnet werden (Paulhus, 2001). Doch lassen Sie uns die Parallelen zwischen einer Gründungspersönlichkeit und einem narzisstischen Menschen Schritt für Schritt beleuchten.

Eine wilde Fahrt voller Überraschungen

Ein Start-up zu gründen, ist vergleichbar mit einer Achterbahnfahrt: Es gibt Höhen und Tiefen, auf die sich Gründer:innen flexibel einstellen müssen. Hier kommt die Offenheit ins Spiel – eine Eigenschaft, die sich durch Neugierde, Veränderungsbereitschaft und Experimentierfreude auszeichnet. Damit die Achterbahn nicht stehen bleibt, müssen Gründer:innen in der Lage sein, neue Ideen zu entwickeln, unkonventionell zu denken und über den Tellerrand hinauszuschauen. Narzisst:innen werden ebenfalls als offen für neue Erfahrungen wahrgenommen – immer für ein Abenteuer aufgelegt und gewillt, in unbekannte Welten einzutauchen. Ihre Devise könnte lauten: »Warum den altbewährten Trampelpfad nehmen oder sich von bestimmten Dingen einschränken lassen? Sky is the limit!«. Diese Eigenschaften erweisen sich als hilfreich, um den Status quo zu hinterfragen und neue Wege zu gehen.

Wenn selbst Marie Kondo vor Neid erblasst

Sein eigener Chef (oder seine eigene Chefin) zu sein, bedeutet auch, dass man selbst verantwortlich für die Arbeitsorganisation ist. Gründer:innen müssen demzufolge in der Lage sein, Aufgaben zu priorisieren, organisatorische Abläufe zu strukturieren und den Überblick über Deadlines und Projekte zu behalten. Eine gewisse Detailorientierung ist wichtig, um sich selbst und interne Prozesse im Griff zu haben. Gewissenhaftigkeit kann dabei helfen, sich anspruchsvolle Ziele zu setzen und diese konsequent zu verfolgen. Narzisst:innen können, wie zuvor beschrieben, ebenfalls äußerst planvoll agieren. Wenn es darauf ankommt, können sie sehr überlegt handeln und wollen in allem, was sie tun, erfolgreich sein. Diese Eigenschaften können ihnen helfen, sich im Start-up-Leben zu behaupten und Karriere zu machen.

Hallo Welt, hier bin ich!

Eine weitere Aktivität, die die Gründung eines neuen Unternehmens unweigerlich mit sich zieht, ist die Interaktion mit anderen Menschen. Netzwerke, eine gute Beziehungspflege und Kontaktstärke zahlen sich aus, wenn es darum geht, einen guten Draht zu potenziellen Geldgebenden aufzubauen. Smalltalk hier, eine Grußkarte zum Geburtstag dort, ein Lächeln für das Publikum bei einem Pitch – Extraversion stellt eine Eigenschaft dar, die sich beispielsweise durch Geselligkeit, Durchsetzungsfähigkeit und Erlebnishunger auszeichnet. Gründer:innen müssen in der Lage sein, sich schnell mit anderen zu vernetzen, neue Investor:innen und Kund:innen zu gewinnen und ihre Dienstleistungen oder Produkte zu verkaufen. Narzisst:innen gelten ebenfalls als extravertiert und tendieren dazu, sich bestimmt, selbstsicher und sympathisch zu präsentieren. Diese Eigenschaften können somit auch ihnen dazu verhelfen, im Business erfolgreich zu sein.

Auf Kollisionskurs zum Erfolg

Wer andere von der eigenen Idee überzeugen möchte, wird früher oder später auf Gegenwind stoßen. Es läuft nicht immer wie geplant, Interessenskonflikte mit Co-Gründer:innen oder anderen wichtigen Stakeholdern – Eskalationen sind Teil des unternehmerischen Alltags. Auch Konflikte in der Zusammenarbeit mit anderen sind häufig vorprogrammiert und müssen ausgehalten werden. Wer zu schnell einknickt, riskiert womöglich eine günstige Verhandlungsposition. Eine zu hohe Verträglichkeit – im Sinne von Kooperationsbereitschaft, Hilfsbereitschaft und Teamfähigkeit – kann hier eher nachteilig sein. Gründer:innen müssen demnach in der Lage sein, ihre eigenen Interessen bei Bedarf über die anderer zu stellen. Narzisst:innen ticken hier sehr ähnlich. Diese Eigenschaft kann bei der Führung eines Unternehmens vorteilhaft sein.

Immer auf Kurs – selbst wenn die Welt untergeht

Ein misslungener Pitch, Konkurrenzdruck oder eine abgelehnte Finanzierung? Jetzt nur nicht die Fassung verlieren! Gründer:innen müssen einen kühlen Kopf bewahren und in der Lage sein, mit permanentem Stress, Druck und Verunsicherung umzugehen. Nur wer Biss hat und nicht so leicht an die Decke geht, erntet später die Früchte des Erfolgs. Eine niedrige emotionale Stabilität in Form von kopflosem Verhalten, Unruhe oder innerer Angespanntheit ist hier wenig dienlich. Auch Narzisst:innen neigen im Durchschnitt dazu, sich nicht aus der Reserve locken zu lassen. Diese Eigenschaft kann ihnen helfen, sich in herausfordernden Situationen zu behaupten und diese geschickt zu meistern.

Neben dieser Herleitung gibt es mittlerweile empirische Studien, die den Zusammenhang zwischen Narzissmus und dem Gründen von Start-ups untersuchen. Dabei stellt die Finanzierung einen entscheidenden Meilenstein bei einer Gründung dar. Eine Studie zum *Venture Funding* (Wagniskapital) bei Start-up-Gründer:innen konnte beispielsweise zeigen, dass narzisstische Start-up-Gründer:innen mit höherer Wahrscheinlichkeit eine Finanzierung für ihr Unternehmen akquirieren als ihre weniger narzisstischen Mitstreitenden. Die Untersuchung legt nahe, dass Narzissmus für die Start-up-Gründung einen entscheidenden Vorteil bringen kann: Wer sich als visionäre:r Unternehmer:in präsentiert, kann andere dazu bewegen, Geld in das eigene Unternehmen zu investieren (Brahmana & Kontesa, 2023). Wie sich Narzissmus im weiteren Lebenszyklus eines Start-ups auswirken kann, wird im folgenden Kapitel beleuchtet.

2.5 Egoismus vs. Exzellenz: Wie narzisstische Entrepreneure den Durchbruch schaffen

Ob pflanzliche Fleischersatzprodukte, autonom fahrende Autos oder intelligente Gesundheitsüberwachungsgeräte – jede dieser Errungenschaften kann als Ergebnis unternehmerischen Denkens und Handelns verstanden werden. *Entrepreneurship* beschreibt die Fähigkeit, innovative Produkte und Produktionsmethoden in erfolgreiche Geschäftsmodelle zu überführen. Es stellt einen wichtigen Motor für die wirtschaftliche Entwicklung dar, bei denen die Unternehmer:innen als Individuen eine zentrale Funktion einnehmen: Sie schaffen neue Arbeitsplätze, treiben Neuerungen voran und fördern das Wirtschaftswachstum. Unternehmer:innen sind somit oft die treibende Kraft hinter neuen Technologien und Dienstleistungen, die unser tägliches Leben beeinflussen (Fueglistaller, 2012).

Laut dem Schweizer Wirtschaftswissenschaftler Urs Fueglistaller kann Unternehmertum als Prozess verstanden werden, bei dem unternehmerische Gelegenheiten erkannt, evaluiert und genutzt werden müssen. Eine häufig gestellte Frage in diesem Kontext ist die nach den Auswirkungen von Narzissmus auf den unternehmerischen Prozess von der Gründung bis hin zur Marktreife. Dass Narzisst:innen wie zuvor beschrieben innovativ denken, hart arbeiten, eine Gründungspersönlichkeit aufweisen und damit Kapital für ihr Geschäftsvorhaben sichern können, ist noch lange kein Garant dafür, dass sie *erfolgreiche* Gründer:innen sind. Inwiefern helfen narzisstische Tendenzen also beim Gründen? Wie wirkt sich Narzissmus bei Gründer:innen auf die langfristige Entwicklung von Start-ups aus? Und welche Chancen – wenn überhaupt – sind mit der Zusammenarbeit mit narzisstischen Gründer:innen verbunden?

Die aktuelle Befundlage legt nahe, dass Narzissmus für Start-ups ein Damoklesschwert darstellt. Katrina Brownell, Professorin für Clinical Entrepreneurship an der Kelley School of Business, hat beispielsweise 39 Stichproben mit über 11.800 Versuchspersonen zusammengelegt, um den Zusammenhang zwischen Narzissmus und Unternehmertum genauer unter die Lupe zu nehmen (Brownell et al., 2021). Brownell und ihr Team konnten zeigen, dass Narzissmus positiv mit der unternehmerischen Intention zusammenhängt – also der Absicht, ein eigenes Unternehmen zu gründen (und sich damit selbstständig zu machen). Sie stellt damit eine wichtige Voraussetzung für die eigentliche Geschäftsgründung dar. Die Ergebnisse leuchten ein: Das Leben als Unternehmer:in bietet die Möglichkeit, etwas Eigenes zu schaffen. Im Vergleich zur Festanstellung sind damit unter anderem mehr Autonomie, Flexibilität, Selbstbestimmung und Entscheidungsfreiheit verbunden – alles Dinge, die insbesondere Narzisst:innen sehr zu schätzen wissen.

Die Forschenden konnten darüber hinaus feststellen, dass der Zusammenhang mit unternehmerischer Leistung zwar ebenfalls positiv, aber um mehr als das 2,5-Fache geringer als bei der unternehmerischen Intention ausfiel. Unternehmerische Leistung bezeichnet den Output des gegründeten Unternehmens in Form von Wachstum, Profitabilität oder Innovation. Mit anderen Worten: Narzissmus scheint die Motivation zur Gründung eines Unternehmens zu beflügeln, aber nicht zwangsläufig zum Erfolg zu führen. Doch wie lässt sich diese Diskrepanz zwischen unternehmerischer Intention einerseits und unternehmerischer Leistung andererseits erklären?

Eine Antwort auf diese Frage bietet der Münchener Unternehmer, Wissenschaftler und Coach Bastian Burger. Inwiefern die Vorteile narzisstischer Tendenzen zum Tragen kommen, hängt seinen Untersuchungen zufolge vom Lebenszyklus eines Jungunternehmens ab (Burger et al., 2023). Ganz grob lassen sich drei verschiedene Lebenszyklusphasen unterschieden (Kampe&Gawor, 2021):

- *Early Stage* (Frühphase),
- *Expansion Stage* (Wachstumsphase) und
- *Later Stage* (Reife- bzw. Spätphase)

Je nach Start-up-Phase sind Gründer:innen hinsichtlich ihrer Tätigkeiten unterschiedlich gefordert. Vergleichen wir der Einfachheit halber die Frühphase mit der Reifephase (s. Abbildung 8).

Narzissmus im Lebenszyklus eines Start-Ups

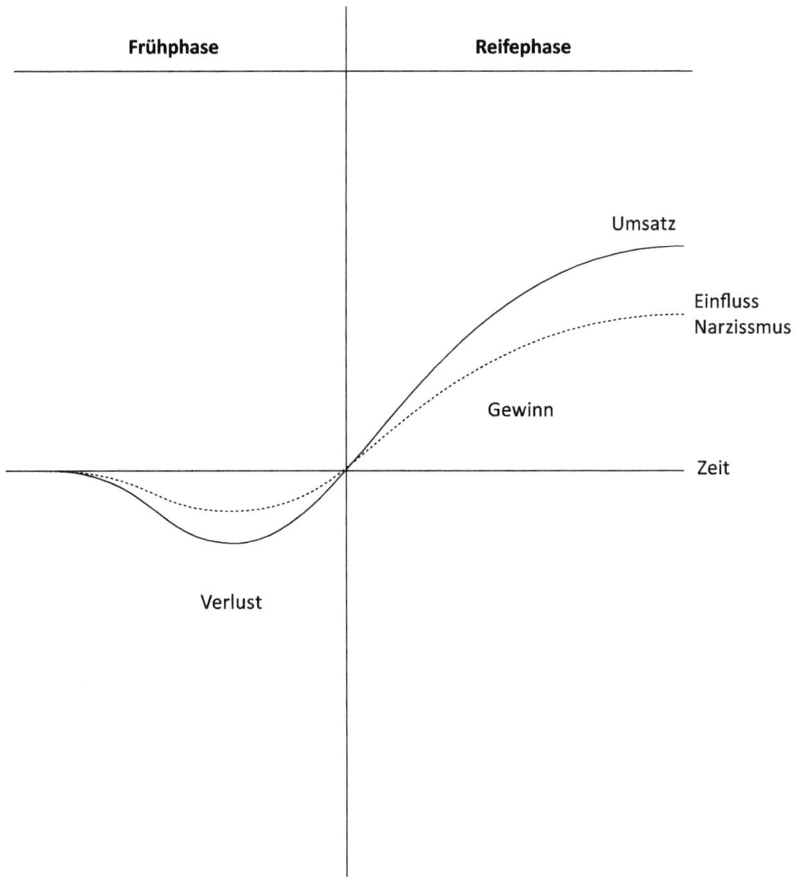

Abb. 8: Auswirkungen von Narzissmus auf die Verlust- bzw. Gewinnzone im Lebenszyklus eines Start-ups

In der Frühphase geht es hauptsächlich um die Entwicklung der Geschäftsidee, die Kundengewinnung und die Finanzierungssicherung. Das Jungunternehmen generiert noch nicht genug Umsatz, um profitabel zu sein – die Gewinn-/Verlustentwicklung ist in der Frühphase im Durchschnitt negativ. Narzisstische Gründer:innen können hier aufgrund ihres Persönlichkeitsprofils hilfreich sein, da sie über ein hohes Selbstvertrauen und eine ausgeprägte Risikoaffinität verfügen. Dies – und das nötige Kapital – kann ihnen somit helfen, sich gegen Widerstände durchzusetzen und am Markt zu behaupten. Außerdem treten sie überzeugend auf und können wie zuvor beschrieben frühzeitig potenzielle Kapitalgebende für sich gewinnen, was sich wiederum positiv auf die weitere Unternehmensentwicklung auswirken kann.

In den späteren Phasen des Start-ups stehen hingegen die Unternehmensskalierung, die Standardisierung und die Expansion in neue Märkte im Fokus. Der Kurs ist auf Wachstum ausgerichtet, um das Unternehmen schnell in die Gewinnzone zu führen und neue Erträge zu generieren. In dieser fortgeschrittenen Entwicklungsstufe sind Gründer:innen wiederum gefordert, effiziente Prozesse und organisatorische Strukturen zu etablieren, das Team weiter auszubauen und zusätzliche Finanzierungen zu sichern. Besonders von Bedeutung sind dabei die Aspekte der Unternehmensführung, des *Fundraisings* (Finanzmittelbeschaffung) und des *Venture-Buildings* (Unternehmensaufbau). In diesen späteren Phasen kann ein übermäßiges Maß an Narzissmus nachteilig sein, da es die Wahrscheinlichkeit von Konflikten mit dem Gründungsteam, den Mitarbeitenden oder den Investor:innen erhöht.

Über den gesamten Lebenszyklus eines Start-ups hinweg bringen narzisstische Tendenzen somit insbesondere in der Frühphase eines Unternehmens positive Effekte mit sich. Das Tückische laut Burger: Je reifer das Unternehmen im Laufe der Zeit wird, desto schwerer lassen sich die Tätigkeiten der Gründer:innen delegieren. Gleichzeitig kommen in den späteren Phasen des unternehmerischen Prozesses immer mehr externe Faktoren ins Spiel, über die Gründer:innen weniger Kontrolle haben (z. B. Stakeholder, Markttrends, globale Entwicklungen etc.). Narzisstische Persönlichkeiten haben jedoch oft Schwierigkeiten damit, die Kontrolle abzugeben und die Meinungen und Ideen anderer anzunehmen. Schließlich wissen sie am besten, was für den Unternehmenserfolg wichtig ist. Im Laufe der Zeit könnten somit die nachteiligen Aspekte von Narzissmus die anfänglich positiven Aspekte ausgleichen und das Unternehmen langfristig gefährden. Das Lebenszyklusphasen-Modell bietet jedoch eine Möglichkeit, narzisstische Eigenschaften strategisch zu nutzen.

2.6 Führen vs. verführen: Wie Narzisst:innen an die Unternehmensspitze gelangen

Führung ist von zentraler Bedeutung für den Erfolg von Organisationen. Die Fähigkeit, Menschen zu motivieren, klare Ziele zu setzen und Ergebnisse einzufordern, ist ein Eckpfeiler einer jeden erfolgreichen Unternehmensstrategie. Führungskräfte tragen somit eine große Verantwortung. Schließlich gilt es, die Vision und Mission einer Organisation in die Realität umzusetzen und sicherzustellen, dass die Mitarbeitenden auf dem richtigen Kurs bleiben. Darüber hinaus sind die Erwartungen, die an Führungskräfte gestellt werden, vielfältig.

Eine Deloitte-Studie aus dem Jahr 2022 verdeutlicht, dass insbesondere zwischenmenschliche Fähigkeiten als wichtig für Führung erachtet werden. Die Führungskraft soll veränderungsbereit und offen für Neues sein, anderen Vertrauen entgegenbringen und sich kooperativ zeigen. Die meisten von uns werden zumindest die letzten beiden Eigenschaften eher nicht oder zumindest nicht direkt mit Narzissmus in Verbindung bringen. Umso interessanter ist deshalb die Frage, *warum* Narzissmus und Führung so häufig Hand und Hand gehen.

2.6.1 Führung als Bühne für das eigene Ego

So viel vorab: Narzisst:innen scheinen Führung förmlich zu lieben. Zu dieser Schlussfolgerung gelangen auch die beiden Psychologen Niklas Steffens und Alexander Haslam von der University of Queensland. Ausgehend von Befunden, dass Führung eine Tätigkeit ist, die aufgrund der damit verbundenen Verantwortung auch Menschen mit großem Ego anspricht, haben die beiden Wissenschaftler folgende Hypothese getestet: Je narzisstischer Menschen sind, desto mehr unterstützen sie verschiedene Führungstheorien und desto mehr möchten sie auch über sie erfahren (Steffens & Haslam, 2022).

In ihrer Untersuchung sollten Versuchspersonen zunächst anhand des NPIs (vgl. Kap. 1.10.1) ihren eigenen Narzissmus einschätzen. Anschließend wurden ihnen verschiedene Kurzbeschreibungen der gängigsten Führungstheorien präsentiert. Darunter befanden sich altbekannte Klassiker (z. B. direktive und partizipative Führung), aber auch neuere Ansätze (z. B. authentische oder dienende Führung). Hier etwa ein Beispiel aus der Studie für »authentische Führung«:

Authentische Führung beinhaltet, dass effektive Führungskräfte [...] diese vier Qualitäten aufweisen: Selbstwahrnehmung (z. B. die Führungskraft kann ihre drei größten Schwächen nennen), internalisierte moralische Perspektive (d. h., das Verhalten der Führungskraft wird von ihren inneren moralischen Standards geleitet), Transparenz in Be-

ziehungen (z. B. die Führungskraft gibt ihre eigenen Fehler gegenüber anderen offen zu) und neutrale Verarbeitung (z. B. die Führungskraft hört auch denjenigen aufmerksam zu, die anderer Meinung als sie selbst sind).

Nachdem sich die Versuchspersonen mit den jeweiligen Führungstheorien beschäftigt hatten, sollten sie zwei Fragen beantworten: Wie sehr würden Sie diese Führungstheorie als eine Methode/Stil für effektive Führung befürworten? Wenn Sie an einem Führungstraining teilnehmen würden, wie groß wäre Ihr Interesse daran, mehr über diese Führungstheorie zu erfahren?

Das Ergebnis bestätigt die zuvor aufgestellte Annahme: Narzissmus hängt nicht nur positiv mit der Befürwortung von Führungstheorien zusammen, sondern auch mit dem Interesse an der gewünschten Auseinandersetzung mit derartigen Theorien. Interessanterweise gab es auch Unterschiede mit Blick auf die verschiedenen Führungstheorien. Dabei waren die Zusammenhänge zwischen Narzissmus und der Befürwortung von Führungstheorien am stärksten für jene Ansätze, die hauptsächlich um die Führungskraft als Person kreisen (z. B. direktive oder charismatische Führung). Andererseits waren die Zusammenhänge zwischen Narzissmus und eher mitarbeiter- bzw. gruppenorientierten Formen der Führung schwächer (z. B. partizipative, authentische und dienende Führung).

Wir können hieraus schlussfolgern, dass Führung – bzw. Positionen mit Verantwortung im weiteren Sinne – eine Möglichkeit für Narzisst:innen bietet, ihrem Bedürfnis nach Anerkennung, Macht und Status gerecht zu werden und im Zentrum der Aufmerksamkeit zu stehen. Genau hierin liegt das narzisstische Motiv begründet, Führung zu übernehmen: Es geht eher darum, den eigenen Einfluss geltend zu machen, als andere zu unterstützen.

2.6.2 Führung als Mittel zum Zweck

Die Beziehung zwischen Narzissmus und Führungsmotivation hat eine lange Tradition und wurde bereits 1979 vom berühmten Psychoanalytiker und Psychiater Otto Kernberg beschrieben. Ihm zufolge zeichnen sich narzisstische Persönlichkeiten durch ein intensives Bedürfnis nach Macht aus, was ihr Streben nach einflussreichen Positionen wahrscheinlicher macht. Narzisst:innen interessieren sich demnach nicht nur für Führung, sondern sie *wollen* auch führen. Laut Kernberg erfülle Führung naturgemäß den narzisstischen Wunsch nach Erfolg, Bewunderung und sozialem Status. Denn wer führt, exponiert sich: Die eigenen Handlungen und Entscheidungen stehen im Rampenlicht und können Konsequenzen nicht nur für einen selbst, sondern auch für andere haben. Führung und Narzissmus sind somit eng miteinander verwoben.

Empirisch gesehen weisen Narzisst:innen und (erfolgreiche) Führungskräfte in der Tat eine ähnliche Motivstruktur auf (Emmons, 1989; McClelland, 1975). Das sog. »imperiale Motivmuster« (McClelland & Boyatzis, 1982) besteht aus einem hohen Machtmotiv (engl. *Need for Power*), einem mittleren bis hohen Leistungsmotiv (engl. *Need for Achievement*) und einem niedrigen Anschlussmotiv (engl. *Need for Affiliation*). Motive veranlassen uns dazu, unsere Energie auf bestimmte Ziele zu konzentrieren und unsere Verhaltensweisen so zu gestalten, dass wir diese Ziele erreichen können (Furtner & Baldegger, 2016; auch im Folgenden). Lassen Sie uns das imperiale Motivmuster im Kontext von Narzissmus genauer betrachten.

Narzissmus und das Machtmotiv
Menschen mit einem ausgeprägten Machtmotiv haben das Bedürfnis und den Wunsch, Einfluss auf andere Menschen auszuüben. Das Erleben von persönlicher Stärke und Wirksamkeit ist ihnen sehr wichtig. Forschungsergebnisse bekräftigen, dass sowohl narzisstische Mitarbeitende als auch Führungskräfte ein hohes Machtmotiv aufweisen (insbesondere das Bedürfnis nach Ansehen und Prestige; Schattke & Marion-Jetten, 2022). Das starke Verlangen nach Macht – gepaart mit der Überzeugung, eine gute Führungskraft zu sein (Grijalva & Zhang, 2016) – macht hierarchische Organisationen für Narzisst:innen besonders interessant. Studien belegen, dass Menschen mit narzisstischen Ausprägungen Hierarchien befürworten – aber nur, wenn sie darin eine Chance sehen, selbst die Karriereleiter weiter aufzusteigen. Besteht keine Möglichkeit, den großen Sprung nach oben zu machen? Dann wird ein Unternehmen für Narzisst:innen schnell uninteressant (Zitek & Jordan, 2016).

Narzissmus und das Leistungsmotiv
Menschen mit einem starken Leistungsmotiv streben hingegen danach, in ihren Tätigkeiten erfolgreich zu sein. Sie wollen ihre eigenen Fähigkeiten und Fertigkeiten kontinuierlich verbessern und im Vergleich zu anderen besser sein. Führungspositionen bieten Narzisst:innen somit eine ideale Möglichkeit, ihre Kompetenzen und ihre Überlegenheit zu demonstrieren. Untersuchungen haben beispielsweise gezeigt, dass Narzisst:innen den Wettbewerb schätzen und gezielt nach Wettbewerbssituationen suchen (Luchner et al., 2011). Der Grund hierfür liegt in der Natur derartiger Situationen: Sie bieten narzisstischen Menschen die Möglichkeit, sich zu profilieren und – sofern sie gewinnen – als Sieger:innen feiern zu lassen.

Studien haben zudem gezeigt, dass Narzisst:innen in Situationen, in denen sie die Möglichkeit haben, sich positiv zu profilieren, sogar bessere Leistungen erbringen als in Situationen, in denen diese Möglichkeit nicht besteht (Wallace & Baumeister, 2002). Ein Beispiel hierfür kommt aus dem Sportkontext: Erfahrene Handballspieler:innen mit hohen Ausprägungen in der Persönlichkeitseigenschaft Narzissmus spielen unter Anwesenheit von Zuschauenden besser als ohne Publikum (Geukes et al., 2012). Erklärt wird dieser Umstand dadurch, dass Narzisst:innen mehr Anstrengung, Energie und Durchhaltevermögen in eine Aufgabe investieren, wenn die Gelegenheit zur Selbstdarstellung hoch ist – sei es, weil sie sich mit anderen messen können oder ihre Leistung beobachtet wird (Roberts et al., 2019)

Narzissmus und das Anschlussmotiv

Menschen mit einem hohen Anschlussmotiv streben danach, positive Beziehungen zu anderen Menschen aufzubauen, zu erhalten oder wiederherzustellen. Im Umkehrschluss legen wenig anschlussmotivierte Menschen keinen besonderen Wert darauf, von anderen gemocht zu werden. Wenn wir an Führung denken, erscheint ein hohes Anschlussmotiv eher hinderlich. Denn wer sich von der Meinung seiner oder ihrer Mitarbeitenden abhängig macht, könnte Schwierigkeiten haben, sich gegen Widerstände zu positionieren oder auch einmal unpopuläre Entscheidungen zu treffen. Untersuchungen haben bereits früh bestätigt, dass es einen schwachen negativen Zusammenhang zwischen Narzissmus und dem Bedürfnis nach Zugehörigkeit gibt (Carroll, 1987). Der Aufbau enger, vertrauensvoller Beziehungen scheint für Narzisst:innen weniger bedeutsam zu sein als das Streben nach sozialem Status.

Der Vollständigkeit halber sei erwähnt, dass neuere Befunde ein etwas differenzierteres Bild skizzieren: Neurotischer Narzissmus ist mit einem starken Bedürfnis nach Zugehörigkeit verbunden, während grandioser Narzissmus mit einem geringeren Bedürfnis nach Zugehörigkeit verbunden ist (Zeigler-Hill & Dehaghi, 2023). Die Ergebnisse leuchten ein, wenn wir uns vergegenwärtigen, dass vulnerabler Narzissmus unter anderem durch Angst vor Ablehnung und Zurückweisung durch andere charakterisiert ist (vgl. Kap. 1.9.2). In der Gesamtschau ist jedoch sowohl für Narzissmus als auch für Führung kennzeichnend, dass es um die eigene Einflussnahme, das Setzen hoher Ziele und die innere Unabhängigkeit gegenüber der Meinung anderer geht.

2.6.3 Führung als spontan entstehendes Phänomen

Es ist nicht ausreichend, dass Menschen lediglich Interesse an Führung haben (vgl. Kap. 2.6.1) oder besonders führungsmotiviert auftreten (vgl. Kap. 2.6.2) – sie müssen auch die Legitimation zum Führen erhalten. Stellen Sie sich beispielsweise vor, Sie nehmen an einem Workshop teil. Im Rahmen dieses Workshops werden Sie mit mehreren anderen Personen in eine Gruppe eingeteilt, um gemeinsam eine wichtige Aufgabenstellung zu bearbeiten. Obwohl Sie genau wissen, was zu tun ist, ist die Rollenverteilung in Ihrer Gruppe nicht klar definiert. Wer übernimmt die Verantwortung für welche Aspekte der Aufgabe? Wer behält die Zeit im Auge, wer macht Notizen? Und wer trägt dazu bei, die Zusammenarbeit in der Gruppe zu moderieren, insbesondere wenn Diskussionen ausufern?

Oft erleben wir in solchen Situationen, dass sich informell eine Person in der Gruppe als »Führungsperson« herauskristallisiert. Diese Person ergreift bereitwillig die Initiative und wird von den anderen Gruppenmitgliedern akzeptiert (oder zumindest wird ihre Initiative nicht weiter hinterfragt). Dieser Prozess, bei dem Menschen als Führungsperson herausstechen und von anderen als solche wahrgenommen werden, wird als Führungsemergenz (engl. *leadership emergence*) bezeichnet (Kaiser et al., 2008). Die Führung entsteht sozusagen spontan aus der Situation heraus.

Ein Blick auf die Studienlage zu Führungsemergenz und Narzissmus zeichnet ein klares Bild: Menschen mit einer hohen Ausprägung im Narzissmus werden in »führungslosen« sozialen Gruppen – wie etwa beim Workshopbeispiel oben – eher als Führungspersönlichkeit ausgewählt (Brunell et al., 2008). Interessanterweise tritt dieser Effekt bereits sehr früh auf; wenn Kinder beginnen, sich in Gruppen zu integrieren. Eddie Brummelman, Psychologe an der Universität Amsterdam, hat hierfür insgesamt 332 Kinder zwischen 7 und 14 Jahren untersucht (Brummelman et al., 2021). Dabei sollten die Kinder zunächst ihren eigenen Narzissmus anhand eines kinderfreundlichen Fragebogens einschätzen (z. B. »Kinder wie ich verdienen etwas Besonderes«). Anschließend wurden sie gebeten, Klassenkamerad:innen zu nominieren, den oder die sie als »Anführer:in« betrachteten. Brummelman und sein Team fanden heraus, dass Kinder mit hohen Narzissmuswerten in fast allen untersuchten Klassen häufiger von ihren Klassenkamerad:innen als Anführer:in nominiert wurden. Die Ergebnisse bekräftigen, dass selbst Kinder dem Charme von Narzisst:innen nicht widerstehen können.

Auch hier stellt sich die Frage nach möglichen Gründen für die scheinbar von Gott gegebene Führungsaura narzisstischer Personen. Dass Narzisst:innen verhältnismäßig leicht als Führungspersönlichkeit wahrgenommen werden, kann als das Ergebnis zweier wesentlicher Effekte verstanden werden. Der erste ist eine Art Zuschreibungseffekt: Menschen haben stereotype Vorstellungen und Erwartungen darüber, wie eine »ideale Führungspersönlichkeit« sein sollte. Wenn wir einer möglichen Führungsperson begegnen, vergleichen wir ihr Verhalten und Erscheinungsbild mit unserem impliziten Führungsschema. Je stärker die Übereinstimmung zwischen diesem Schema und der betreffenden Person ist, desto wahrscheinlicher ist es, dass wir ihr Führung zuschreiben (Lord et al., 2020). Narzisst:innen haben es hierbei besonders einfach: Ihr Autoritätsbedürfnis, ihre Dominanz und ihre Durchsetzungsstärke, aber auch ihre Fähigkeit zur Selbstinszenierung kann ihnen dazu verhelfen, in verschiedenen Situationen als Führungspersönlichkeit aufzutreten (Haertel et al., 2023). Narzisst:innen teilen zudem viele Eigenschaften, die erfolgreiche Führungspersönlichkeiten auszeichnen. Dazu gehören beispielsweise Extraversion (insbesondere Dominanz), emotionale Stabilität oder politische Fertigkeiten (Nerdinger, 2019; vgl. auch Kap. 2.4).

Der zweite Effekt kann als Selektionseffekt verstanden werden. Er basiert auf der Tatsache, dass Narzisst:innen aufgrund ihres Führungsinteresses und ihrer Führungsmotivation selbst aktiv nach Führung suchen und deshalb auch häufiger in eine Führungsposition gelangen. Dies trägt dazu bei, dass sie häufiger in leitenden Positionen in Erscheinung treten. Diese Annahme wird durch eine Vielzahl von Forschungsergebnissen gestützt. Beispielsweise ergab eine Studie mit 279 Angestellten verschiedener US-amerikanischer Wirtschaftsprüfungsgesellschaften, dass Führungskräfte auf Partnerebene im Vergleich zu Mitarbeitenden auf niedrigeren Karrierestufen (z. B. Associates) die höchsten Narzissmuswerte aufwiesen (Akers et al., 2014).

Daraus können wir schlussfolgern, dass insbesondere gehobene Positionen eine besondere Anziehungskraft auf Narzisst:innen ausüben. Darüber hinaus konnte Ashley Watts, Psychologin an der Emory University, anhand einer historischen Analyse von 42 US-Präsidenten – von George Washington bis George W. Bush – belegen, dass alle Präsidenten im Vergleich zur Durchschnittsbevölkerung signifikant höhere Narzissmuswerte aufwiesen (Watts et al., 2013). Interessanterweise zeigte sich, dass Präsidenten mit ausgeprägtem Narzissmus leichter die Mehrheit der Wahlstimmen gewinnen konnten und erfolgreicher waren, wenn es darum ging, wichtige Gesetzgebungsvorhaben voranzutreiben. Auch das zeigt: Narzissmus kann im entscheidenden Moment von Nutzen sein.

2.6.4 Führung als (in)effektives Phänomen

Sind narzisstische Führungskräfte tatsächlich erfolgreicher als ihre weniger narzisstischen Pendants? Kommen wir zur Beantwortung dieser Frage noch einmal zu dem Workshop-Beispiel von eben zurück. Nur weil jemand als Führungsperson wahrgenommen wird, heißt es nicht zwangsläufig, dass er oder sie auch in der Lage ist, die Gruppe effektiv zu führen. Genau deshalb muss die Führungsemergenz von der eigentlichen Führungseffektivität (engl. *leader effectiveness*) unterschieden werden. Während Führungsemergenz also beschreibt, wie Führung innerhalb einer Gruppe entsteht, betrifft die Führungseffektivität die tatsächliche Leistung und Wirksamkeit dieser Führungsperson in Bezug auf das erfolgreiche Erreichen der Gruppenziele (Kaiser et al., 2008).

Bisher gab es keine klare Einigkeit darüber, ob Menschen mit narzisstischen Tendenzen, verglichen mit ihren weniger narzisstischen Mitmenschen, effektiver führen oder nicht. Eine umfassende Meta-Studie, die Daten von über 1.700 Personen analysierte, ergab, dass die Führungsleistung von Personen mit hohem Narzissmus nicht besser oder schlechter ausfällt als die von Personen mit geringerem Narzissmus (Grijalva et al., 2015). Vereinfacht gesagt: Narzissmus steht offenbar in keinem bedeutsamen Zusammenhang mit der Wirksamkeit von Führung. Wenn man sich die Ergebnisse jedoch genauer anschaut, wird die Sache etwas komplizierter. Tatsächlich gibt es einen umgekehrt U-förmigen Zusammenhang zwischen Narzissmus und Führungseffektivität (s. Abbildung 9):

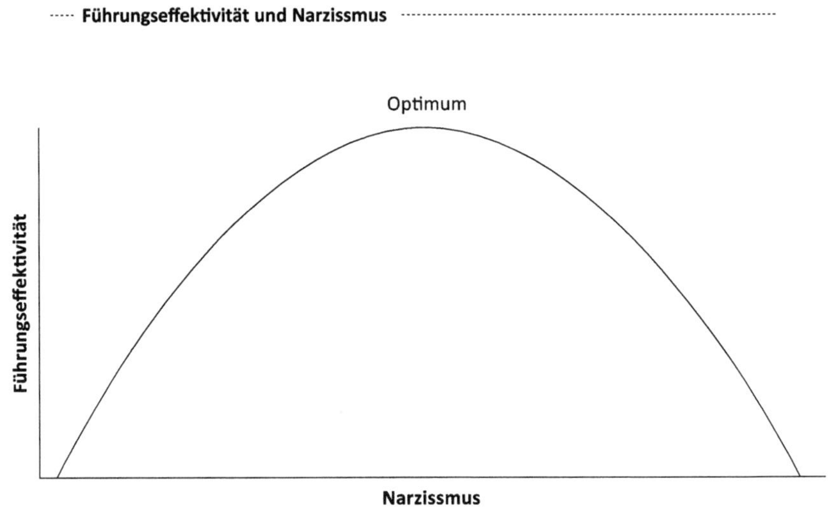

Abb. 9: Zusammenhang zwischen Narzissmus und Führungseffektivität (eigene Darstellung in Anlehnung an Grijalva et al., 2015; S. 24)

Die in Abbildung 9 dargestellte Kurve verdeutlicht, dass ein moderates Maß an Narzissmus förderlich für die Führungseffektivität sein kann.

Sowohl zu wenig als auch zu viel Narzissmus stehen in keinem statistischen Zusammenhang mit der Effektivität von Führung. Das bedeutet, es existiert eine Art »optimaler Grad an Narzissmus« in Bezug auf die Führungseffektivität. Diese Ergebnisse sind intuitiv nachvollziehbar, da übermäßiger Narzissmus zu Problemen in der Führung führen kann, wie beispielsweise arrogantes Führungsverhalten, Ausbeutung von Mitarbeitenden oder Machtmissbrauch. Diese Aspekte werden später ausführlicher erläutert (vgl. Teil 3, Kap. 3.5). Andererseits kann ein zu geringer Narzissmus ebenfalls zu Führungsproblemen führen wie beispielsweise Unsicherheit, Passivität oder mangelnde Vision.

2.6.5 Führung als kontextsensibles Phänomen

Angesichts der Komplexität der Befunde zu Narzissmus und Führung ist eine zentrale praktische Überlegung, in welchen Situationen narzisstische Führung von Vorteil für eine Organisation sein kann (und in welchen nicht). Campbell und Campbell (2009) beschreiben in ihrem *Contextual Reinforcement Model* (Modell der Kontextverstärkung), dass die Konsequenzen von Narzissmus von der betrachteten Zeitspanne abhängen. Ihr Modell unterscheidet zwischen zwei verschiedenen Phasen, die sich gut auf den Unternehmenskontext adaptieren lassen:

Emerging Zone (»aufstrebende Phase«)
In dieser Phase überwiegen die kurzfristigen Vorteile von Narzissmus. Diese Phase tritt vor allem zu Beginn von beruflichen Beziehungen auf, wie beispielsweise der Einführung eines neuen Teammitglieds, der Anbahnung eines neuen Kontakts zur Kundschaft oder der Übernahme einer neuen Führungsposition. In solchen mehrdeutigen und von Unsicherheit geprägten Situationen sind die Aufgaben, Rollen und Erwartungen untereinander noch nicht ganz klar definiert. Narzisstische Merkmale wie selbstbewusstes Auftreten, Entschlossenheit oder Charisma können in dieser ambivalenten Situation allerdings dazu beitragen, Struktur zu geben, Unsicherheiten abzubauen und Beziehungen initial aufzubauen. Die positiven Aspekte des Narzissmus können in dieser Phase besonders wertvoll sein.

Enduring Zone (»überdauernde Phase«)
In dieser Phase überwiegen die langfristigen Kosten von Narzissmus. Sie manifestieren sich vor allem in etablierten Geschäftsbeziehungen und Positionen, die bereits über einen längeren Zeitraum bestehen. Die zuvor beschriebenen Unsicherheiten spielen dann keine bedeutsame Rolle mehr. Stattdessen können narzisstische Personen nun Schwierigkeiten haben, langfristige Beziehungen im Arbeitskontext aufrechtzuerhalten. Ihre egozentrische Natur kann beispielsweise Konflikte und Spannungen erzeugen, was sich wiederum negativ auf Teamarbeit, Kundenbeziehungen und über längere Zeit betrachtet auch auf die Unternehmenskultur auswirken kann. Die positiven Aspekte des Narzissmus werden hier oft von den negativen Konsequenzen wie geringer Empathie, mangelnder Kooperationsbereitschaft und zwischenmenschlichen Schwierigkeiten überschattet.

In Übereinstimmung mit den in Kap. 2.5 geschilderten Start-up-Phasen veranschaulicht das *Contextual Reinforcement Model*, dass narzisstische Ausprägungen für Organisationen vor allem in der *Emerging Zone* mit positiven Konsequenzen verbunden sein können. Hierzu zählen neben neuen Situationen im Besonderen auch krisenhafte Situationen, die ebenfalls von Unsicherheit geprägt sind. Studien zeigen beispielsweise, dass Krisen die Vorliebe für narzisstische Führungskräfte erhöhen (Nevicka et al., 2013). Denn in Krisenzeiten haben Menschen das Bedürfnis nach Klarheit und Orientierung, was Narzisst:innen durchaus bieten können.

3 Die dunkle Seite: Die Nachteile der Egomanie

Alle natürlichen Dinge haben aber zwei Seiten, und wenn wir etwas bewusst machen müssen, so dürfen wir nicht nur das Licht, sondern müssen auch den Schatten sehen.

Carl Gustav Jung

In den vorigen Kapiteln haben wir uns intensiv mit den hellen Seiten des Narzissmus auseinandergesetzt – Innovationsstärke, das Streben nach Exzellenz und die inspirierende Erfolgsaura, die Narzisst:innen oft umgibt. Doch wie der Schatten stets dem Licht folgt, erinnert uns der Psychoanalytiker C. G. Jung daran, dass alle natürlichen Dinge zwei Seiten haben. In diesem Kapitel beleuchten wir daher die Schattenseiten von Narzissmus, denen wir uns über unterschiedliche Grautöne annähern werden. Die dunkle Seite des Narzissmus kann – wie wir feststellen werden – bei zu starker Ausprägung zu erheblichen Konsequenzen führen, sowohl für die narzisstische Person selbst als auch für ihr berufliches Umfeld. Oft begegnen mir in diesem Zusammenhang Fragen wie: Wozu ist Narzissmus überhaupt gut, wenn er uns unter Umständen mehr schadet als nutzt? Warum gibt es narzisstische Verhaltensweisen überhaupt?

Um diese Fragen angemessen zu beantworten, müssen wir erneut einen (kurzen) Blick in unsere Menschheitsgeschichte werfen. Unter evolutionsbiologischen Gesichtspunkten gibt es die Eigenschaft Narzissmus, weil sie in der stammesgeschichtlichen Entwicklung einen Nutzen erfüllt hat (Holtzmann, 2018). Ein Blick in die Tierwelt genügt, um festzustellen, dass auch sie voll von antagonistischen Organismen ist: Von Vögeln, die ihre Eier in fremde Nester legen, über Insekten, die die Erscheinung von Pflanzen imitieren, bis hin zu parasitären Würmern, die das Blut von Wirbeltieren aussaugen – überall wird getäuscht, getrickst und manipuliert. Warum also nicht auch unter Homo Sapiens?

Analog dazu dürfte auch die Persönlichkeitseigenschaft Narzissmus in bestimmten Kontexten evolutionäre Vorteile geboten haben. Zum Beispiel kann eine Person, die ihre Mitmenschen hintergeht, ohne dass diese es bemerken, Vorteile erlangen (z. B. zusätzliche Ressourcen, einen höheren Status in einer Gruppe, eine bessere Position in einer Verhandlung etc.). Diese Charakteristika können wiederum besonders attraktiv bei der Partnersuche sein und Schwupps – wird die Eigenschaft über kurz oder lang weitervererbt. Somit können Merkmale, die für andere Organismen nachteilig sind, für den Organismus selbst, der dieses sozial maladaptive Verhalten zeigt, vorteilhaft sein (Holtzmann, 2018).

Diese Ausführungen decken sich mit der *Life History Theory* (Theorie der Lebensgeschichte; Figuerdo et al., 2006). Gemäß dieser Theorie steht uns Menschen im Lebensverlauf nur eine begrenzte Anzahl an Ressourcen zur Verfügung, die uns vor folgendes Dilemma stellt: Sollen wir es uns richtig gut gehen lassen oder lieber in unsere Nachkommen investieren? Narzisst:innen verfolgen hierbei eine *Fast Life Strategy* (schnelle Lebensstrategie). Statt umsichtige Entscheidungen zu treffen, in tiefe Bindungen zu investieren und an das Später zu denken, frönen sie einem hedonistischen Lifestyle ohne Rücksicht auf Verluste. Dazu passt auch, dass narzisstische Personen häufiger Alkohol trinken, mehr illegale Drogen konsumieren und ein aggressiveres Fahrverhalten an den Tag legen als ihre weniger narzisstischen Mitmenschen (Buelow & Brunell, 2018). Im Folgenden beleuchten wir sechs Themenbereiche, die speziell die Schattenseiten von Narzissmus im Arbeitskontext aufzeigen:

- Konflikt,
- negatives bzw. kontraproduktives Arbeitsverhalten,
- Betrug und Täuschung,
- Risikoaffinität,
- negative Führungsaspekte sowie
- fünf Axiome narzisstisch geprägter Organisationen.

3.1 Konflikt vs. Kooperation: Warum Narzisst:innen Konflikte schüren

Konflikte sind ein natürlicher Bestandteil des zwischenmenschlichen Zusammenlebens. Meinungsverschiedenheiten zwischen Teammitgliedern, unvereinbare Erwartungen bezüglich der Gehalts- oder Karriereentwicklung oder Herausforderungen im Umgang mit schwierigen Klient:innen sind nur einige wenige Konfliktsituationen, die uns im beruflichen Alltag begegnen können. Auch wenn Konflikte keinen guten Ruf haben, so sind sie per se nichts Schlechtes. Im Gegenteil. Sie können zur Lösung von Problemen, zur Herbeiführung von Veränderungen und zur Weiterentwicklung von Beziehungen beitragen. Doch wenn es um narzisstische Persönlichkeiten geht, kann sich die Dynamik von Konflikten drastisch verändern – hin zum Negativen. Wie wir im Folgenden sehen werden, sind die Konzepte von »Narzissmus« und »Konflikt« nahezu symbiotisch miteinander verbunden.

3.1.1 Das narzisstische Opfernarrativ

»Habe ich einen Konflikt oder hat der Konflikt mich?« (Eidenschink, 2023, S. 14) ist eine nichttriviale Frage, die für Narzisst:innen nur schwer eindeutig zu beantworten ist. Gewissermaßen trifft beides auf sie zu, denn narzisstisch geprägte Personen tendieren häufig dazu, Konflikte zu schüren und zu verschärfen. Damit ein Konflikt entsteht, muss eine Situation zunächst von mindestens einer Konfliktpartei als konfliktträchtig eingeschätzt werden. In der Regel ist dieser Wahrnehmungs- und Bewertungsprozess mit einer Rollenzuschreibung verbunden, bei der die vorhandenen Parteien in »Opfer« oder »Täter:in« kategorisiert werden. Ein Dazwischen gibt es selten – die Konfliktparteien werden in die eine oder die andere Schublade einsortiert.

Der individuelle Opferstatus und die damit verbundene (Opfer-)Wahrnehmung ist dabei höchst subjektiv (Druliolle & Brett, 2018). Das bedeutet, Personen können sich alleine auf Grundlage ihrer eigenen Erfahrungen, Gefühle und Interpretationen von Situationen als Opfer *fühlen*. Das bedeutet zugleich, dass die Wahrnehmung des Opferstatus von objektiven Faktoren abweichen kann. Studien belegen, dass Narzisst:innen bereitwillig dazu neigen, sich selbst häufiger als Opfer darzustellen als ihre weniger narzisstischen Mitmenschen (McCullough et al., 2003).

In einer meiner aktuellen Studien habe ich beispielsweise 344 Personen eine Liste mit 20 verschiedenen »Alltagsvergehen« vorgelegt (Fatfouta & Rogoza, 2024). Dabei handelte es sich um Situationen, die zwar unschön sind, aber doch recht häufig vorkommen können (s. Tabelle 3). Etwa die Hälfte der Situationen beschreibt Handlungen, die eindeutig verletzend und auch für Dritte gut sichtbar sind (z. B. öffentlich bloßgestellt werden). Die andere Hälfte beschreibt hingegen Handlungen, die subtiler und für Dritte weniger leicht als Vergehen erkennbar sind (z. B. ausgenutzt werden). Die Teilnehmenden sollten für jede der 20 Handlungen angeben, wie häufig sie diese in den letzten 12 Monaten erlebt haben. Probieren Sie es doch im Folgenden selbst aus. Ihnen steht dafür eine 4-stufige Skala zur Verfügung von 1 (*nie*) bis 4 (*sehr oft*).

Wie oft ist es in den letzten 12 Monaten vorgekommen, dass jemand …	**1**	**2**	**3**	**4**
… Ihr Vertrauen missbraucht hat.	☐	☐	☐	☐
… Sie angelogen hat.	☐	☐	☐	☐
… Ihnen zu wenig Wertschätzung/Beachtung entgegengebracht hat.	☐	☐	☐	☐
… Sie in Unannehmlichkeiten verwickelt hat.	☐	☐	☐	☐
… Sie vernachlässigt hat.	☐	☐	☐	☐
… Sie zurückgewiesen hat.	☐	☐	☐	☐

Tab. 3: Beispiele für Alltagsverfehlungen adaptiert nach McCullough et al. (2003)

Menschen unterscheiden sich darin, wie sie diese Situationen erleben bzw. erinnern. Für manche Menschen ist es bereits eine Zurückweisung, wenn der Kollege oder die Kollegin sie auf dem Flur nicht grüßt. Andere hingegen bewerten so eine Situation nicht einmal oder sie finden eine wohlwollende Alternativerklärung für das betreffende Verhalten (»Er/sie hat heute bestimmt einen schlechten Tag, macht nix.«).

In unserer Studie haben wir festgestellt, dass narzisstische Menschen wesentlich häufiger berichten, derartige Vergehen in ihrem Alltag zu erleben. Allerdings galt das »nur« für antagonistische Narzisst:innen, die mit dem Glaubenssatz durch die Welt gehen, dass andere Menschen nichts Wert seien. In der Tat konnten wir auch einen Mechanismus identifizieren, der diese Ergebnisse erklärt: Antagonistische Narzisst:innen erleben häufiger negative Gefühle (z. B. Ärger), was wiederum ihre Wahrnehmung von alltäglichen Situationen einfärben kann. Die metaphorische »Brille«, mit der diese Narzisst:innen durch die Welt gehen, scheint mehrdeutige Situationen (z. B. »Ich werde nicht gegrüßt«) eher negativ einzufärben (z. B. »Ich werde ignoriert«), wodurch sie die Situation eher als Vergehen wahrnehmen.

Dazu passt, dass Narzisst:innen einen sog. »hostilen Attributionsstil« aufweisen (Subra, 2023). Sie tendieren dazu, uneindeutiges Verhalten einer anderen Person als Zeichen einer feindseligen Absicht zu interpretieren. Wenn beispielsweise fraglich ist, ob jemand aus Versehen oder absichtlich nicht zu einem Meeting eingeladen wurde, tendieren Personen mit einem hostilen Attributionsstil – und auch Narzisst:innen – eher dazu, die fehlende Einladung als bösen Willen zu werten (statt z. B. als Zufall oder Versehen). Es kann durchaus interessant sein, wenn Sie sich selbst einmal fragen, wann Sie zuletzt eine mehrdeutige Situation zu Ungunsten einer anderen Person interpretiert haben.

Narzisst:innen scheinen sich also stärker als Opfer wahrzunehmen, auch wenn sie ironischerweise von anderen als Täter:in gesehen werden. Welche Funktionen verfolgt nun das narzisstische Opfernarrativ? Auch wenn wir diese Frage nicht direkt in der Studie untersuchen konnten, sind – so jedenfalls meine Erfahrung – mindestens drei Erklärungsmöglichkeiten denkbar:

Legitimation (des eigenen Verhaltens)
Narzisst:innen verwenden das Opfernarrativ, um ihr eigenes feindselig-aggressives Verhalten gegenüber anderen zu rechtfertigen. Auf diese Weise delegieren sie die Verantwortung für das eigene Handeln auf andere, ganz nach dem Motto: »Ich kann nicht anders!«.

Fallbeispiel »Führungskraft«

Eine Führungskraft schreibt eine unangemessen harsche E-Mail an ihren Mitarbeiter, der eine Diskrepanz in den Finanzkennzahlen aufdeckte. Als der Mitarbeiter sich über den Ton in der E-Mail beschwert, erklärt die Führungskraft, sie sei nur deshalb so wütend geworden, weil der Mitarbeiter unfähig sei und die Zahlen falsch interpretiert habe. In der Folge fühlt sich der Mitarbeiter entwertet und überprüft die Zahlen erneut.

Manipulation (durch Schuldinduktion)
Das Opfernarrativ ermöglicht es narzisstischen Menschen, andere dazu zu bringen, sich schuldig zu fühlen, weil ihre Bedürfnisse und Wünsche nicht erfüllt werden. Durch das Induzieren von Schuldgefühlen sichern sie sich Unterstützung oder Mitleid, die ihnen andernfalls nicht zuteilgeworden wären.

Fallbeispiel »Projektleitung«

Eine Projektleitung hat unrealistisch hohe Erwartungen an ihr Team und setzt extrem knappe Fristen, ohne die persönlichen Belange der anderen Projektbeteiligten zu berücksichtigen. Als eine Mitarbeiterin eine unmögliche Deadline reißt, beschwert sich die Projektleitung vor dem Team und gibt vor, enttäuscht von ihrer Arbeitsmoral zu sein. Die Mitarbeiterin fühlt sich schuldig und übernimmt die Verantwortung für das Scheitern, um die Projektleitung zu beruhigen.

Demonstration (von Überlegenheit)
Narzisst:innen nutzen das Opfernarrativ, um sich als moralisch überlegen und tugendhaft zu präsentieren. Ähnlich zur Manipulation wird eine Täter-Opfer-Umkehr konstruiert: Während andere schuldig, ungerecht und gemein sind, sind sie das unverstandene Unschuldslamm.

Fallbeispiel »Mitarbeiterin«

Eine narzisstische Mitarbeiterin betont bei jeder Gelegenheit, wie hart sie im Vergleich zu ihren Kolleg:innen arbeite. Sie präsentiert sich als das einzige Teammitglied, das sich wahrhaftig für die Firma aufopfert, während sie gleichzeitig ihre Kolleg:innen als unfähig und faul darstellt. In Wirklichkeit arbeitet sie ähnlich ausdauernd wie die übrigen Teammitglieder, die im Vergleich zu ihr weniger große Töne spucken.

3.1.2 Die narzisstische Konfliktreaktion

Alle, die schon einmal einen Konflikt mit einer narzisstischen Person ausgetragen haben, wissen, dass diese Menschen besonders herausfordernd sein können. Von Interesse ist dabei die Reaktion der narzisstisch geprägten Person selbst. Vergeben und vergessen? Nicht so bei Narzisst:innen! Um zu verstehen, wie Narzisst:innen mit zwischenmenschlichen Konflikten umgehen, ist es entscheidend, ihre Gedanken und Gefühle *nach* einem Konflikt zu analysieren.

Genau das haben mein Team und ich in einer 2015 durchgeführten Studie getan (Fatfouta et al., 2015). Im Rahmen einer Befragung haben wir über 1.000 Menschen gebeten, an eine Person zu denken, die sie ihrer Meinung nach in der Vergangenheit ungerecht behandelt und verletzt hat. Die Teilnehmenden sollten die Situation erneut durchleben, indem sie sich die gemeinsamen Ereignisse und die Interaktionen mit dem/der »Täter:in« vorstellen und sich an alles erinnern sollten, was damals passiert ist. Es handelt sich um eine Art Mini-Selbsthypnose, bei der der Konflikt noch einmal durchlebt wird.

Anschließend sollten die Teilnehmenden anhand eines Fragebogens ihre aktuellen Gedanken und Gefühle in Bezug auf die Person angeben. Das Ergebnis war ernüchternd: Antagonistische Narzisst:innen – also die, die an jeder Ecke einen zwischenmenschlichen Hinterhalt vermuten – konnten, anders als die weniger narzisstischen Teilnehmenden, ihre Rache- und Vergeltungswünsche sowie ihre Vermeidungstendenzen gegenüber der anderen Person nicht wirklich überwinden. Sie stimmten beispielsweise eher Aussagen zu wie »Ich will ihn/sie leiden sehen« oder »Ich gehe ihm/ihr aus dem Weg«.

Der Grund hierfür liegt in den zugrundeliegenden Denkmustern bei dieser Form von Narzissmus. Die Art und Weise, wie die erlebte Situation verarbeitet wird, entscheidet nämlich darüber, wie gut oder schlecht Narzisst:innen auf das Gegenüber zu sprechen sind. Im Vergleich zu weniger narzisstischen Menschen …

- … grübeln sie viel mehr über das nach, was passiert ist. Wenn sie einmal anfangen, über den Konflikt nachzudenken, kreisen ihre Gedanken ununterbrochen um die erlebte Situation und sie können diese Gedankenspirale nur schwer wieder abschalten. Dies trägt dazu bei, dass sie die Erinnerungen an den Konflikt nicht ohne Weiteres loslassen können.
- … ärgern sie sich viel mehr über das, was die andere Person ihnen angetan hat. Sie werden richtig sauer, wenn sie an die ungerechte Behandlung und die Verletzungen denken, die sie vermeintlich erlitten haben. Dieser Ärger kann bei Narzisst:innen intensiver und anhaltender sein als bei weniger narzisstischen Personen.
- … haben sie weniger Empathie mit der anderen Konfliktpartei. Anstatt sich in das Gegenüber emotional einzufühlen (was für eine erfolgreiche Konfliktlösung hilfreich ist), bleiben sie eher bei sich und ihrer eigenen Perspektive und fokussieren sich auf ihre eigenen Gefühle und Bedürfnisse.

In einer nachfolgenden Studie wollten wir herausfinden, *warum* narzisstische Personen in Konfliktsituationen manchmal besonders empfindlich auf Kritik oder vermeintliche Beleidigungen reagieren, während andere dies nicht tun. Im Besonderen haben wir uns gefragt, ob es einen Zusammenhang zwischen ihrem Verhalten und ihrem Bewusstsein über ihre Innenwelt in diesen Situationen gibt. Und tatsächlich: Die Rache- und Vermeidungstendenzen von Narzisst:innen waren umso ausgeprägter, je bewusster sie sich ihrer eigenen Gedanken und Gefühle in Konfliktsituationen waren (Fatfouta & Schröder-Abé, 2017). Daraus lässt sich ableiten, dass eine präzise Selbstwahrnehmung nicht immer von Vorteil ist, da sie es Narzisst:innen ermöglicht, Ungerechtigkeiten in Konflikten klarer zu erkennen, zu differenzieren und zu benennen. Bei narzisstischen Personen scheint diese gesteigerte emotionale Klarheit oft mit einer verstärkten Neigung einherzugehen, noch negativer auf wahrgenommene Kränkungen zu reagieren.

3.2 Ineffizienz vs. Effizienz: Warum Narzisst:innen Produktivitätskiller sein können

Im beruflichen Alltag geschieht es immer wieder: Büromaterial, Werkzeug oder Elektrogeräte verschwinden wie von Zauberhand aus dem Lager, kurz vor einem verlängerten Wochenende werden plötzlich vermehrt Krankheitstage genommen oder während der Arbeitszeit übermäßig viele private Telefonate geführt. Einmal ist kein Mal mag man an dieser Stelle denken, zumal man niemandem in der Arbeit etwas Böses unterstellen möchte. Schließlich kann es ja wirklich sein, dass jemand so viele Kugelschreiber für einen Workshop benötigt, man ernstzunehmend krank ist und deshalb ausfällt oder ein familiärer Notfall vorliegt, der längere Privatgespräche zwischen Meetings vonnöten macht. Oder steckt doch mehr dahinter?

Was zunächst harmlos wirkt, kann in gehäufter Form für Organisationen ein ernst zu nehmendes Problem darstellen – sowohl finanziell als auch personell. Schätzungen zufolge ergeben sich jährlich Schäden in Milliardenhöhe durch derartiges Fehlverhalten am Arbeitsplatz. Doch auch die Folgen für Mitarbeitende können weitreichend sein. Denn wenn jemand »blau« macht, müssen es meist die Kolleg:innen durch Mehrarbeit ausbaden. Das ist nicht nur ungerecht, sondern geht auch auf Kosten der Arbeitsmoral. Ist man selbst die von derartigem Verhalten betroffen, leidet auch die eigene Arbeitszufriedenheit darunter (Cohen, 2016).

Mittlerweile existieren unterschiedliche Begrifflichkeiten, um die oben dargestellten Verhaltensweisen zu beschreiben. Im Fachjargon hat sich der Begriff »kontraproduktives Arbeitsverhalten« durchgesetzt. Es beschreibt sämtliches Verhalten, das explizit die legitimen Interessen einer Organisation verletzt (Spector et al., 2006; auch im Folgenden). Legitime Interessen beziehen sich auf die rechtmäßigen Ziele, die eine Organisation im Rahmen ihrer Geschäftstätigkeit verfolgt. Dazu gehören beispielsweise die Erfüllung von Unternehmensvorgaben, die Wahrung von Compliance-Vorschriften oder das Sicherstellen einer positiven Arbeitsumgebung – kurzum alles, was eine Firma am Laufen hält.

Kontraproduktives Arbeitsverhalten kann sich – analog zu freiwilligem Arbeitsengagement (vgl. Kap. 2.3) – gegen eine Organisation als Ganzes richten (wie in den Beispielen weiter oben beschrieben) oder gegen ihre einzelnen Mitglieder (z. B. Mitarbeitende, Kund:innen oder sonstige Stakeholder). Zu Verhalten, das sich gegen einzelne Mitglieder richtet, zählen beispielsweise Mobbing, das Verbreiten von Gerüchten oder

Falschinformationen oder die gezielte Ausgrenzung von Personen. Dabei ist nicht jede Unachtsamkeit gleich mit kontraproduktivem Arbeitsverhalten gleichzusetzen. Hierfür muss das Verhalten drei Kriterien erfüllen:

1. Es muss absichtlich geschehen,
2. prinzipiell in der Lage sein, anderen zu schaden, und
3. den Interessen der Firma widersprechen.

Die Palette an möglichen Verhaltensweisen ist dabei sehr breit gefächert und reicht von verhältnismäßig niedrigschwelligen Vorfällen (z.B. verfrühtes Verlassen des Arbeitsplatzes, Ausdehnen von Pausen oder »Blaumachen«) bis hin zu schwerwiegenden Vergehen (z.B. Diebstahl, sexuelle Belästigung am Arbeitsplatz oder Sabotage von Betriebsmitteln). Stellt man nun die Intensität des kontraproduktiven Arbeitsverhaltens (geringfügig vs. ernsthaft) und das Ziel, gegen das es sich richtet (Individuum vs. Organisation), gegenüber, entsteht ein Vierfelder-Schema (eigene Darstellung in Anlehnung an Robinson & Bennett, 1995, S. 565; s. Abbildung 10).

Typologie kontraproduktiven Arbeitsverhaltens

	geringfügig	ernsthaft
Organisation	▪ Frühzeitiges Verlassen des Arbeitsplatzes ▪ Pausen ausdehnen ▪ Absichtlich langsam arbeiten ▪ Ressourcen verschwenden	▪ Betriebsmittel sabotieren ▪ Schmiergelder annehmen ▪ Arbeitszeitbetrug ▪ Bestehlen der Organisation
Individuum	▪ Vetternwirtschaft ▪ Über Kolleg:innen tratschen ▪ Schuld auf Kolleg:innen abwälzen ▪ Unlauterer Wettbewerb	▪ Sexuelle Belästigung ▪ Beschimpfungen / Pöbeleien ▪ Bestehlen von Kolleg:innen ▪ Gefährdung von Kolleg:innen

Abb. 10: Typologie unterschiedlicher Formen von kontraproduktivem Arbeitsverhalten

Menschen mit besonders hohen Narzissmuswerten neigen häufiger als andere zu kontraproduktivem Arbeitsverhalten. Das zeigt beispielsweise eine Zusammenfassung von 14 Einzelstudien mit über 4.400 Personen der University of Illinois (Grijalva & Newman, 2015). Eine statistische Analyse ergab zudem, dass vor allem jene Mitarbeitende, die durch antagonistischen Narzissmus geprägt sind – gekennzeichnet durch eine ausgeprägte Neigung zu Anspruchsdenken, Rivalität und Dominanzstreben – vermehrt zu kontraproduktivem Arbeitsverhalten tendierten.

Entgegen der gängigen Definition von kontraproduktivem Arbeitsverhalten können unternehmensschädigende Handlungen auch unvermittelt – wie aus heiterem Himmel – auftreten: In einem Meeting kann ein Teammitglied impulsiv seinen Unmut über eine Idee äußern, ein Mitarbeiter reagiert spontan genervt auf eine Kundenbeschwerde oder aber jemand wirft aus dem Affekt heraus seinen Laptop zu Boden, was zu einem Sachschaden führt. Ohne Vorwarnung können narzisstische Personen zu derartigen »Spontanaggressionen« neigen, indem sie Kolleg:innen, Kund:innen oder andere Personen attackieren oder über sie herziehen. In diesen Situationen werden häufig die unbewussten Anteile des narzisstischen Selbstkonzepts aktiviert, was wiederum zu spontanen und impulsiven Entgleisungen führt (vgl. Kap. 1.10.3).

Mein Kollege Dominik Schwarzinger und ich haben uns gefragt, wie dieser implizite Narzissmus im Zusammenhang mit kontraproduktivem Arbeitsverhalten steht (Fatfouta & Schwarzinger, 2023). Wir testeten folgende Annahme: Kommen bewusste und unbewusste Anteile des Narzissmus zusammen, entsteht eine »toxische Mischung«, die sich noch stärker auf das kontraproduktive Verhalten bei der Arbeit auswirkt. In einer Untersuchung mit über 500 Berufstätigen aus 14 verschiedenen Branchen konnten wir unsere Hypothese bestätigen. Narzisst:innen, die sich bewusst als solche identifizieren (einen hohen *expliziten Narzissmus* aufweisen) und tief im Inneren auch narzisstisch fühlen (einen hohen *impliziten Narzissmus* aufweisen), neigten am ehesten dazu, gegen die Interessen ihrer Organisation zu handeln. Das zeigt, dass bewusste und unbewusste narzisstische Anteile innerhalb einer Person in Wechselwirkung treten und gravierende Konsequenzen für Unternehmen haben können.

Von besonderem Interesse ist sicherlich die Frage, *warum* narzisstische Menschen häufiger Verhalten zeigen, das ihrem Unternehmen schadet. Zum einen liegt die Antwort in der Art und Weise, wie Narzisst:innen Stressoren am Arbeitsplatz interpretieren (Penney & Spector, 2002). Ob eine anstehende Transformation im Unternehmen, Konkurrenzverhalten unter Kolleg:innen oder eine als unfair empfundene Leistungsbeurteilung: Für das narzisstische Selbstkonzept besitzt jeder Stressor das Potenzial, das grandiose Selbstbild zu bedrohen. Nehmen wir als konkretes Beispiel das jährliche Mitarbeitendengespräch, bei dem eine narzisstische Person Feedback zu ihrem Arbeitsverhalten erhält. Anstatt das Konstruktive zu hören, wird sie die Rückmeldung als Selbstwertbedrohung interpretieren. Als Reaktion auf diese Ego-Bedrohung wird die narzisstische Person wahrscheinlich eher mit negativen Emotionen wie Wut, Frustration oder Feindseligkeit reagieren, die wiederum in kontraproduktives Arbeitsverhalten kanalisiert werden (s. Abbildung 11; eigene Darstellung in Anlehnung an Penney und Spector, 2002; S. 128). Kontraproduktives Arbeitsverhalten bei Narzisst:innen kann somit als eine Form der »Arbeitsplatz-Rache« angesehen werden, die durch Stressoren hervorgerufene negative Emotionen mit sich bringen.

Narzissmus und kontraproduktives Arbeitsverhalten

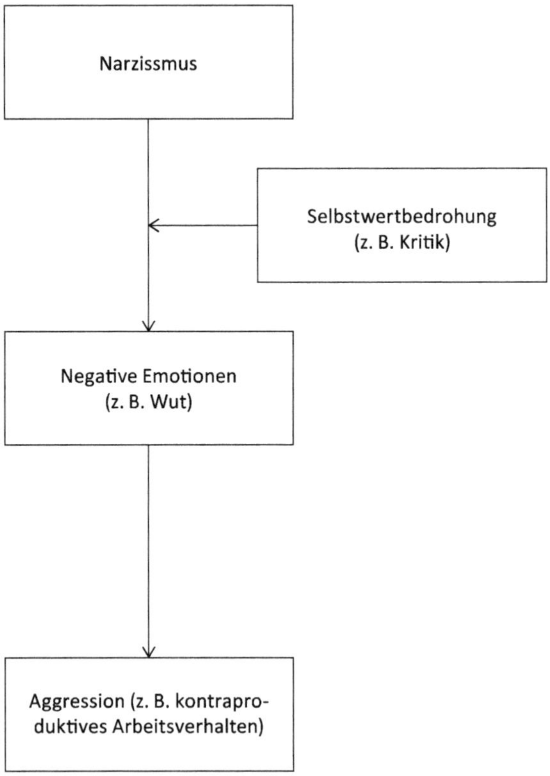

Abb. 11: Modell für die Entstehung unternehmensschädigenden Verhaltens durch Narzissmus

Zum anderen liegt die Antwort in der Art und Weise, wie Narzisst:innen sich selbst am Arbeitsplatz wahrnehmen (Żemojtel-Piotrowska et al., 2018). Aufgrund ihrer ausgeprägten Anspruchshaltung erwarten sie häufig eine Sonderbehandlung, da sie fest davon überzeugt sind, mehr als andere zu verdienen. Diese überhöhten Erwartungen tragen dazu bei, dass sie die Regeln und Vorschriften im Arbeitsumfeld als weniger relevant für sich selbst betrachten. Ein Beispiel hierfür könnte sein, dass ein Teammitglied die Einkaufs- und Vergaberichtlinien des Unternehmens ignoriert, weil es der Meinung ist, die Wahl des Dienstleisters in seinem eigenen Ermessen festzulegen. Schließlich habe niemand vorzuschreiben, mit wem es ein Projekt zu realisieren hat. Dieses Verhalten kann jedoch zu erheblichen Konsequenzen für das Unternehmen führen, da das Teammitglied eigenmächtig Entscheidungen trifft und sich nicht an die geltenden Vorschriften hält.

3.3 Fake vs. Fakten: Warum Narzisst:innen lügen und betrügen

Es gibt Kolleg:innen, die sind berüchtigt für ihre übertriebenen Erfolgsgeschichten, die sie bei jeder Gelegenheit im Büro zum Besten geben. Egal, ob es um ihre angeblich spitzenmäßige Expertise, ihre meisterhafte Fähigkeit zur Kundenakquise oder ihre scheinbar unerschütterliche Beliebtheit bei anderen geht – sie haben meist eine passende Story parat, die sie als strahlende Galionsfigur erscheinen lässt. Auf LinkedIn ploppen zudem nahezu täglich neue »Author, Speaker und Expert in (ergänzen Sie ein Buzzword Ihrer Wahl hier)« auf, die – bei genauerem Hinsehen – mehr Schein als Sein präsentieren. Ihre Profile strahlen eine Pseudoexzellenz aus, die von denglischen Titeln, Kalenderweisheiten und endlosen Lobeshymnen von vermeintlichen Kund:innen durchzogen ist. Das eigene KI-generierte Foto in der klassischen Power-Pose darf unter den meist inhaltsleeren Beiträgen (»Was ich von einer Toastscheibe über Leadership gelernt habe«) natürlich auch nicht fehlen. Doch hinter den Kulissen – virtuell wie real – verbirgt sich oft nicht mehr als maßlose Selbstüberschätzung.

Heutzutage wissen wir: Narzisst:innen neigen dazu, die eigene *und* die fremde Realität zu verzerren, um ihr selbstgeschaffenes Bild der eigenen Großartigkeit aufrechtzuerhalten. Sie lügen, betrügen und manipulieren, um die Bewunderung und Aufmerksamkeit zu erhalten, die sie für sich selbst als unverzichtbar erachten. Sie beherrschen nahezu meisterhaft die Kunst der Selbstinszenierung. Doch während sie nach außen hin glänzen, hinterlassen sie oft eine Spur von gebrochenen Versprechen und enttäuschten Erwartungen. Im Folgenden beleuchten wir einige ausgewählte Mechanismen für die Fake-it-till-you-make-it-Mentalität von Narzisst:innen.

3.3.1 Die narzisstische Selbstüberschätzung

Sie haben eine Frage, auf die Sie eine Antwort suchen, oder ein Problem, zu dem Sie eine Lösung benötigen? Fragen Sie eine narzisstische Person! Sie wird Ihnen mit Sicherheit weiterhelfen und bereitwillig ihr umfangreiches Wissen mit Ihnen teilen (vorausgesetzt, Sie huldigen sie anschließend gebührend dafür). Ich würde Ihnen jedoch empfehlen, ihre Aussagen im Anschluss einer kritischen Überprüfung zu unterziehen.

Denn Narzisst:innen neigen dazu, sich in unterschiedlichen Lebensbereichen maßlos zu überschätzen (Grosz et al., 2017).

In der Psychologie ist die Selbstüberschätzung besser bekannt als *Overclaiming* – man gibt vor, mehr zu wissen oder zu können, als es tatsächlich der Fall ist. Hier ein kleines Gedankenexperiment, das ein bisschen an »Wer wird Millionär?« erinnert. Allerdings geht es hier nicht darum, die richtige Antwort zu einer bestimmten Frage zu kennen, sondern den Grad der Vertrautheit mit bestimmten Themen anzugeben. Wenn Sie mögen, probieren Sie es gerne einmal selbst aus. Wie vertraut sind Sie mit den folgenden Wissensgebieten? Wenn Sie noch nie von dem Thema gehört haben, kreuzen Sie »0« an. Wenn Sie sehr vertraut mit dem Thema sind, kreuzen Sie »6« an. Mit den Zahlen dazwischen können Sie Ihre Antworten abstufen (s. Tabelle 4).

Wissensgebiet	0	1	2	3	4	5	6
Internationaler Aktienmarkt							
a) Nikkei	☐	☐	☐	☐	☐	☐	☐
b) Blue Chips	☐	☐	☐	☐	☐	☐	☐
c) Alpha Centauri Index (ACI)	☐	☐	☐	☐	☐	☐	☐
Internationale Gesundheitsorganisationen							
a) Asch Aids Aid (AAA)	☐	☐	☐	☐	☐	☐	☐
b) The Stroke Association	☐	☐	☐	☐	☐	☐	☐
c) International Children's Heart Foundation	☐	☐	☐	☐	☐	☐	☐

Tab. 4: Beispiele aus dem Overclaiming-Test (adaptiert nach Gebauer et al., 2012)

Soll ich Ihnen etwas verraten? Weder der Alpha Centauri (ACI) Index noch die Asch Aids Aid (AAA) existieren in Wirklichkeit. Was Sie gerade kennenlernen oder vielleicht selbst am eigenen Leib erfahren haben, ist der sog. *Overclaiming Bias* (Selbstüberschätzungs-Verzerrung) – die Tendenz, so zu tun, als ob man über Dinge Bescheid weiß, die es in Wirklichkeit nicht gibt. Menschen mit ausgeprägten Narzissmuswerten sind regelrechte Expert:innen im Overclaiming, auch wenn ihnen dieses Verhalten nicht immer zwingend bewusst ist.

Problematisch wird Overclaiming vor allem in sog. *High-Stakes*-Kontexten – also in Situationen, in denen viel auf dem Spiel steht und die Konsequenzen einer Fehlentscheidung oder -information besonders kritisch sind. Ein Beispiel für eine solche Situation sind Einstellungsentscheidungen. Wenn Sie in Ihrem Unternehmen beispielsweise eine wichtige Position zu besetzen haben, wollen Sie schließlich eine Person, die *wirklich* Ahnung von der Materie hat und nicht nur Expertise oder Erfahrung vorgaukelt. Im Arbeitskontext kann Overclaiming somit gravierende Konsequenzen haben: Bewerbende könnten beispielsweise angeben, fortgeschrittene Kenntnisse in einem bestimmten Fachgebiet zu haben, obwohl sie nur rudimentäres Wissen aufweisen. Oder aber die paar Brocken in Spanisch, Französisch oder Chinesisch werden als »fließend« deklariert, obwohl es sich eher um Grundkenntnisse handelt. Gehen Narzisst:innen wirklich so weit, ihre Fähigkeiten zu beschönigen? Die kurze Antwort lautet: Ja.

Bei dem Versuch, das Ausmaß des Flunkerns bei Narzisst:innen zu quantifizieren, untersuchten die Kriminalpsychologin Liza Zvi und ihr Kollege Zeev Shtudiner von der Ariel University in Israel eine Stichprobe von 187 Jobsuchenden im Rahmen einer anonymen Umfrage. Neben der Messung von Narzissmus wurden die Teilnehmenden auch danach befragt, wie sehr sie ihre letzte Bewerbung aufgebauscht haben, um ihre Chancen auf ein Vorstellungsgespräch zu erhöhen. Das Team konnte belegen, dass Menschen mit erhöhten Narzissmuswerten eher dazu neigen, Angaben in ihren Lebenslauf bewusst zu fälschen, auszuschmücken oder aber Informationen unter den Tisch fallen zu lassen. Dazu zählen beispielsweise Verhaltensweisen wie das Erfinden nicht vorhandener Abschlüsse, das Hinzudichten von Berufserfahrungen oder das Löschen unvorteilhafter Angaben (Zvi & Shtudiner, 2021). Dazu passt, dass Menschen mit erhöhten Narzissmuswerten generell vermehrt zum Lügen neigen und auch glauben, dass sie das besser als andere können (Zvi & Elaad, 2018) – es scheint demnach nichts zu geben, was Narzisst:innen nicht können. Auch im Lügen übertreffen sie andere.

3.3.2 Die narzisstische Entgleisung

Auch wenn das Lügen im Lebenslauf sicherlich kein Kavaliersdelikt darstellt, geht es noch wesentlich schlimmer: Ob Dieselgate, Wirecard-Affäre oder CumEx-Skandal – die Rede ist von Betrug, Manipulation und Veruntreuung. Je hierarchischer das Umfeld strukturiert ist, desto gravierender scheinen die Auswirkungen des Fehlverhaltens auszufallen. Nicht umsonst heißt es, der Fisch stinkt vom Kopfe her. Ein Blick auf die deutschen Vorstandsetagen genügt, um diese Metapher zu verstehen – Martin Winterkorn (Volkswagen-Konzern), Markus Braun (Wirecard) oder Jürgen Fitschen (Deutsche Bank): Sie alle waren in »Vorfälle« verwickelt, die das Vertrauen der Öffentlichkeit erschütterten und erhebliche wirtschaftliche Schäden verursachten.

Handelt es sich bei diesen Ereignissen um Einzelschicksale oder gibt es womöglich einen systematischen Zusammenhang zwischen Narzissmus und Unternehmensversagen? Der Strategieprofessor James Van Scotter von der University of Colorado und seine Kollegin Karina De Déa Roglio haben sich in ihrer Untersuchung dieser Frage angenommen und die Auswirkungen unterschiedlicher Persönlichkeitsmerkmale von CEOs auf ethisches Fehlverhalten in Unternehmen unter die Lupe genommen. Ihre Untersuchung erstreckte sich über den Zeitraum von 2000 bis 2017 und analysierte die größten Unternehmenszusammenbrüche und -skandale, über die einflussreiche Nachrichtenmagazine wie TIME oder Forbes berichtet haben.

Um das Verhalten der verantwortlichen Firmenleitungen zu untersuchen, wurden öffentlich zugängliche Internetvideos von geschulten Expert:innen analysiert, die insgesamt das Verhalten von 259 CEOs genau beobachteten. Die Ergebnisse dieser umfassenden Analyse offenbarten, dass der von externen Beobachtenden eingeschätzte Narzissmus der Vorstände nicht nur positiv mit ethischem Fehlverhalten zusammenhing, sondern auch mit sexuellem Fehlverhalten in Verbindung stand. Dieses beinhaltet beispielsweise außereheliche Beziehungen, sexuelle Belästigung sowie Affären am Arbeitsplatz (Van Scotter & Roglio, 2020). Die Untersuchung verdeutlicht, dass gesetzeswidrige Eskapaden des Topmanagements vor niemandem Halt zu machen scheinen.

Wir halten fest: Ein gesteigertes Ego kann ein Unternehmen teuer zu stehen kommen. Abgesehen davon, dass narzisstische Topmanager:innen ohnehin eine höhere Vergütung als ihre weniger narzisstischen Peers aufweisen (O'Reilly et al., 2014), scheinen sie – im Laufe ihres Erwerbslebens – ein Risiko für Unternehmen darzustellen. Für diese These gibt es ebenso Belege: Für Unternehmen, die von narzisstischen CEOs geführt werden, gilt eine höhere Wahrscheinlichkeit, in Rechtsstreitigkeiten verwickelt zu werden. Darüber hinaus dauern die daraus resultierenden Strafprozesse im Durchschnitt länger, um gelöst zu werden (O'Reilly et al., 2018). Dies bringt wiederum finanzielle Belastungen und Unsicherheiten für das Unternehmen mit sich, was die Bedeutung des frühzeitigen Erkennens von narzisstischen Tendenzen in gehobenen Führungspositionen unterstreicht.

Dank Whistleblowern, investigativem Journalismus und Aufsichtsbehörden bleiben die beschriebenen CEO-Skandale jedoch selten ungestraft. Die Frage, wie solche Skandale überhaupt zustande kommen, wird im folgenden Kapitel beantwortet.

3.3.3 Das Betrugs-Dreieck

Wie lässt sich der Hang von narzisstischen Menschen zum Betrug erklären? Aufschluss gibt hier das sog. *Fraud Triangle* (Betrugsdreieck) des amerikanischen Kriminologen Donald Cressey (1950). Es besagt, dass mindestens drei Faktoren zusammenkommen müssen, damit Betrug überhaupt möglich wird: Motivation, Gelegenheit und Rationalisierung. Mit anderen Worten: Eine Person betrügt am ehesten dann, wenn sie die Motivation für eine solche Handlung hat, die Gelegenheit zum Betrügen ihr günstig erscheint und sie in der Lage ist, den Betrug mit ihrem Gewissen zu vereinbaren. Abbildung 12 zeigt das Betrugsdreieck.

Fraud Triangle

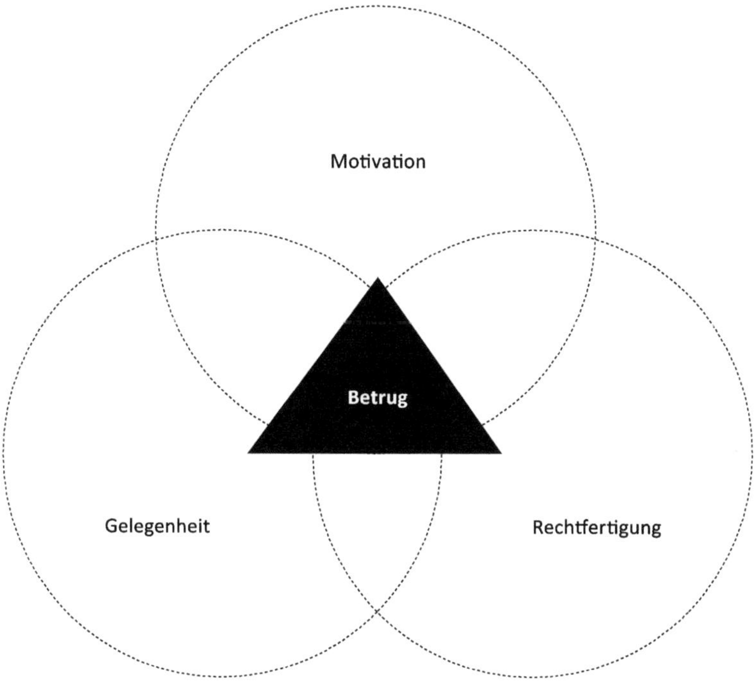

Abb. 12: Die Eigenschaft Narzissmus veranlasst eine Person dazu, zu betrügen, indem sie bestimmte egoistische Motive, vermeintlich günstige Gelegenheiten zum Betrügen und eine Tendenz zur Rationalisierung unethischer Entscheidungen ausnutzt

Lassen Sie uns zur Veranschaulichung das Betrugsdreieck auf den aktuellen Signa-Skandal um den Immobilien-Milliardär René Benko übertragen:

Die richtige Motivation

Der Anreiz/Druck von außen oder eigene Motive, Bedürfnisse und Interessen treiben eine Person (oder Personen) dazu, einen Betrug zu begehen. Dies kann Gier nach Geld, Ruhm, Anerkennung oder ein anderer Grund sein (z. B. finanzielle Schulden). Die Motivation für René Benkos Verhalten dürfte unter anderem in seinem stark ausgeprägten Profitstreben begründet liegen. Die konsequente Maximierung des eingesetzten Kapitals war dabei ein zentrales Ziel. Benko, auch Wunderwuzzi genannt, war zudem bekannt für seine hohe Risiko- und Investitionsbereitschaft. Diese verhalfen ihm dazu, zahlreiche Grundstücke in attraktiven Lagen zu günstigen Preisen zu erwerben und in kürzester Zeit ein Immobilienimperium aufzubauen.

Die passende Gelegenheit

Die situativen Bedingungen oder Umstände ermöglichen es der Person (oder den Personen), einen Betrug zu begehen, ohne dabei erwischt zu werden. Dies kann durch mangelnde Kontrolle, fehlendes Monitoring oder andere Faktoren möglich sein (z. B. undurchsichtige Firmenkonstrukte). Im Signa-Skandal könnte sich eine günstige Gelegenheit beispielsweise durch die Kombination aus niedrigen Zinsen und steigenden Immobilienbewertungen ergeben haben. Dies ermöglichte unter anderem die vereinfachte Kreditvergabe und damit eine aggressive Expansion der Immobiliengeschäfte über die letzten Jahrzehnte. Darüber hinaus erschwerte die komplexe Struktur der Signa-Gruppe Einsicht in die wirtschaftlichen Aktivitäten und die dahinterstehenden Akteure – fehlende Transparenz und Kontrolle sind die Folgen.

Die Rechtfertigung vor dem Selbst

Der moralische Kompass der Person (oder Personen) ermöglicht es, die Handlungen vor sich selbst ethisch zu rechtfertigen. Dies kann der feste Glaube daran sein, dass das Verhalten in einer bestimmten Situation akzeptabel oder sogar erforderlich ist. Die am Signa-Skandal beteiligten Personen könnten sich beispielsweise eingeredet haben, dass die unternommenen Aktionen notwendig waren, um das Geschäft am Laufen zu halten oder eine drohende Insolvenz abzuwenden.

Die Persönlichkeit der Betrüger:innen spielt beim Betrugsdreieck ebenfalls eine wichtige Rolle: Narzissmus – u. a. das Bedürfnis nach Bewunderung, Empathiemangel, ausnutzendes und ausbeuterisches Verhalten – prädisponiert eine Person dazu, in einer bestimmten Situation zu betrügen. Personen mit hohen Narzissmuswerten können beispielsweise leichter günstige Gelegenheiten für Betrug erkennen und sind auch eher motiviert, Betrug zu begehen. Außerdem ist es wahrscheinlich, dass jemand mit narzisstischen Eigenschaften eher dazu neigt, den Betrug zu rechtfertigen (vor sich selbst und anderen) und den Betrug letztendlich auch auszuführen.

Ergänzend sei erwähnt, dass Cresseys Betrugsdreieck inzwischen durch eine vierte Dimension ergänzt wurde: Fähigkeit. Denn eine günstige Gelegenheit zum Betrügen reicht meist nicht aus. Erst die Fähigkeit, Lücken im System zu erkennen und auszunutzen, macht den Coup perfekt (z. B. Benkos Wissen, wie man die Prinzipien der internationalen Rechnungsregeln geschickt nutzt, ohne dass es auf Anhieb auffällt).

3.4 Risiko vs. Sicherheit: Wie Narzisst:innen aufs Ganze gehen

Inmitten der Coronapandemie passiert es: Russische Truppen greifen in den frühen Morgenstunden des 24. Februars 2022 die Ukraine an. Die Welt hält den Atem an. Millionen Menschen sind schließlich auf der Flucht, tausende Zivilist:innen werden verletzt oder getötet, Grundwerte wie Demokratie und Freiheit scheinen über Nacht infragestellt. Warum hat Wladimir Putin die Ukraine angegriffen? Diese Frage beschäftigt die Öffentlichkeit seit Beginn des Krieges. In einem Spiegel-Artikel (2022) erklärt Gesundheitsminister Karl Lauterbach, dass Putins Handeln durch »narzisstische Geltungsbedürfnisse« motiviert sei. Ist also alles eine Frage der Anerkennung?

Putins Entscheidung, die Ukraine anzugreifen, wird unter Politikwissenschaftler:innen euphemistisch als irrationale Fehldiagnose der internationalen Sicherheitslage vonseiten Putins eingestuft (Bäcker&Rak, 2022). Der Kremlchef unterschätzte beispielsweise die ukrainische Widerstandsfähigkeit, die Unterstützungsbereitschaft des Westens und die Stärke der westlichen Armee. Mit seinem Angriffskrieg gegen die Ukraine ist Russland ein erhebliches Risiko eingegangen. Neben dem humanitären Desaster erscheinen die Folgen verheerend: Wirtschaftliche Sanktionen, militärische Verluste und internationale Isolation sind nur einige der Konsequenzen, mit denen Russland seither zu kämpfen hat. Wie kommt es, dass Narzissmus und Risiko so stark aneinander gekoppelt sind?

3.4.1 Das narzisstische Risiko

Neben dem eben beschriebenen Extrembeispiel lassen sich auch in alltäglichen Situationen Unterschiede in der Risikowahrnehmung feststellen. Menschen interpretieren Risiken unterschiedlich und diese Interpretation bestimmt, welche Option wir wählen, um ein Risiko eher zu meiden oder aufzusuchen. Die Wahl ist dabei unabhängig vom tatsächlich zu erwartenden Nutzen der Entscheidung (Becker-Carus&Wendt, 2017). Betrachten wir zur Veranschaulichung folgende Optionen – wie würden Sie sich jeweils entscheiden?

NO RISK, NO FUN: WIE SIEHT IHRE RISIKOWAHRNEHMUNG AUS?

Welche Option würden Sie wählen?

- ☐ Option 1: Sie gewinnen mit Sicherheit 800 €.
- ☐ Option 2: Sie können 1.000 € mit einer Chance von 85% gewinnen.

Welche Option würden Sie wählen?

- ☐ Option 3: Sie verlieren mit Sicherheit 800 €.
- ☐ Option 4: Sie können 1.000 € mit einer Chance von 85% verlieren.

Die Untersuchungen von Amos Tversky und Daniel Kahnemann (1986) zeigen, dass Menschen je nach Szenario unterschiedliche Präferenzen an den Tag legen. Bei der Wahl zwischen Option 1 und Option 2 entschieden sich die meisten Menschen für die erste Option. Sie bevorzugten sprichwörtlich den Spatzen in der Hand als die Taube auf dem Dach – schließlich sind einem die 800 € sicher, während der größere Gewinn von 1.000 € zwar attraktiver, aber auch unsicherer ist (risikovermeidende Strategie). Bei der Wahl zwischen Option 3 und Option 4 bevorzugten die meisten Menschen hingegen die letztere der beiden Optionen. Getreu dem Motto »No risk, no fun« wird dabei eher ein Wagnis eingegangen als einen sicheren Verlust in Kauf zu nehmen (risikofreudige Strategie).

Narzisst:innen dürften in ähnlichen Entscheidungssituationen anders gestrickt sein und jeweils die Option wählen, die ihnen gewinnträchtiger erscheint – selbst wenn ihre Wahl mit einem höheren Verlust einhergeht. Die vorliegende Evidenz bekräftigt diese Annahme. Ganz gleich, ob es um Glücksspiel, Investitionen an der Börse oder die eigene Gesundheit geht – Studien zum Zusammenhang zwischen Narzissmus und Risikobereitschaft verdeutlichen, dass Menschen mit narzisstischen Persönlichkeitsmerkmalen wesentlich risikobereiter sind als ihre weniger narzisstischen Mitmenschen und langfristig Verluste einfahren (Campbell et al., 2004).

Auch im Unternehmenskontext gibt es zahlreiche Belege für die suboptimale Entscheidungsfindung der Superegos: CEOs mit erhöhten Narzissmuswerten zücken beispielsweise bereitwilliger die Firmenkreditkarte und tendieren zu erhöhten Unternehmensausgaben (Chatterjee und Hambrick, 2007, 2011; Gerstner et al., 2013). Ein derartiges Verhalten kann besonders kritisch sein, wenn dem eigenen Unternehmen schlechte Zeiten bevorstehen und eher Sparkurs angesagt ist. Schließlich kann sich die Neigung zu großzügigen Ausgaben negativ auf die finanzielle Stabilität und den langfristigen Erfolg eines Unternehmens auswirken. Prominente Unternehmensbeispiele hierfür waren unter anderem WeWork, VanMoof oder Peloton (wobei nicht zwingend Narzissmus ursächlich für die jeweilige Unternehmensentwicklung war).

Um den Zusammenhang zwischen Narzissmus und Risikobereitschaft zu veranschaulichen, eignen sich Krisen besonders gut. Nehmen wir die Banken- und Finanzkrise im Jahr 2008 als Beispiel, da hier bereits genügend Daten für eine verlässliche Aussage zur Verfügung stehen. Im Zentrum steht folgende Frage: Warum wurden einige US-Geschäftsbanken vom Zusammenbruch der Immobilienblase besonders hart getroffen, während sich andere verhältnismäßig schnell erholen konnten? Dieser Frage ging Tine Buyl, Psychologin an der Universität Tilburg, nach (Buyl et al., 2019). Gemeinsam mit ihrem Team analysierte sie 92 CEOs von US-Geschäftsbanken in einem Zeitraum von 2006 bis 2014. Auf diese Weise konnten die jeweiligen Risikostrategien und Corporate-Governance-Praktiken der Unternehmen vor und nach dem Zusammenbruch genau betrachtet werden.

Buyl fand heraus, dass der Narzissmus der CEOs positiv mit der Risikobereitschaft der Bankenpolitik *vor* dem Zusammenbruch zusammenhing. Mit anderen Worten: Banken mit riskanteren Strategien und Richtlinien waren anfälliger für den Zusammenbruch, da sie größere Verluste bei ihren Investitionen und Krediten erlitten. Zudem erholten sich Banken von narzisstischen CEOs langsamer nach dem Schock und kamen später auf ihr »Vor-Schock-Niveau« zurück. Buyl schloss daraus, dass Narzisst:innen die organisationale Widerstandsfähigkeit gefährden und Organisationen damit anfälliger für Störungen von außen machen.

3.4.2 Mechanismen des narzisstischen Risikos

Woran es liegt, dass Narzisst:innen eine erhöhte Risikoaffinität an den Tag legen, lässt sich Stand heute nicht genau sagen. Ganz allgemein scheinen narzisstische Menschen allerdings mehr Vorteile als Nachteile in Risiken zu sehen – Risiken also positiver zu bewerten als andere Menschen. Diese Überzeugung kann wiederum dazu beitragen, dass sie eher riskantes Verhalten zeigen (Foster et al., 2009). Darüber hinaus kommen unterschiedliche, miteinander zusammenhängende psychologische Mechanismen für die Risikoneigung bei Narzissmus in Betracht, die wir nachfolgend genauer beleuchten.

Sicheres Auftreten trotz völliger Ahnungslosigkeit

Widmen wir uns zunächst erneut der narzisstischen Selbstüberschätzung (vgl. Kap. 3.3.1). Neben dem zuvor beschriebenen *Overclaiming* neigen Narzisst:innen auch zu *Overconfidence*. Dieses Phänomen beschreibt die Neigung, die Genauigkeit einer getroffenen Entscheidung zu überschätzen. Zur Erinnerung: *Overclaiming* beschreibt die Tendenz, Wissen über Dinge zu beanspruchen – unabhängig davon, ob sie real oder fiktiv sind (Paulhus&Harms, 2004). Hier ein Beispiel, um den Unterschied zwischen *Overconfidence* und *Overclaiming* zu verdeutlichen.

BEISPIEL FÜR OVERCONFIDENCE

Welcher Begriff beschreibt die Gesamtheit der finanziellen Verpflichtungen, die ein Unternehmen gegenüber Dritten hat?

a) Liquidität
b) Fremdkapital

Auf der folgenden Prozentskala können Sie angeben, wie sicher Sie sich bei Ihrer gedanklich abgegebenen Antwort sind:
50 – 52 %, 53 – 60 %, 61 – 70 %, 71 – 80 %, 81 – 90 %, 91 – 97 %, 98 – 100 %.

Die Antwortoption 50–52 % bedeutet, dass sie stark zwischen beiden Antworten schwanken, während 98–100 % bedeutet, dass sie sich nahezu totsicher in Ihrer Antwort sind. In diesem Beispiel können *Overclaiming* und *Overconfidence* Hand in Hand gehen, wenn jemand nicht nur behauptet, das Wissen über die beiden Begriffe zu besitzen (*Overclaiming*), sondern auch übermäßig sicher ist, dass diese Information korrekt ist, obwohl die tatsächliche Unsicherheit womöglich höher ausfällt (*Overconfidence*). Die richtige Antwort ist übrigens b) Fremdkapital.

Aus Studien wissen wir, dass narzisstische Menschen dazu neigen, sich ihrer Entscheidungen ziemlich sicher zu sein, also einen *Overconfidence Bias* zeigen (Vermessenheitsverzerrung). Diese Überzeugung, dass sie unfehlbar sind, kann wiederum riskantes Verhalten fördern (Macenczak et al., 2016). Hinzukommt, dass Narzisst:innen ungerne auf andere hören. Dadurch begrenzen sie ihre Möglichkeit, von unterschiedlichen Standpunkten zu profitieren und unter Unsicherheit zu besseren Entscheidungen zu gelangen. Dieses Verhalten kann sogar so weit führen, dass narzisstisch geprägte Personen Ratschläge und Meinungen von Expert:innen ignorieren, da sie glauben, dass sie selbst alles besser wissen (Kausel et al., 2015).

Auf der Suche nach dem nächsten Kick

Ein zweiter wichtiger Faktor für die Risikoneigung von Narzisst:innen liegt in ihrer erhöhten Belohnungssensitivität. Das bedeutet, dass narzisstische Personen empfänglicher für potenziell belohnende Reize oder Situationen sind im Vergleich zu weniger narzisstischen Personen. Diese gesteigerte Sensitivität für Belohnungen geht sogar so weit, dass Menschen mit hohen Narzissmuswerten zukünftige Belohnungen stärker abwerten. Das zeigt etwa eine Metastudie mit über 2.700 Teilnehmenden zum *Delay Discounting* (Coleman et al., 2022). *Delay Discounting* (Abwertung verzögerter Belohnungen) bezeichnet die Tendenz, kleinere Belohnungen, die sofort verfügbar sind, höher zu gewichten (und zu bevorzugen) als größere Belohnungen, die erst in der Zukunft verfügbar sind. Narzisst:innen sind somit regelrechte Belohnungs-Junkies.

Schauen wir uns zur Veranschaulichung folgendes fiktive Szenario an: Eine Mitarbeiterin hat am Jahresende die Möglichkeit, zwischen zwei verschiedenen Boni zu wählen: Die erste Option bietet ihr die Aussicht auf eine sofortige Einmalzahlung in Höhe von 800 €. Dieser Betrag wird mit der nächsten Gehaltsabrechnung ausgezahlt und stellt eine unmittelbare finanzielle Belohnung dar. Die zweite Option beinhaltet einen Bonus in Höhe von 1.000 €, der allerdings erst in sechs Monaten auf das Konto ausbezahlt wird. Diese Option führt somit zwar zu einem leicht höheren Bonus, allerdings steht dieser erst zu einem späteren Zeitpunkt zur Verfügung. Das Prinzip des *Delay Discountings* verdeutlicht hier, wie eine Person kurzfristige finanziellen Anreize gegenüber langfristigen bevorzugt: Eine narzisstische Person wäre vermutlich eher geneigt, die erste Option zu wählen und den kleineren, sofortigen Bonus dem größeren, aufgeschobenen Bonus vorzuziehen. Im Gegensatz dazu könnte eine weniger narzisstische Person eher bereit sein, auf den sofortigen Bonus zu verzichten und die langfristige Möglichkeit eines höheren, aber zeitlich verzögerten Bonus in Betracht zu ziehen.

You take my self, you take my self-control …

Zu guter Letzt lässt sich die Risikoneigung von Narzisst:innen auch durch ihre reduzierte Selbstkontrolle erklären. Nehmen wir als Beispiel eine Verhandlungssituation um einen wichtigen Geschäftsvertrag. Hier könnte eine narzisstische Person vorschnell aus dem Bauch heraus zustimmen oder sich auf das erstbeste Angebot einlassen, ohne die Vertragsbedingungen sorgfältig zu prüfen, was langfristig Probleme für die Person selbst und das Unternehmen mit sich bringen könnte. In der Tat können Menschen mit hohen Narzissmuswerten dazu zu neigen, unüberlegt zu handeln, ohne ausreichend über die Konsequenzen ihrer Entscheidungen nachzudenken. Das zeigt auch eine Metaanalyse von zehn Untersuchungen, die Simine Vazire gemeinsam mit ihrem Kollegen David Funder veröffentlichte (Vazire & Funder, 2006). Demnach werden narzisstische Menschen als impulsiv, ungeduldig, unbeherrscht und unfähig zum Aufschieben von Befriedigung beschrieben – sowohl von sich selbst als auch von ihren Ehepartner:innen, Bekannten und von fremden Beobachtenden. In finanziellen Angelegenheiten könnten Narzisst:innen aufgrund ihrer reduzierten Selbstkontrolle demnach riskante Investitionsentscheidungen treffen, was hehre Verluste nach sich zieht.

3.5 Ich vs. Wir: Wie narzisstische Führung Unternehmen an den Abgrund bringen kann

Menschen verlassen Führungskräfte – nicht ihre Firma, so lautet eine alte Businessweisheit. Eine McKinsey-Studie zur »Great Resignation« aus dem Jahr 2022 zeigt genau das: Führungskräfte haben einen großen Anteil daran, wenn Mitarbeitende kündigen (DeSmet et al., 2022). Ein möglicher Grund dafür ist das Verhalten der entsprechenden Führungskraft gegenüber ihren Mitarbeitenden: Beleidigungen, Schikanen oder ständige Kritik können schnell zu einer Zerreißprobe am Arbeitsplatz werden. In Zeiten des (inzwischen kontrovers diskutierten) Fachkräftemangels sollten sich Führungskräfte daher sehr gut überlegen, wie sie mit ihren Mitarbeitenden umgehen.

Wenn wir alle zuvor beschriebenen dysfunktionalen Anteile von Narzissmus im Arbeitskontext zusammennehmen, haben Sie eine ungefähre Vorstellung davon, wie destruktiv narzisstische Führung in Unternehmen ausfallen kann. In der Fachwelt gibt es mittlerweile unterschiedliche Arten destruktiver Führungsformen (s. Tabelle 5). Diese weisen sowohl Gemeinsamkeiten als auch Unterschiede auf, so etwa in Bezug auf das Ziel des Führungsverhaltens (Person/Organisation), dessen Realisierung (verbal/nonverbal) oder die (wahrgenommene) Intention der Führungskraft (beabsichtigt vs. unbeabsichtigt).

Englische Bezeichnung	Deutsche Übersetzung	Kurzbeschreibung
1. Abusive Supervision	Missbräuchliche Führung	Die Wahrnehmung der Mitarbeitenden, inwieweit Führungskräfte anhaltend feindselige verbale und nonverbale Verhaltensweisen zeigen.
2. Aversive Leadership	Aversive Führung	Führungsverhalten, das von Drohungen, Einschüchterung und Bestrafung geprägt ist.
3. Corrupt Leadership	Korrupte Führung	Die Führungskraft und zumindest einige ihrer Mitarbeitenden überschreiten Normen, indem sie lügen, betrügen oder stehlen und dabei ihre eigenen Interessen über das Wohl anderer stellen.
4. Derailed Leadership	Entgleiste Führung	Die Führungskraft zeigt Verhaltensweisen, die den Mitarbeitenden gegenüber feindselig sind wie Mobbing, Demütigung, Manipulation, Täuschung oder Belästigung. Gleichzeitig zeigt sie unternehmensschädigende Handlungen wie Absentismus, Betrug oder Diebstahl.
5. Despotic Leadership	Despotische Führung	Führungsverhalten, das selbstverherrlichend ist und andere ausbeutet. Es dient dem Eigeninteresse der Führungskraft und beruht auf persönlicher Dominanz und Autorität.
7. Evil Leadership	Bösartige Führung	Die Führungskraft und zumindest einige ihrer Mitarbeitenden verüben gravierende Verfehlungen, indem sie »Schmerz« als Machtmittel einsetzen. In der Konsequenz entstehen sowohl physische als auch psychische Schäden.
8. Exploitative Leadership	Ausnutzende Führung	Führung, die in erster Linie darauf abzielt, die Eigeninteressen der Führungskraft zu verfolgen. Derartige Führungskräfte nutzen verschiedene Methoden, indem sie (1) egoistisch agieren, (2) Druck ausüben und ihre Mitarbeitenden manipulieren, (3) diese überfordern oder alternativ (4) konsequent unterfordern und keine Möglichkeiten zur persönlichen Entwicklung gewähren.
9. Insincere Leadership	Unaufrichtige Führung	Führungskräfte, die verschiedene Verhaltensweisen anwenden, um persönliche Ziele zu erreichen, ohne dabei konfrontativ vorzugehen. Stattdessen bedienen sie sich verdeckter und betrügerischer Taktiken sowie Strategien, die auf Kosten anderer gehen.
10. Negative Leadership	Negative Führung	Führung, die sich allgemein durch ineffektive und destruktive Verhaltensweisen ausdrückt.
11. Toxic Leadership	Toxische Führung	Führungskräfte, die aufgrund ihrer destruktiven Handlungen und dysfunktionalen persönlichen Merkmale eine ernsthafte und langanhaltend toxische Auswirkung auf die von ihnen geführten Personen oder Organisationen ausüben.

Englische Bezeichnung	Deutsche Übersetzung	Kurzbeschreibung
12. Tyrannic Leadership	Tyrannische Führung	Führungspersönlichkeiten, die möglicherweise im Einklang mit den Zielen, Aufgaben und Strategien der Organisation agieren, jedoch ihre Ergebnisse in der Regel nicht durch Zusammenarbeit mit Mitarbeitenden erzielen, sondern auf deren Kosten.

Tab. 5: Formen destruktiver Führung und deren Beschreibung (adaptiert nach Mackey et al., 2021; S. 3 f.)

Destruktive Führung kann somit allgemein als Oberbegriff für den schädlichen Einfluss einer Führungskraft auf Mitarbeitende beschrieben werden, der langfristig auch den Erfolg einer Organisation beeinträchtigt. Dabei müssen die feindseligen und/oder hinderlichen Verhaltensweisen wiederholt und über einen längeren Zeitraum auftreten – ein einmaliger Fauxpas seitens der Führungskraft ist damit nicht gemeint, auch wenn dieser für die betroffenen Personen nicht weniger bedeutsam ist. Wichtig ist: Destruktive Führung kann, muss aber nicht mit Narzissmus zusammenhängen.

Schlechte Führung ist in deutschen Unternehmen übrigens sehr weit verbreitet. In einer Kununu-Analyse von 37.308 Bewertungen und 3.725 Textkommentaren wurde festgestellt, dass dysfunktionale Führungsformen in 85% der Unternehmen zu finden sind. Bei mehr als jedem fünften Unternehmen wurde das Führungsklima sogar als ausgesprochen »toxisch« beschrieben (Tichy, 2020). Doch wie zeigt sich destruktive Führung überhaupt? Die folgenden 15 Verhaltensbeispiele verdeutlichen dies (May et al., 2016, S. 267):

»RED FLAGS« FÜR DESTRUKTIVE FÜHRUNG

- ☐ Mitarbeitende betont unfreundlich und unhöflich behandeln
- ☐ Verbale Aggression gegenüber Mitarbeitenden (z. B. beleidigen, anschreien)
- ☐ Anderweitig aufgebauten Ärger an Mitarbeitenden auslassen
- ☐ Mitarbeitende vor anderen lächerlich machen oder demütigen
- ☐ Mitarbeitende für eigene Fehler verantwortlich machen
- ☐ Mitarbeitenden demonstrativ die Anerkennung für gute Leistungen verweigern
- ☐ Mitarbeitende willkürlich bestrafen
- ☐ Mitarbeitende täuschen, belügen oder hintergehen
- ☐ Mitarbeitende im Stich lassen, sich illoyal verhalten
- ☐ Mitarbeitende gegeneinander ausspielen
- ☐ Mitarbeitende gängeln/bevormunden
- ☐ Mitarbeitende übergehen, nicht in Prozesse/Entscheidungen einbinden
- ☐ Mitarbeitende unter Druck setzen, einschüchtern
- ☐ Mitarbeitende mit Aufgaben überlasten
- ☐ Leistungen/Erfolge von Mitarbeitenden für sich beanspruchen

3.5.1 Die narzisstische Führung

Narzisstische Führung kann als Sonder- bzw. Unterform der destruktiven Führung verstanden werden, bei der das hinderliche Führungsverhalten explizit auf die narzisstischen Tendenzen der Führungskraft zurückgeführt wird. Narzisstische Führung kennzeichnet allgemein einen Führungsstil, der nicht im Interesse der Organisation oder der Mitarbeitenden ist, sondern primär dem Eigeninteresse dient. Seth Rosenthal und Todd Pittinsky von der Harvard University definieren diesen Führungsstil wie folgt (auch im Folgenden):

> *Narzisstische Führung liegt vor, wenn das Verhalten einer Führungskraft in erster Linie durch ihre eigenen egomanen Bedürfnisse und Überzeugungen motiviert ist und die Bedürfnisse und Interessen der von ihnen geführten Personen und Organisationen in den Hintergrund treten.*
> Rosenthal und Pittinsky (2006; S. 629)

Egomane Bedürfnisse und Überzeugungen beinhalten dabei all jene Aspekte, die für die narzisstische Persönlichkeit kennzeichnend sind. Dazu zählen beispielsweise ein grandioses Gefühl der eigenen Wichtigkeit, Fantasien von grenzenlosem Erfolg oder Macht, ein übermäßiges Bedürfnis nach Bewunderung, Anspruchsdenken, Neid, Arroganz, Empathiemangel etc. (vgl. Kap. 1.9).

Vereinfacht gesagt unterscheidet sich narzisstische Führung dahingehend von anderen (nicht-destruktiven) Führungsformen, als es der Führungskraft mehr um sich selbst als um andere geht. Die Führungskraft nutzt dafür die ihrer Rolle inhärenten Ressourcen und Befugnisse, um ihre eigene Überlegenheit zu stärken. Um dieses Ziel zu erreichen, zeigt eine narzisstische Führungskraft ein ambivalentes Verhalten, das eine Mischung aus »positiven« und »negativen« Elementen beinhaltet. Dieser Punkt ist besonders wichtig: Narzisstische Führung beinhaltet *nicht* ausschließlich die zuvor vorgestellten dunklen Seiten, sondern durchaus auch förderliches Führungsverhalten (z. B. Charisma, Enthusiasmus, Vision etc.). Tabelle 6 stellt die Ambivalenz narzisstischer Führung exemplarisch anhand von 13 Eigenschaften gegenüber (Fatfouta, 2019c).

Potenzielle Vorteile	Potenzielle Nachteile
• Ambitioniert • Begeisterungsfähig • Charismatisch • Führungs- und durchsetzungsstark • Handlungs- und umsetzungsorientiert • Innovativ/kreativ • Krisenfest • Leistungsbereit • Mutig • Risikobereit • Selbstbewusst • Unternehmerisch • Visionär	• Aggressiv • Arrogant • Empathielos • Feindselig • Hypersensibel (gegenüber Kritik) • Irrational • Impulsiv • Kritikunfähig • Machtgierig • Manipulativ • Rachsüchtig • Rücksichtslos • Selbstbezogen

Tab. 6: Auswahl an positiven und negativen Aspekten narzisstischer Führung (adaptiert nach Fatfouta, 2019c)

Bei dem Versuch, die unterschiedlichen Facetten narzisstischer Führung zusammenzufassen, kristallisieren sich fünf Komponenten heraus (Ouimet, 2010). Ähnlich wie bei einem Kochrezept, bei dem es auf die Abstimmung der einzelnen Zutaten ankommt, sind die nachfolgenden Komponenten entscheidend für die Dynamik narzisstischer Führung. Kommen diese Elemente zusammen in einen Topf (bzw. in ein Unternehmen), entsteht ein komplexes Muster von Verhaltensweisen, das sich negativ auf die Organisation und die sich darin befindenden Personen auswirken kann.

REZEPT FÜR NARZISSTISCHE FÜHRUNG

Charisma: Charisma ist die entscheidende Zutat für narzisstische Führung. Sie ist gewissermaßen das Bindemittel, das es der Führungskraft vor allem zu Beginn ihrer Führungsaufgabe ermöglicht, andere für sich zu gewinnen und zu beeinflussen. Das kann beispielsweise durch verbale Eloquenz, Überzeugungskraft oder eine starke Ausstrahlung geschehen.

Eigennütziger Einfluss: Fügen wir nun eine große Portion Selbstverherrlichung hinzu. Hier steht vor allem das Verfolgen eigener Ziele und Interessen sowie die Befriedigung eigener Bedürfnisse an erster Stelle. Die Interessen anderer bleiben dabei über kurz oder lang auf der Strecke.

Täuschungsmanöver: Wenn die Wirkung des Charismas mit der Zeit verpufft, kommt die Täuschung ins Spiel. Die Führungskraft mobilisiert die Massen, indem sie in ihre Trickkiste greift – beispielsweise durch die Präsentation von scheinbar gewagten und spektakulären Projekten oder Veränderungsvorhaben. Es wird eine Illusion der Unfehlbarkeit kreiert.

Intellektuelle Unterdrückung: Als nächstes kommt eine Prise Unterdrückung hinzu. Da die Führungskraft auf Bewunderung aus ist, sensibel auf Zurückweisungen reagiert und keine Widerrede verträgt, müssen sämtliche, selbst-

wertbedrohenden Personen (z. B. Kritiker:innen) oder Informationen (z. B. negatives Feedback) ausgeschaltet werden.
Simulierte Sorge: Die abschließende Zutat bildet eine künstliche Besorgtheit um die Mitarbeitenden: Eine Form von Fürsorge, die wie ein Fallschirm ohne Schnüre vorgetäuscht wird, um andere für die eigenen Zwecke zu manipulieren und auszunutzen – vielversprechend, aber bietet letztlich kaum Stabilität. In Wirklichkeit besteht eher wenig Interesse am Wohlergehen des Gegenübers.

3.5.2 Das toxische Dreieck

Es ist wichtig zu betonen, dass narzisstische Führung nicht ausschließlich an narzisstischen Persönlichkeitsmerkmalen festgemacht werden kann (Rosenthal & Pittinsky, 2006). Damit narzisstische Führung entsteht, bedarf es mehr als einer isolierten Betrachtung der narzisstischen Führungskraft (damit soll ihre Bedeutung allerdings nicht geschmälert werden). Ausschlaggebend für die Entstehung narzisstischer Führung sind – neben der Führungspersönlichkeit selbst – auch strukturelle, kulturelle und andere Umgebungsfaktoren. Mit anderen Worten: Der Kontext macht den Unterschied, in dem sich die Führungskraft und ihre Interaktionspartner:innen befinden.

Aus diesem Grund ist es überaus wichtig, die Entstehungsbedingungen für narzisstische Führung systemisch zu betrachten. Denn erst Systeme schaffen Gelegenheiten, die die Entstehung und Aufrechterhaltung narzisstischer Führung ermöglichen. Wenn es also darum geht, Interventionsansätze für den Umgang mit narzisstischer Führung zu entwickeln, greift die alleinige Betrachtung der Führungskraft zu kurz. Stattdessen müssen, wie im Folgenden beschrieben wird, weitere Aspekte betrachtet werden.

Nachdem wir weiter oben das Betrugsdreieck kennengelernt haben (vgl. Kap. 3.3.3), kommt nun ein weiteres Dreieck ins Spiel – das sog. *Toxic Triangle* (toxisches Dreieck). Es beschreibt drei miteinander interagierende Systeme, die destruktive Führung im Allgemeinen in Organisationen ermöglichen (Padilla et al., 2007; vgl. Abbildung 13, adaptiert nach Padilla et al., 2007; S. 180):

1. Destruktive Führungspersönlichkeiten,
2. empfängliche Geführte und
3. begünstigende Umweltfaktoren.

Das toxische Dreieck lässt sich sehr gut heranziehen, um das Aufkommen narzisstischer Führung in Organisationen zu erklären.

Toxic Triangle

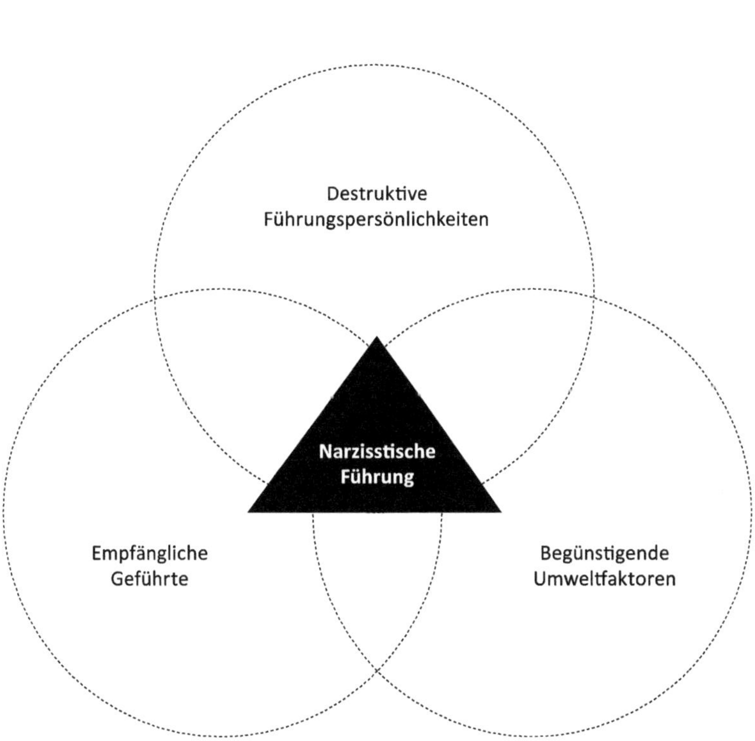

Abb. 13: Kommen bestimmte Eigenschaften der Führungsperson, begünstigende Umweltfaktoren und empfängliche Geführte zusammen, steigt die Wahrscheinlichkeit für das Aufkommen narzisstischer Führung

Destruktive Führungspersönlichkeiten

Die Führungskraft mitsamt dem Blumenstrauß an Eigenschaften spielt eine zentrale Rolle bei der Entstehung narzisstischer Führung und steht deshalb auch an der Spitze der Pyramide. Dieser Faktor bezieht sich auf die in den vorigen Kapiteln bereits beschriebenen Ziele, Motive, Bedürfnisse und Interessen von Narzisst:innen, weshalb sie hier nicht erneut ausgeführt werden.

Empfängliche Geführte

Die Mitarbeitenden bilden die zweite Komponente des toxischen Dreiecks. Ihre Rolle wird häufig vernachlässigt, da meist die Führungskraft aus gutem Grund mit ihrem Verhalten im Fokus der Betrachtung steht. Doch auch Geführte spielen mit ihrer Persönlichkeit und ihrem Verhalten bei der Entstehung narzisstischer Führung eine zentrale Rolle. Hierbei lassen sich zwei unterschiedliche Arten von Geführten unterscheiden:

1. Konformist:innen und
2. Konspirierende.

Konformist:innen folgen der narzisstischen Führungskraft aus Angst vor negativen Konsequenzen, während Konspirierende aktiv an der Agenda der narzisstischen Führungskraft mitwirken.

Nehmen wir als Beispiel den metaphorischen Sonnenkönig, um die Unterschiede zwischen beiden Arten von Geführten zu veranschaulichen: Konformist:innen sind vergleichbar mit den Untertan:innen des Sonnenkönigs. Sie zeichnen sich durch unbefriedigte Bedürfnisse (z. B. Wunsch nach Anerkennung, Wertschätzung oder Zugehörigkeit etc.), negative Selbstbewertungen (z. B. geringer Selbstwert, niedriges Selbstwirksamkeitserleben etc.) und eine geringe psychologische Reife aus (z. B. instabiles Selbstbild, eingeschränkte Reflexionsfähigkeiten, Konformitätsneigung etc.). Aus diesen Gründen gehorchen sie dem Sonnenkönig blind und folgen ohne Widerworten seinen Anweisungen. Ihre Hauptmotivation besteht darin, sich selbst vor seinem Zorn zu schützen. Konformist:innen bleiben deshalb eher im Schatten des Sonnenkönigs.

Konspirierende hingegen sind vergleichbar mit den Hofschranzen des Sonnenkönigs. Sie zeichnen sich durch eigene Ambitionen (z. B. Erfolgsstreben, Gier nach Status und persönlichem Vorteil etc.) sowie eine dem Sonnenkönig kongruente Weltanschauung und Werthaltung aus (z. B. Egoismus, Materialismus, Korruption etc.). Aus diesen Gründen suchen sie die Gunst des Sonnenkönigs, um selbst davon zu profitieren. Der Deal ist dabei ganz einfach: Sie geben ihm, was er braucht – im Gegenzug können sie ein Stück vom (Erfolgs-)Kuchen abhaben. Ihre Motivation liegt hauptsächlich darin begründet, einen persönlichen Nutzen aus ihrer Gefolgschaft zu ziehen. Konspirierende lassen daher keine Gelegenheit aus, um im Glanz des Sonnenkönigs zu baden.

Begünstigende Umweltfaktoren

Narzisstische Führung wird vor allem in Umwelten begünstigt, die beispielsweise durch

a) strukturelle und organisationale Instabilität (z. B. Krisen, Restrukturierungen, Unklarheit in Rollen, Prozessen und Abläufen etc.),
b) Bedrohungen (z. B. Wettbewerbsdruck, technologische, politische oder wirtschaftliche Veränderungen etc.),
c) ungünstige Normen und Werte (z. B. Hierarchieorientierung, Angstkultur, Konformismus etc.) und
d) unzureichende Kontrollsysteme (z. B. fehlende Governance-Strukturen sowie Compliance-Management-Systeme, Sanktionen für Fehlverhalten und Mangel an unabhängigen Aufsichtsinstanzen)

gekennzeichnet sind.

Wirken alle Faktoren zusammen, entsteht ein perfekter Nährboden für narzisstische Führung, deren Konsequenzen wir im Folgenden näher beleuchten.

3.5.3 Die Folgen narzisstischer Führung

Narzisstische Führung bleibt selten folgenlos. Die Übersichtsarbeit von Susanne Braun, Professorin für Leadership an der Durham University, fasst zu diesem Thema 45 Studien zusammen (Braun, 2017; auch im Folgenden). Die Ergebnisse dieser umfassenden Analyse zeigen, dass sich narzisstische Führung auf drei unterschiedliche Interaktionsebenen auswirkt: Dyade (Zweierbeziehung), Team und Organisation. Das bedeutet, dass narzisstische Führung krakenartig die mikro- (Dyade), meso- (Team) und makrosoziale Systemebene (Organisation) durchdringt.

Auf der **dyadischen Ebene** geht es vor allem um die negativen Auswirkungen narzisstischer Führung auf die Beziehung zwischen der Führungskraft und dem/der einzelnen Mitarbeitenden. Hierzu zählen beispielsweise die Abnahme des Arbeitsengagements und der Arbeitszufriedenheit. Negative Gefühlszustände wie berufliche Erschöpfung, Frustration oder Angespanntheit nehmen hingegen zu. Mitarbeitende, die von narzisstischen Führungskräften geführt werden, beklagen beispielsweise häufiger klassische Burnout-Symptome (z. B. Entfremdungsgefühle oder Abnahme der Leistungsfähigkeit). Vor allem Mitarbeitende mit einem geringen Selbstwert geben an, dass sie sich am Ende eines Arbeitstages verbraucht, ausgebrannt oder gestresst fühlen (Nevicka et al., 2018). Fehlzeiten, Fluktuation und Absentismus sind mögliche Folgen, da Mitarbeitende aufgrund von Stress und Unzufriedenheit vermehrt dem Arbeitsplatz (und damit auch der narzisstischen Führungskraft) fernbleiben. Eine Frage, die in diesem Zusammenhang häufig gestellt wird, lautet: Sind alle Mitarbeitende gleichermaßen anfällig für narzisstische Führung? Jein. Prinzipiell sind die Auswirkungen narzisstischen Führungsverhaltens für nahezu jeden ersichtlich, doch es gibt Personengruppen, die eher damit zu kämpfen haben.

Gemäß der *Workplace Victimization Theory* (Theorie der Arbeitsplatz-Viktimisierung) fallen Personen destruktiven Führungsformen eher dann zum Opfer, wenn sie unterwürfig bzw. selbstunsicher wirken oder wenn sie provokant bzw. dominant auftreten (Aquino & Thau, 2009). Erstere können als »leichte Beute« für narzisstische Führungspraktiken angesehen werden, während letztere Konflikte mit der Führungskraft auslösen können, was diese wiederum zu Gegenmaßnahmen motiviert.

Wichtig aus einer systemischen Perspektive betrachtet ist zudem, dass narzisstische Führung mit einer Zunahme kontraproduktiven Verhaltens aufseiten der Mitarbeitenden zusammenhängt. Dadurch wird das Vertrauen in die Führungskraft weiter geschädigt, eine Abwärtsspirale entwickelt sich (Andersson et al., 1999). Mitarbeitende, die sich von ihrer narzisstischen Führungskraft ausgenutzt oder schlecht behandelt fühlen, können sich beispielsweise weigern, ihre Arbeit angemessen zu erledigen (passive Strategie). Das kann wiederum zu Qualitätseinbußen, Arbeitsunterbrechungen oder Verzögerungen in den Arbeitsabläufen führen. In besonders schweren Fällen können

Mitarbeitende auch eine »Wie du mir, so ich dir«-Haltung an den Tag legen, indem sie ihre Arbeit sabotieren (aktive Strategie). Das kann unter anderem zu Schäden, Unfällen oder sonstigen kritischen Situationen am Arbeitsplatz führen. Das bedeutet, dass Mitarbeitende narzisstischer Führungskräfte unternehmensschädigende Handlungen häufig als eine Art »Ventil« (oder Rache) für ihre eigene Unzufriedenheit nutzen, weil sie ihrer Wut gegenüber der Führungskraft nicht angemessen bzw. auf alternativem Wege Luft machen können. Schließlich ist für sie das Risiko hoch, dass sie die Führungskraft noch weiter verärgern (und sie dadurch noch mehr Nachteile erfahren).

Auf der **Teamebene** stehen die negativen Auswirkungen narzisstischer Führung auf mehrere, miteinander interagierende Personen im Vordergrund (z.B. Teams oder sonstige Arbeitsgruppen). Aus bisherigen Studien wissen wir, dass sich narzisstische Führung vor allem auf die Teamleistung auswirkt. Eine Amsterdamer Arbeitsgruppe um Barbora Nevicka sah sich beispielsweise genauer an, wie narzisstische Führungskräfte ihr Team im Rahmen einer komplexen Auswahlentscheidung steuern (Nevicka et al., 2011). Dafür analysierten die Forschenden 50 Dreierteams, die alle jeweils dieselbe Recruitingaufgabe lösen sollten: Aus einem Pool von drei möglichen Bewerbenden sollte anhand von unterschiedlichen Informationen der oder die beste Kandidat:in ausgewählt werden. Die Besonderheit dabei: Einige Informationen über die Personen lagen allen Teammitgliedern vor, während einige Informationen jeweils nur bestimmten Teammitgliedern vorlagen.

Die Aufgabe wurde von Nevickas Arbeitsgruppe so konstruiert, dass nur dann eine optimale Auswahlentscheidung getroffen werden konnte, wenn alle Teammitglieder ihre persönliche Information über die drei Bewerbenden mit allen anderen teilten. Kooperation war somit gefragt. Aufgabe der Führungskraft war es, die Diskussion unter den Teammitgliedern zu moderieren und eine finale Auswahlentscheidung zu treffen. Die Analyse der gewählten Kandidat:innenprofile zeigte, dass narzisstische Führungskräfte dazu neigten, den Informationsaustausch zwischen den Teammitgliedern zu behindern. Dies führte dazu, dass die Teams mit narzisstischen Führungskräften schlechtere Entscheidungen trafen und weniger effektiv miteinander zusammenarbeiteten. Nevicka und ihr Team erklären dieses Resultat damit, dass sich narzisstische Führungskräfte mehr auf ihre eigene Meinung verlassen und weniger auf ihr Team hören. Das kann schließlich dazu führen, dass sie wichtige Informationen übersehen und ungünstige Entscheidungen treffen, die nicht im Interesse des Teams und des Unternehmens sind.

Hervorzuheben ist, dass die Teamleistung nicht nur unter dem Narzissmus der Führungskraft leidet. Auch Teams, die aus vielen narzisstischen Mitgliedern bestehen, performen im Durchschnitt schlechter. Das zeigt beispielsweise eine längsschnittliche Analyse der Teamperformance von 30 NBA-Teams (Basketball), deren Spielverhalten eine Saison lang – 82 Spiele pro Team – analysiert wurde: Teams mit höherem (vs. geringerem) Durchschnittsnarzissmus (d.h. Teams mit mehr narzisstischen Spieler:innen) wiesen eine schlechtere Spielkoordination auf und verloren häufiger (Grijalva et al., 2020).

Die Ergebnisse lassen sich leicht auf den Unternehmenskontext übertragen, zumal auch hier Teams mit unterschiedlichen Persönlichkeiten und Arbeitsstilen konstruktiv miteinander arbeiten müssen, um gemeinsame Ziele zu erreichen. In der kanadischen Untersuchung von Jennifer Lynch beispielsweise wurden mehr als 100 Projekt-Designteams von Projektstart bis -abschluss begleitet (Lynch et al., 2022). Es stellte sich heraus, dass Teammitglieder mit ausgeprägtem antagonistischem Narzissmus tendenziell häufiger dysfunktionale Teamkonflikte auslösten und aufrechterhielten, besonders in Zeiten, in denen man sich großen Projektdeadlines näherte (also wenn Druck und Stress besonders erhöht sind).

Auf der **organisationalen Ebene** werden schließlich die Effekte narzisstischer Führung aus einer übergeordnet-strategischen Perspektive betrachtet. Die meisten Befunde dazu beleuchten die Topmanagementebene, insbesondere die Geschäftsführung. Chatterjee und Hambrick (2007) fanden in ihren Untersuchungen beispielsweise heraus, dass der Narzissmus einer oder eines CEO – erhoben bei Amtsantritt – Rückschlüsse auf die weitere Entwicklung des Unternehmens in den nächsten Jahren zulässt. Die Schlüsselerkenntnis: Unternehmen, die von narzisstischen CEOs geführt werden, weisen eine höhere strategische Dynamik auf als Unternehmen, die von nicht-narzisstischen CEOs geführt werden. Strategische Dynamik bezeichnet eine Art Paradigmenwechsel, also Veränderungen in der langfristigen Ausrichtung des Unternehmens, einschließlich Anpassungen in der Ressourcennutzung, der Anzahl und Größe von Unternehmenszukäufen sowie den Erträgen für Aktionäre und den Schwankungen in der Gesamtkapitalrendite. In der Gesamtschau legen die Befunde nahe, dass narzisstische CEOs durch ihr extremes Verhalten zwar kurzfristig hohe Gewinne für Unternehmen erwirtschaften können, langfristig betrachtet allerdings auch mit hohen Verlusten zu rechnen ist.

3.6 Fünf Axiome narzisstisch geprägter Organisationen

Aus den bisherigen Ausführungen zur narzisstischen Führung möchte ich zusammenfassend die folgenden fünf Axiome ableiten. Diese beschreiben nicht nur die Charakteristika dieses Führungsstils, sondern auch dessen Entstehungsbedingungen und Auswirkungen auf die organisationale Dynamik. Zur besseren Nachvollziehbarkeit erkläre ich jedes Axiom mit einem kurzen Fallbeispiel.

Axiom 1: Narzisstische Führung tritt häufiger in Teams mit geringem Reifegrad auf
Unreife Teams lassen sich durch einen Mangel an effektiver Kommunikation, eine geringe Kollaborationsbereitschaft und eine begrenzte Konfliktfähigkeit charakte-

risieren. Je nach Teammitglied kommen weitere, persönliche Themen hinzu (z. B. mangelnder Selbstwert, Kompetenzdefizite oder bestimmte Glaubenssätze). Für Organisationen bedeutet dieses Axiom einerseits, dass narzisstisches Führungsverhalten das vorhandene Vakuum innerhalb eines Teams kurzfristig füllen und damit Chancen bieten kann. Andererseits kann der unzureichende Reifegrad eines Teams auch einen Vulnerabilitätsfaktor für die Konsolidierung narzisstischer Führung darstellen: Das Team orientiert sich verstärkt an der Führungsperson, als ob diese wie ein Leuchtturm eine klare Richtung vorgibt und dadurch Stabilität schafft. Die Führungskraft muss aufgrund der mangelnden Teamreife allerdings auch mehr Ressourcen (v. a. Zeit) in die Führungsarbeit investieren, was wiederum eine Herausforderung für die Führungskraft selbst darstellen kann. Als indirekten Beleg hierfür lassen sich Studien anführen, die einen positiven Zusammenhang zwischen schwierigen (im Sinne von »high-maintenance«) Teammitgliedern und destruktiver Führung zeigen (Tepper et al., 2017).

Fallbeispiel

Ein aufstrebendes Start-up hat sich auf die Entwicklung innovativer Apps spezialisiert. Das neu zusammengestellte Gründungsteam, obwohl hochmotiviert, zeigt aufgrund begrenzter Erfahrung in der gemeinsamen Zusammenarbeit eine noch unzureichend etablierte Teamdynamik. Die Gründungsperson, eine visionäre Persönlichkeit, nutzt diese Situation für sich aus: Sie trifft eigenmächtig Entscheidungen, ignoriert konstruktive Rückmeldungen und betont kontinuierlich ihre eigenen Ideen. Da dem Team noch klare Leitplanken fehlen und die Unsicherheit über die Zukunft des Unternehmens hoch ist, lassen sie sich bereitwillig auf den Kurs der Gründungsperson ein. Diese wiederum ist regelmäßig genervt davon, dass scheinbar niemand seinen Job vernünftig macht. Es entsteht ein Teufelskreis: Einerseits verunsichert das Unverständnis der Gründungsperson hinsichtlich der vermeintlichen Ineffektivität des Teams die einzelnen Teammitglieder noch mehr. Sie fühlen sich entmutigt, eigene Ideen einzubringen oder Verantwortung zu übernehmen und halten sich zurück. Andererseits ärgert dieses Verhalten wiederum die Gründungsperson – sie wertet die Passivität als fehlende Wertschätzung ihrer Bemühungen und reagiert mit narzisstischen Verhaltensweisen, um ihren Status abzusichern.

Axiom 2: Narzisstische Führung tritt häufiger in gehobenen Führungspositionen auf
Dieses Axiom stellt die Bedeutung der Führungsebene heraus. Dabei gilt: Mit steigender Führungsebene steigt auch der strategische (vs. operative) Fokus, das Stakeholder-Management wird anspruchsvoller und die Komplexität der Entscheidungsfindung nimmt zu. Paradoxerweise sucht und erhält die Führungskraft mit steigendem Managementlevel auch weniger Feedback, wodurch das Selbstbild vor potenzieller Kritik abgeschirmt wird. Das Ausbleiben eines möglichen Korrektivs hat zur Folge, dass die

Sanktionierung von narzisstischem Führungsverhalten unwahrscheinlicher wird. Im Einklang dazu zeigen einschlägige Studien, dass gehobene Führungskräfte aufgrund der Machtdistanz zwischen ihnen und ihren Untergebenen dazu neigen, erhaltenes Feedback als politisch motiviert oder verzerrt abzutun (Ashford et al., 2003).

Fallbeispiel

Ein mittelständisches Unternehmen befördert eine talentierte Führungskraft zur Bereichsleitung. Mit dem Aufstieg in die höhere Managementebene wird nicht nur ihr Team größer (über 100 Mitarbeitende), sondern auch der Druck, sich weiter zu beweisen und erfolgreicher als bisher zu sein. Sie entwickelt im Laufe der Zeit verschiedene Verhaltensstrategien, um ihren Machterhalt zu festigen: Verstärkte Informationskontrolle, geschickte Allianzbildung und zahlreiche Alleingänge ohne Beteiligung des Teams sind beispielhafte Aktionen, von denen sie Gebrauch macht. Die direkt unterstellten Führungskräfte zögern, kritisches Feedback zu äußern, da sie befürchten, dass dies ihre Karrierechancen oder die Beziehung zur Bereichsleitung gefährden könnte. Traut sich doch jemand, nimmt die Bereichsleitung das Feedback kaum ernst oder spielt es herunter. Die Geschäftsführung hält sich zurück, da die Zahlen am Quartalsende stimmen und die Bereichsleitung ihre Ziele erreicht oder stellenweise sogar übertrifft.

Axiom 3: Narzisstische Führung tritt häufiger in hierarchisch geprägten Organisationen auf

Das dritte Axiom hängt mit dem vorigen zusammen und besagt, dass Hierarchien den Machterhalt durch Zentralisierung sichern. Hierarchische Strukturen sind unter anderem durch die Konzentration von Entscheidungsbefugnissen, die Strukturierung von Informationen und die Kontrolle von Kommunikation gekennzeichnet. Es existieren geordnete Regeln und Verfahren, deren Einhaltung von allen Organisationsmitgliedern eingefordert wird. Alle diese Elemente sind ebenfalls geeignet, um narzisstische Kontrollbedürfnisse zu befriedigen. Wird die hierarchische Position hingegen infragegestellt (z. B. durch Kompetenzgerangel zwischen Führungskraft und Untergebenen), kann narzisstische Führung wiederum zur Wiederherstellung des Machtgefüges genutzt werden (z. B. durch gezielte Abwertung der potenziellen Widersacher:innen; vgl. dazu auch Khan et al., 2018).

Fallbeispiel

In einem kleinen Familienunternehmen ist die Geschäftsführung dafür bekannt, Informationen zu monopolisieren und selbst kleinere Entscheidungen alleine treffen zu wollen. Sie erwartet darüber hinaus von ihrem Topmanagementteam, dass nahezu alles mit ihr persönlich abgestimmt wird. Sogar die Formulierung von Mitteilungen an die Beschäftigten, einschließlich der Bildgestaltung und

Wortwahl bei bestimmten Sätzen in Rundschreiben, möchte die Geschäftsführung prüfen. Die zentralisierte Machtstruktur gibt ihr die Möglichkeit, ihre eigene Agenda konsequent zu verfolgen und andere zu kontrollieren. Die Führungskräfte fühlen sich in ihrer Position nicht ernst genommen und auch die unterstellten Mitarbeitenden werden zunehmend demotiviert, weil sie in ihren Projekten ausgebremst werden. Entscheidungsprozesse werden stark verlangsamt, wodurch auch die Effizienz der Organisation leidet. Wenn eine Bereichsleitung versucht, Widerstand gegen diese zentralisierte Machtdynamik zu leisten, erlebt sie eine sofortige Abstrafung in Form von öffentlichen Demütigungen in den regelmäßigen Leitungsrunden.

Axiom 4: Narzisstische Führung tritt häufiger in Unternehmen mit nicht-diversen Topmanagementteams auf

Das vierte Axiom bezieht sich auf die Diversität der obersten Führungsebene. Mit Diversität sind neben vorhandenen Persönlichkeitsunterschieden auch alle anderen Diversitätsdimensionen gemeint (z. B. Alter, Geschlecht, soziale Herkunft etc.), die das Führungsteam charakterisieren. Ein diverses Führungsteam bietet vielfältige Perspektiven und Erfahrungen, wodurch hervorgebrachte Ideen aus unterschiedlichen »Brillen« betrachtet werden können. In homogeneren Führungsteams hingegen fehlt diese Multiperspektivität. Dies kann zur Folge haben, dass narzisstische Personen ihre Vorstellungen und Entscheidungen mangels alternativer Sichtweisen eher durchsetzen können. Dazu passen auch die Ergebnisse einer Längsschnittstudie, die belegen, dass CEOs mit einer narzisstischen Persönlichkeit eher solche Manager:innen ins C-Level berufen, die eine ähnliche narzisstische Tendenz aufweisen wie sie selbst oder bereits Erfahrungen mit anderen, ähnlich narzisstischen CEOs hatten (Zhu & Shen, 2015). Gleich und gleich gesellt sich auch hier gern: Narzisstische Top-Führungskräfte bevorzugen demnach Gleichgesinnte, die ihre selbstbezogenen Eigenschaften teilen oder bereits mit einer narzisstischen Dynamik vertraut sind.

Fallbeispiel

In einem großen Technologiekonzern besteht die oberste Führungsebene fast ausschließlich aus Mitgliedern mit ähnlichen Herkunfts- und Bildungsbiografien. Auch bezüglich der übrigen Diversitätsdimensionen gibt es wenig Varianz – fast alle sind weiß, männlich, heterosexuell und zwischen 45 und 55 Jahre alt. In Steuerungsrunden ist man sich zwar nicht immer einig – es wird durchaus auch einmal lauter – doch die Kohäsion des Managementteams kann als stark beschrieben werden. Die fehlende Diversität fördert ein Klima der Einmütigkeit, in dem unpopuläre Meinungen oder kritische Gegenstimmen unterrepräsentiert sind. Narzisstische Führungspersonen, die Schwierigkeiten mit kritischem Feedback haben, können in solchen Umgebungen freier handeln, ohne Widerstände befürchten zu müssen.

Axiom 5: Narzisstische Führung tritt häufiger in schnell wachsenden und dynamischen Organisationen auf

Das fünfte Axiom betont den Zusammenhang zwischen narzisstischer Führung und Unternehmensentwicklung (unabhängig von der Unternehmensgröße). Unternehmen in Wachstumsphasen weisen häufig ein kompetitives Klima und eine dominante Leistungskultur auf; beides befriedigt das narzisstische Bedürfnis nach Anerkennung, Wettbewerb und persönlichem Erfolg. Organisationen im Wandel bieten narzisstischen Führungskräften somit einen fruchtbaren Boden, um ihren Gestaltungswillen, ihre Handlungs- und Umsetzungsorientierung und Durchsetzungsstärke kontinuierlich unter Beweis zu stellen. Kühne und ggf. extrem risikoreiche Entscheidungen können unter dem Deckmantel des Unternehmertums besser legitimiert werden. Ein Scheitern wird, wenn überhaupt, als unvermeidlicher Bestandteil des Prozesses betrachtet und die Verantwortung dafür wird negiert oder auf die darunterliegenden Ebenen delegiert.

Fallbeispiel

Ein kleines Unternehmen hat sich auf die Entwicklung medizinischer Software spezialisiert und versucht, sich neue Marktanteile im Ausland zu sichern. Die Geschäftsführung plant, fortschrittliche, KI-gestützte Diagnosetools und personalisierte Gesundheitsanwendungen zu entwickeln und sieht die Expansion als Möglichkeit, als *First Mover* (Pionier) in der aufstrebenden Gesundheitsbranche Asiens zu agieren. Dass sie wenig Erfahrung mit internationalen Expansionsstrategien oder mit den kulturellen Gepflogenheiten der dortigen Business-Welt hat, scheint sie nicht zu stören – schließlich überwiegt für sie der Vorteil einer potenziellen Marktführerschaft gegenüber dem Risiko. Die Pläne der Geschäftsführung stoßen auf geteilte Meinungen seitens der Mitarbeitenden, die die Entscheidung sehr kontrovers diskutieren und zu diesem Zeitpunkt für verfrüht halten.

3.7 Zusammenfassung Teil 2 »Narzissmus in Action«

- Narzisst:innen können unkonventionelle Wege beschreiten und unternehmerische Wagnisse eingehen, um Innovationen zu ermöglichen. Andererseits können sie auch zu riskantem Verhalten neigen, das zu wirtschaftlichen Verlusten oder sogar zu Rechtsstreitigkeiten führen kann.
- Narzisstische Persönlichkeiten sind in der Lage, andere zu inspirieren und zu motivieren. Sie nutzen ihr Charisma jedoch vornehmlich dazu, Bewunderung zu erlangen und die eigenen Bedürfnisse zu befriedigen.
- Narzisst:innen (v. a. jene mit einem hohen Führungsanspruch) sind regelrechte *Workaholics*. Sie sind bereit, sehr viel zu arbeiten, um Lob und Anerkennung zu ernten und ihren Mehrwert unter Beweis zu stellen.

- Narzisstische Tendenzen bergen für Gründer:innen sowohl Chancen als auch Risiken. In der Frühphase eines Start-ups können sie hilfreich sein, in späteren Phasen jedoch nachteilig.
- Narzisstische Persönlichkeiten sind häufig in Führungspositionen zu finden. In Maßen kann Narzissmus für Führung von Vorteil sein, in extremer Ausprägung jedoch zu Problemen führen.
- Narzisst:innen neigen dazu, sich als Opfer von Konflikten zu sehen und diese als Bedrohung ihrer Selbstwertgefühls zu erleben. Sie reagieren häufig mit Rache- und Vergeltungsfantasien sowie Vermeidungstendenzen.
- Narzisstisch geprägte Personen tendieren häufiger zu kontraproduktivem Arbeitsverhalten, da sie Stressoren als Bedrohung ihres Selbstwertgefühls und Regeln als weniger relevant für sich selbst erachten.
- Narzissmus hängt positiv mit Selbstüberschätzung zusammen. Narzisst:innen sind eher bereit, zu lügen, zu betrügen und Tatsachen zu verdrehen, um ihre Ziele zu erreichen.
- Narzisstisch geprägte Personen neigen dazu, ins Risiko zu gehen und sich eher für kurzfristige Gewinne zu entscheiden. Das liegt unter anderem an ihrer Belohnungssensitivität und ihrer Impulsivität.
- Narzisstische Führung ist eine Form von destruktiver Führung, die sich durch egoistisches Verhalten auszeichnet. Die Folgen narzisstischer Führung sind vielfältig und können sich negativ auf Mitarbeitende, Teams und Organisationen auswirken.

Teil 3: Detox Schritt für Schritt

4 Ein Plädoyer für eine ressourcenorientierte Haltung

Die Lösung hängt nicht zwangsläufig mit dem Problem zusammen.
Steve De Shazer

Wie soll ich mich gegen Narzisst:innen wehren? So nachvollziehbar diese Frage auch erscheint, so schwer tun sich die meisten Menschen mit meiner nonchalanten Rückfrage: Wie soll der Umgang mit ihm/ihr bestenfalls aussehen? Obwohl der Fokus auf eine gelingende Interaktion nicht immer möglich ist, empfehle ich, den Blick zunächst auf das zu richten, was im Miteinander (vs. Gegeneinander) noch erreicht werden kann.

Unser Gehirn ist darauf ausgerichtet, Probleme zu analysieren und die damit zusammenhängenden Umstände, unter denen sie entstanden sind, genau zu betrachten. In der Regel beleuchten wir dabei drei Zeitpunkte: Wir blicken in die *Vergangenheit*, um eine passende Intervention im *Hier und Jetzt* für die *Zukunft* zu entwickeln. Sich aber direkt den gewünschten Zielzustand in der Zukunft in Kombination mit den bereits vorhandenen Ressourcen vorzustellen, ist für die meisten Menschen hingegen ungewohnt.

»Was für Ressourcen?«, »Welche Zukunft, *jetzt* läuft es doch schlecht?« oder »Der/die soll einfach nur weg!« – sind daher häufig Antworten, die ich auf meine Rückfrage nach dem erwünschten Zielzustand erhalte. Narzissmus im organisationalen Kontext ist jedoch selten etwas, das sich ausschließlich durch eine umfassende Problemanalyse lösen lässt. Darüber hinaus hat Ihnen Teil 2 hoffentlich aufzeigen können, dass Narzissmus nicht ausschließlich gut oder schlecht ist, sondern – ganz im Gegenteil – sowohl Vor- als auch Nachteile mit sich bringt, die je nach Situation variieren.

Steve De Shazer, Mitbegründer der lösungsfokussierten Kurzzeittherapie, unterstreicht mit seiner oben zitierten Aussage, dass die Lösung nicht unbedingt etwas mit dem Problem zu tun haben muss (De Shazer & Dolan, 2020). So trivial dieses Postulat auch klingen mag, so gewaltig ist der Unterschied, der sich daraus im Umgang mit Narzissmus im Arbeitskontext ergibt. Statt Zeit darauf zu verwenden, die Dysfunktionalität von Narzissmus in ihrer Gesamtheit zu ergründen, sollte eher der gewünschte Zielzustand visualisiert werden. »Wie soll es stattdessen sein?«, »Was ist dann anders als jetzt?« oder »Wann war es einmal besser?« sind Fragen, die Sie womöglich eher zur Lösung führen.

Darüber hinaus gilt, dass die Arbeit mit der Einzelperson – dem oder der Narzisst:in – nur einen Tropfen auf den heißen Stein darstellt. Die drei minimalistischen Grundannahmen für den dritten Teil des Buches lauten daher wie folgt (in Anlehnung an Wienands, 2015):

DREI GRUNDANNAHMEN FÜR DEN UMGANG MIT NARZISSMUS IM ARBEITSKONTEXT

1. Narzissmus stellt eine ambivalente Systemherausforderung dar, die deshalb auch systemisch gestaltet werden muss.
2. Organisationen und ihre Mitglieder besitzen alle Ressourcen, Kompetenzen und das Wissen, um mit Narzissmus umzugehen, wenn sie anerkennen, dass Kontexte und darin stattfindende Interaktionen verändert werden müssen, nicht (nur) Individuen.
3. Narzissmus ist ein paradoxes Phänomen, das gleichzeitig mit adaptiven und maladaptiven Konsequenzen einhergeht. Neben den Nachteilen existieren parallel auch Vorteile, die reflektiert und gewürdigt werden müssen.

Die erste Grundannahme betont, dass Narzissmus aufgrund seiner vielfältigen Erscheinungsformen per se mit Ambivalenzen für *alle* Systeme einhergeht – egal, ob es sich um Sozialsysteme (z. B. Wirtschaft, Politik, Familie), Organisationssysteme (z. B. privatwirtschaftliche Organisation, öffentliche Organisationen, Nichtregierungsorganisation etc.) oder Interaktionssysteme handelt (z. B. Gespräche zwischen Führungskraft und Mitarbeitenden, Interaktionen im Team, Begegnungen mit Kund:innen).

Aufgrund dieser Systemherausforderung müssen Strategien für den Umgang mit Narzissmus daher auch unter Berücksichtigung systemischer Aspekte entwickelt werden, da sie andernfalls zu kurz greifen. Wenn wir beispielsweise einen Konflikt zwischen einem narzisstischen Chef und seinem direkt unterstellten Mitarbeiter haben, wäre es überspitzt formuliert unterlassene Hilfeleistung, nicht weitere Interaktionssysteme (z. B. Über- oder Unterforderung im Team), das übergeordnete Organisationssystem (z. B. internationaler Konzern im Bereich Versicherungs- und Vermögensmanagement) sowie auch das Sozialsystem (z. B. Wettbewerbsdruck durch schnell wachsende Zahl an InsurTechs) zu betrachten.

Die zweite Grundannahme betont sowohl die Ressourcenorientierung als auch die Bedeutung des Kontexts. Mit Blick auf den Ressourcenaspekt lautet die Annahme, dass Organisationen und die sich darin befindenden Personen mit allem Notwendigen ausgestattet sind, um mit narzisstischen Dynamiken umzugehen – schließlich sind sie es auch, die diese Dynamiken etablieren, aufrechterhalten oder verändern können. Gerade in der Arbeit mit Einzelpersonen oder Teams kann diese Grundannahme überaus stärkend sein, weil sie die beteiligten Parteien aus einem Inkompetenzerleben in ein Kompetenzerleben bringt (»Ich trage alles in mir, um eine Veränderung zu erreichen!«). Bisweilen sind die Ressourcen nicht allen Beteiligten bewusst und müssen durch entsprechende Interventionen (z. B. Coaching; vgl. Kap. 4.4.2) ins Bewusstsein geholt werden.

Hinsichtlich des Kontexts lautet die Maxime: *Context is king*! (Kontext ist König). Im entsprechenden Umfeld können narzisstische Verhaltensweisen durchaus funktional – im Sinne von zweckdienlich – sein und dazu beitragen, dass Höchstleistungen erbracht werden. Wenn wir beispielsweise an Unternehmensgründung, Leistungssport oder Politik denken, würde eine pauschale Verurteilung von Narzissmus als »schlecht« dieser Kontextspezifität nicht gerecht werden.

Die dritte und letzte Grundannahme betont nochmals die Paradoxie der Persönlichkeitseigenschaft Narzissmus und soll Sie an die eingangs erwähnte Kaleidoskop-Metapher erinnern (vgl. Kap. 1.9.1). Ganz gleich, welche Facette von Narzissmus wir betrachten – die Gleichzeitigkeit des »Guten« und »Schlechten« ist etwas, das seiner Eigenschaft immanent ist. Wenn ein Unternehmen sich beispielsweise dazu entscheidet, narzisstische Menschen per Personalauslese systematisch von bestimmten Tätigkeiten oder Stellen abzuhalten, wäre das nicht nur ethisch fragwürdig, sondern auch ein Verlust aller Vorzüge, die mit Narzissmus einhergehen (z. B. Charisma, Vision, Innovation etc.). Darüber hinaus darf nicht vergessen werden, dass Menschen nicht nur narzisstische Eigenschaften mitbringen, sondern einen ganzen Blumenstrauß an anderen Qualifikationen, Persönlichkeitstendenzen, Motiven, Interessen etc.

In der Gesamtschau können diese drei Grundannahmen als unterstützende Haltungssätze verstanden werden, die dabei helfen, respektvoll und offen mit sich selbst und mit narzisstischen Persönlichkeiten umzugehen – auch wenn dies auf den ersten Blick schwerfallen mag. Wer die jeweilige Haltung jedoch verinnerlicht hat, wird relativ schnell feststellen, wie sich das eigene Erleben und Verhalten zum Positiven verändert. Wo einst Irritation war, entsteht ein neuer (Denk-)Rahmen, der für Veränderungen und Lösungen sehr hilfreich sein kann.

Im Folgenden werden unterschiedliche Strategien für den Umgang mit Narzissmus präsentiert. Dabei lege ich meinen Fokus gezielt auf Strategien für den Umgang mit den herausfordernden (»dunklen«) Facetten des Narzissmus – also auf den Aspekt, für den Unterstützung am ehesten erforderlich werden kann. Getreu dem lösungsfokussierten Grundprinzip »Was nicht kaputt ist, muss man auch nicht reparieren« (De Shazer & Dolan, 2020) empfehle ich keine Intervention, wenn keine Probleme vorliegen. Allerdings können die nachfolgenden Ansätze auch präventiv eingesetzt werden.

Aufbauend auf den zuvor skizzierten systemischen Grundgedanken wird zunächst ein übergeordnetes Rahmenmodell vorgestellt, dessen Elemente anschließend nacheinander beleuchtet werden. Wir betrachten daraufhin Strategien, die Einzelpersonen im Umgang mit Narzisst:innen anwenden können, gefolgt von Strategien für Organisationen. Interviews mit ausgewiesenen Narzissmus-Expert:innen aus Wissenschaft, Praxis und Beratung runden diesen Teil ab.

4.1 Das Modell der Energiekollision

Barbara Kellerman, Professorin für Public Leadership an der Harvard University, resümiert den Grundgedanken dieses Kapitels überaus treffend mit dem folgenden Satz (Kellerman, 2016, S. 83): »It's a *System*, Not a Person!« (Es ist ein System, nicht eine Person). Kellerman beklagt, dass sich die meisten Managementexpert:innen nahezu obsessiv auf die Einzelperson (z. B. Führungskraft) konzentrieren und dabei andere Elemente außer Acht lassen, die jedoch mindestens genauso wichtig für das Erzielen von nachhaltigen Veränderungen sind. Genau dieselbe Herausforderung besteht im Umgang mit Narzissmus auf der Arbeitsebene.

Den Fokus alleine auf Narzisst:innen zu richten, greift zu kurz, da sich Narzissmus innerhalb von Organisationen kaskadenförmig ausbreiten kann (Mawritz et al., 2012). Das bedeutet, dass das schadhafte Verhalten von Führungskräften auf höheren Managementebenen auf die hierarchisch nachgelagerten Ebenen »durchsickert« und dort wiederum zu schadhaftem Verhalten der Mitarbeitenden führt. Dieser sog. *Trickle-Down-Effect* (Hinabtropf-Effekt) zeigt auf, dass im Idealfall alle Systemebenen gleichzeitig betrachtet werden müssen, um effektive Interventionen zu entwickeln. Wird beispielsweise nur auf Ebene der Beschäftigten mithilfe eines Trainings (z. B. Konfliktmanagement, Resilienz, psychologische Sicherheit etc.) eingegriffen, können womöglich kurzfristig positive Effekte erzielt werden, die aufgrund des stetigen »Hinabtropfens« narzisstischen Verhaltens jedoch bald wieder verpuffen. Die Folge ist Frustration und ein Inkompetenzerleben aufseiten der Beteiligten, da sie das »Problem« nicht richtig lösen konnten.

Wie also stattdessen vorgehen? Um diese Frage angemessen ausführlich zu beantworten, ist es erforderlich, sich den natürlichen Zyklus von Narzissmus bzw. narzisstischen Persönlichkeiten im Unternehmen zu vergegenwärtigen. Die beiden Narzissmusforscher Constantine Sedikides und Keith Campbell bieten mit ihrem *Energy Clash Model* (Modell der Energiekollision) ein umfassendes Rahmenmodell, das erklärt, wie Narzissmus auf Organisationen einwirkt und wie Organisationen wiederum darauf reagieren (Sedikides & Campbell, 2017; auch im Folgenden). Hierbei wird nicht nur die Narzissmusdynamik selbst beleuchtet (z. B. Egoismus, Anspruchsdenken, Größenfantasien), sondern auch der Kontext zur Gestaltung dieser Dynamik sowie die verschiedenen Systeme, mit denen Narzissmus interagiert.

Das *Energy Clash Model* betrachtet Narzissmus als eine Art Energie, die zunächst in ein stabiles System – z. B. eine Organisation – eindringt. Narzissmus destabilisiert in der

Folge das System, führt zu Veränderungen und kann das System entweder in einem neuen stabilen Zustand wieder festigen oder es verlassen (s. Abbildung 14).

Energy Clash Model

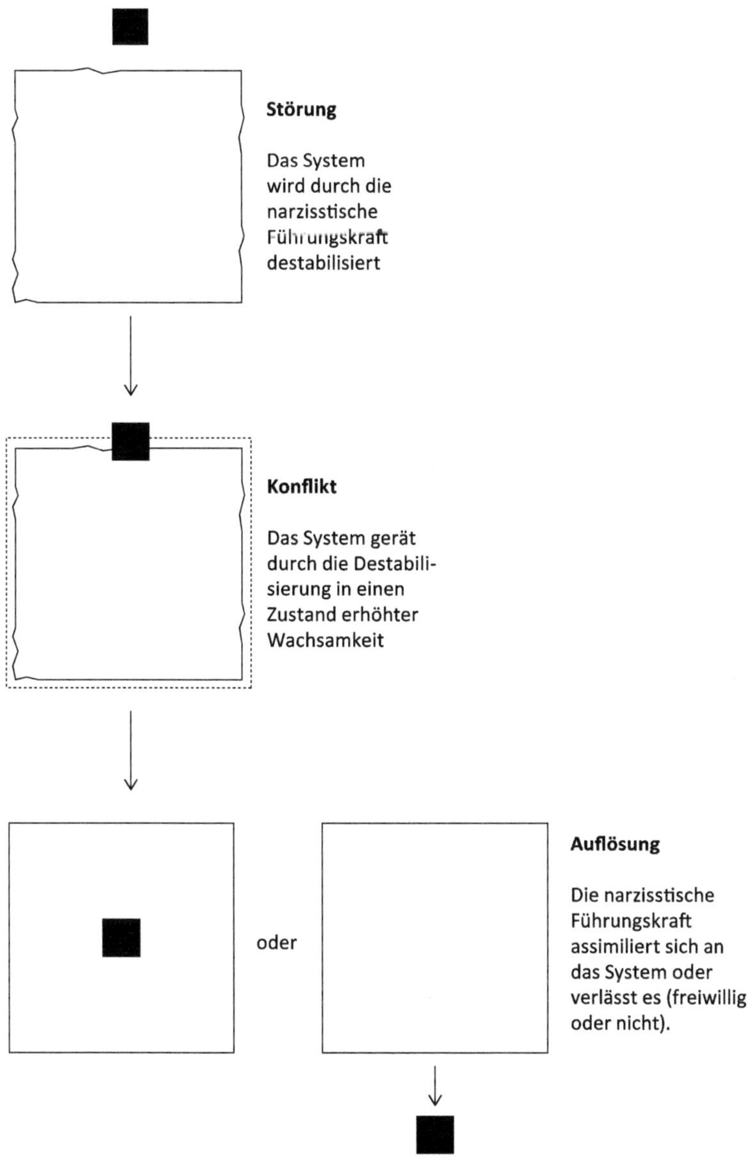

Abb. 14: Das Energy Clash Model veranschaulicht, wie Narzissmus zu organisationaler Veränderung führen kann (eigene Darstellung in Anlehnung an Sedikides&Campbell, 2017; S. 401)

Im Wesentlichen beschreibt das *Energy Clash Model*, wie Organisationen die narzisstische Energie nutzen und gleichzeitig die schädlichen Effekte minimieren können. Das Modell beschreibt weiterhin drei zeitlich aufeinanderfolgende Phasen, die die Auswirkungen der narzisstischen Persönlichkeit – beispielsweise eine Führungskraft – auf die Organisation, die begleitenden systemischen Reaktionen und die daraus resultierenden Aushandlungen zwischen dem System und der narzisstischen Persönlichkeit beschreiben.

4.1.1 Phase 1: Störungen strategisch nutzen

Narzisstische Personen destabilisieren ein System (d. h. sie erzeugen Störungen), sobald sie Führung übernehmen. Diese Phase muss nicht zwangsläufig in einen offenen Konflikt münden, aber sie legt den Grundstein dafür. In ihrer Rolle als Führungskraft gehen Narzisst:innen häufig dazu über, ihr umgebendes System zu verändern, indem sie eine Vielzahl von Veränderungen einleiten. Veränderungen besitzen für sie häufig auch einen Symbolcharakter (»Jetzt bin ich hier – ich zeige euch, wie es richtig geht!«). Daher begnügen sich narzisstisch geprägte Menschen selten mit inkrementellen Verbesserungen des Status quo. Stattdessen wollen sie ihren eigenen Fußabdruck hinterlassen, einen Unterschied machen. Zu diesem Zweck werden häufig einschneidende Maßnahmen ergriffen, die sich merklich vom bereits Bestehenden abheben (oder von etwaigen Vorgänger:innen) und als mutig oder gar radikal gelten. Die Visibilität der Handlungen ist für narzisstische Führungskräfte in dieser Phase besonders wichtig. Es geht darum, zu zeigen, wer man ist und was man kann.

Wie in Teil 2 des Buches zu den »hellen« Seiten des Narzissmus beschrieben, scheinen Narzisst:innen Organisationen in dieser Phase im Sturm zu erobern. Aufgrund ihrer positiven Attribute (z. B. ambitioniert, leistungsbereit, innovativ/kreativ; vgl. Tabelle 6 in Kap. 3.5) gelingt es ihnen beispielsweise, Widerstände zu überwinden, veraltete Strukturen aufzulösen und neue Strukturen aufzubauen, während sie gleichzeitig die Organisation und deren Mitglieder mit ihrer Begeisterungsfähigkeit, ihrem Enthusiasmus und Optimismus »anstecken«. Durch die in dieser Phase größtenteils positive Resonanz aus der Organisation wird der Narzissmus oftmals gar nicht als solcher identifiziert, sondern vielmehr durch Lob, Anerkennung und Vorschusslorbeeren beflügelt. Anzeichen für Konflikte sind, wenn überhaupt, noch nicht in Sicht.

4.1.2 Phase 2: Risiken frühzeitig erkennen

Mit Aufnahme ihrer Führungstätigkeit sind die handlungsleitenden Motive narzisstischer Persönlichkeiten (z. B. Status, Macht) für Außenstehende nicht leicht zu erkennen, da sie von der zuvor losgetretenen euphorischen Organisationsdynamik überlagert werden. Im Laufe der Zeit werden sich die Organisationsmitglieder dieser Motive jedoch zunehmend bewusst. Sie beginnen anschließend, die narzisstische Person kritischer im Hinblick auf ihren geleisteten Output zu bewerten. Man hält inne und fragt sich: Was wurde von ihm/ihr eigentlich erreicht? Zunehmend fällt auf, dass gemachte Zusagen nicht eingehalten, gesteckte Ziele nicht erreicht und/oder Projekte nicht richtig umgesetzt wurden. Das Bewusstsein und die damit einhergehende Alarmbereitschaft für narzisstische Verhaltensweisen münden schließlich in eine Aversion gegenüber der narzisstischen Person. Gleichzeitig steigt die Sorge um mögliche negative Auswirkungen ihrer zuvor getroffenen Entscheidungen.

Wie in Teil 2 des Buches zu den »dunklen« Seiten des Narzissmus beschrieben, scheinen Narzisst:innen Organisationen in diesem Stadium zunehmend zu belasten. Aufgrund ihrer negativen Attribute (z.B. kritikunfähig, machtgierig, rücksichtslos; vgl. Tabelle 6 in Kap. 3.5) verschärfen sich Ablehnung, Misstrauen und Zweifel gegenüber der narzisstischen Person. In dieser Phase beginnt die Organisation, sich von dem positiven »Schock« der initialen Störung zu erholen und unternimmt erste, vorläufige Schritte zur Re-Stabilisierung. Das System erzeugt eine Art Gegenenergie, die derjenigen der narzisstischen Führungskraft entgegenwirkt, was zu einem direkten Konflikt führt. Die Explosion steht kurz bevor.

4.1.3 Phase 3: Lösungen gemeinsam aushandeln

Im Laufe der Zeit erreicht der Konflikt zwischen der narzisstischen Person und der Organisation einen Kulminationspunkt, an dem das destabilisierte System gezwungen ist, sich in einem neuen Zustand zu restabilisieren. Die Organisation hat durch die Aufnahme der narzisstischen Persönlichkeit einen energetisch anspruchsvollen Prozess durchlaufen, wenngleich unklar bleibt, welchen Endzustand dieser letztendlich annehmen wird. In dieser Endphase gibt es nun zwei mögliche Ausgänge: Die narzisstische Person verlässt entweder die Organisation (Exit), oder sie passt sich an die neuen Umweltanforderungen an (Assimilation).

Es ist durchaus möglich und naheliegend, dass sich die narzisstische Person selbst zu einem Exit entscheidet; sei es, weil sie erkennt, dass sie keinen Rückhalt mehr in der Organisation hat, oder weil sie nach lukrativeren beruflichen Möglichkeiten sucht, um ihr Muster zu wiederholen. Ein Exit ermöglicht nämlich die Reinszenierung der besonders attraktiven Phase 1, die, wie oben beschrieben, für beide Seiten – Person und Organisation – mit Vorteilen einhergeht. Unabhängig davon, ob die Führungskraft zum Weggang gezwungen wird oder sich freiwillig dafür entscheidet, ist die Wahrscheinlichkeit hoch, dass sie die Verantwortung für ihr Scheitern an andere delegiert (z.B. ihre Mitarbeitenden, das Topmanagement oder andere relevante Stakeholder).

Eine alternative Möglichkeit zur Wiederherstellung der Systemstabilität besteht darin, dass sich die narzisstische Führungskraft an das System anpasst (und umgekehrt). Für die Assimilation gibt es mehrere gute Gründe: Zum einen gehen Narzissmus und Führung wie in Teil 2 (vgl. Kap. 2.6) geschildert häufig Hand in Hand, sodass eine Auseinandersetzung mit narzisstischen Tendenzen für eine Organisation unvermeidbar erscheint. Zum anderen sind narzisstische Persönlichkeiten aufgrund ihres hohen Veränderungspotenzials wichtige Akteure für die Realisierung von komplexen Change- bzw. Transformationsprozessen. Solche Personen zu behalten, kann demnach eine nützliche Strategie darstellen, um umfangreiche Veränderungen unter widrigen Umständen durchzuführen.

Wenn es dieser Strategie bedarf, könnte es durchaus funktional sein, die Energie des Narzissmus weiterhin zu nutzen, anstatt sie entweichen zu lassen. Campbell und Sedikides vergleichen diese Strategie mit einem riskanten medizinischen Eingriff: Im besten Fall wird der Patient (bzw. die Organisation) gerettet, im schlimmsten Fall droht jedoch ein »organisationaler Herzstillstand«. Im Rahmen der Assimilation geht es somit darum, die Ambivalenz im System proaktiv zu managen und ein Optimum zu erreichen: Die Vorteile der »hellen« Seite sollen dabei maximiert und die Nachteile der »dunklen« Seite minimiert werden. Wie man sich leicht vorstellen kann, ist das permanente Austarieren beider Seiten ein energetischer Kraftakt. Gleichwohl können alle Systemmitglieder Strategien anwenden, um die Ambivalenz gemeinsam zu gestalten.

4.2 Strategien für Einzelpersonen

In diesem Kapitel werden praktische Lösungs- und Handlungsstrategien für den individuellen Umgang mit narzisstischen Personen am Arbeitsplatz präsentiert. Der Fokus liegt dabei auf dem konstruktiven Umgang mit narzisstischen Führungskräften, da diese aufgrund ihrer herausgehobenen Position einen besonders starken Einfluss auf ihr Arbeitsumfeld und ihre Mitarbeitenden ausüben können. Die nachstehenden Empfehlungen gelten erfahrungsgemäß jedoch auch für Herausforderungen, die allgemein mit der Interaktion mit narzisstischen Personen einhergehen. Es ist wichtig zu betonen, dass diese Strategien nicht nur auf individueller Ebene, sondern auch im Kontext von Teams wirksam sind und konkrete Ansätze bieten, um eine positive Arbeitsumgebung zu fördern.

4.2.1 Schritt 1: Die eigene Gefühlswelt erkunden

Die Auseinandersetzung mit narzisstischem Verhalten am Arbeitsplatz beginnt oft mit einer ehrlichen Bestandsaufnahme der eigenen Perspektive. »Selbsterkenntnis ist der erste Schritt zur Besserung« – diese Redensart mag wie eine Plattitüde wirken, doch ihre Botschaft könnte nicht passender sein: Die Wahrnehmung und das Verstehen der eigenen Person und ihrer Lebensrealität ist eine wichtige Voraussetzung, um effektiv mit Narzissmus (und Narzisst:innen) am Arbeitsplatz umgehen zu können. Denn was Sie am Gegenüber triggert, hat oftmals viel mit Ihnen selbst zu tun. Beispielsweise könnten narzisstische Verhaltensweisen einen für Sie wichtigen Wert verletzen, einen ungelösten Konflikt reaktivieren oder ein verdrängtes Bedürfnis wieder aufleben lassen (z.B. »Ich wünschte, ich wäre auch so überzeugt von mir und meinen Fähigkeiten wie er/sie!«).

Bei der Selbstwahrnehmung geht es konkret um Ihre eigenen Gedanken, Gefühle, körperlichen Reaktionen sowie um Überzeugungen, Motive und Werte (Carden et al., 2022). In erster Linie gilt es, ein Bewusstsein dafür zu entwickeln, wie sich das narzisstische Verhalten auf Sie persönlich auswirkt und was es mit Ihnen macht – ohne dies zu bewerten. Die nachfolgende Übung hilft Ihnen dabei, Ihre eigene Wahrnehmung und Ihre Reaktionen auf das Verhalten narzisstischer Kolleg:innen, Führungskräfte oder Mitarbeitende am Arbeitsplatz besser zu verstehen. Reflektieren Sie bei Bedarf Ihre Erkenntnisse mit einer Person Ihres Vertrauens, einem/einer Coach:in oder Therapeut:in.

ÜBUNGSAUFGABE: BESTANDSAUFNAHME BEI MIR SELBST

Denken Sie im Folgenden an eine Arbeitssituation zurück, in der die Person – der/die Narzisst:in – Sie nach Ihrem Eindruck irgendwann einmal persönlich herausgefordert hat. Stellen Sie sich dieses gemeinsam erlebte Ereignis und die Interaktionen mit dieser Person so lebhaft wie möglich vor. Versuchen Sie, sich die Person genau vorzustellen und erinnern Sie sich an all das, was geschehen ist. Nehmen Sie gerne Papier und Stift zur Hand und notieren Sie sich stichpunktartig die Einzelheiten der Situation, die Ihnen in Erinnerung gekommen sind.

Wenn Sie so weit sind, beantworten Sie anschließend bitte die nachfolgenden Reflexionsfragen für sich:

1. Wie *fühle* ich mich, wenn ich an die Zusammenarbeit mit der Person zurückdenke?
   Notieren Sie Ihre Gefühle in dieser Situation (z.B. angespannt, inspiriert, überrascht, entmutigt etc.).
2. Was *denke* ich vor, während oder nach Gesprächen mit der Person?
   Identifizieren Sie Ihre Gedanken so genau wie möglich (z.B. »Ich verstehe nicht, warum er/sie mir gegenüber so ablehnend in Meetings reagiert.«).
3. Wie reagiere ich *körperlich*, wenn ich mit der Person zusammenarbeite?
   Achten Sie auf mögliche körperliche Anzeichen von Stress und Unbehagen (z.B. Kopf- oder Bauchschmerzen, Schweißausbrüche, Müdigkeit etc.).
4. Welche grundlegenden *Überzeugungen* habe ich über mich selbst, die durch das Verhalten der Person beeinflusst werden?

Identifizieren Sie wiederkehrende Glaubenssätze (z. B. »Ich glaube, dass er/sie versucht, meine Leistungen herunterzuspielen.«).

5. Welche *Werte und Motive* habe ich, die durch das Verhalten der Person infragestellt werden könnten?
   Klären Sie, welche Werte Ihnen wichtig sind und in der Situation womöglich berührt wurden (z. B. »Es fällt mir schwer, an faire Leistungsbeurteilungen zu glauben, weil er/sie mich sehr kritisch bewertet.«).

4.2.2 Schritt 2: Die Zeichen verstehen und richtig interpretieren

Narzisstisches Verhalten kann sich in verschiedenen Facetten zeigen, von subtil bis offensichtlich. In diesem Abschnitt geht es darum, die Anzeichen von Narzissmus am Arbeitsplatz zu erkennen und zu verstehen. Die Fähigkeit, diese Anzeichen frühzeitig zu identifizieren, ermöglicht es Ihnen, angemessen zu reagieren und Erfolg versprechende Strategien zu entwickeln. Nach dem Lesen der ersten beiden Teile des Buches dürften Sie bereits ein gutes Gespür dafür entwickelt haben, an welchen Signalen Sie narzisstische Verhaltensweisen erkennen können. Nachstehend finden Sie zusammengefasst die wichtigsten *Red flags* (Warnzeichen), auf die Sie im Arbeitskontext achten können (adaptiert nach Lubit, 2002).

RED FLAGS: NARZISSTISCHE VERHALTENSWEISEN SCHNELL ERKENNEN

Die Person ...

- ☐ wertet andere ab und/oder nutzt sie aus.
- ☐ nimmt keine Rücksicht auf die Bedürfnisse anderer, es sei denn, es ist für sie selbst opportun.
- ☐ schmückt sich mit fremden Federn bzw. beansprucht den Erfolg für sich alleine.
- ☐ untergräbt das Ansehen ihrer Konkurrent:innen (z. B. wenn es um eine Beförderung, Projekte etc. geht).
- ☐ übt übermäßig Kritik an anderen Kolleg:innen/Mitarbeitenden.
- ☐ sucht einen Sündenbock für ihre eigenen Fehler.
- ☐ zeigt übermäßig selbstbezogenes und aufmerksamkeitserregendes Verhalten.
- ☐ betrachtet alles durch ihre eigene »Brille« und so, wie es ihrer eigenen Karriere nützt.
- ☐ reagiert defensiv auf Kritik.
- ☐ glaubt, dass andere ihr schaden wollen.
- ☐ biedert sich bei wichtigen Stakeholdern (z. B. der eigenen Führungskraft) an.
- ☐ versäumt es, ihre Kolleg:innen/Mitarbeitenden zu unterstützen.

Darüber hinaus ist es wichtig, dass Sie sich mit der narzisstischen Dynamik genau vertraut machen. Narzisstische Personen streben kontinuierlich nach Selbstbestätigung und zeigen eine relative Unempfindlichkeit gegenüber ihrer sozialen Umgebung, vor allem wenn ihr grandioses Selbstbild in Gefahr scheint (Morf & Rhodewalt, 2001). Es ist daher empfehlenswert, die Person in ihrem Bedürfnis – oder ihrer Befindlichkeit – anzuerkennen. Mit anderen Worten: Geben Sie ihr bei Bedarf die Bühne, nach der sie verlangt. Weniger empfehlenswert ist es hingegen, Narzisst:innen direkt zu konfrontieren und ihnen den Spiegel vorhalten zu wollen (auch wenn ich verstehe, wie verlockend das sein kann). Es ist viel wahrscheinlicher, dass die Aktion mit einer Retourkutsche beantwortet wird, als dass eine konstruktive Auseinandersetzung entsteht. Im Einklang damit zeigen Studien im Kontext von destruktivem Führungsverhalten, dass verträgliches, entgegenkommendes und freundliches Verhalten die Führungskraft milde stimmen und damit eine Eskalation vermeiden kann (Srikanth, 2020). Konzentrieren Sie sich nach Möglichkeit daher auf sich selbst und Ihren unmittelbaren Handlungsspielraum. Wie das gelingt, zeigt der folgende Abschnitt genauer.

4.2.3 Schritt 3: Die Konsequenzen ziehen und rechtzeitig handeln

Die Herausforderung im Umgang mit narzisstischen Personen besteht nicht nur darin, narzisstisches Verhalten zu erkennen, sondern auch angemessen darauf zu reagieren. Dabei ist es von entscheidender Bedeutung, den eigenen Akku stets im Blick zu behalten, um Belastungen im Umgang mit narzisstischen Verhaltensweisen standzuhalten. Niemandem ist damit geholfen, wenn Sie Ihr persönliches Wohlbefinden vernachlässigen und sich dabei selbst überfordern. Die gute Nachricht dabei ist: Studien zeigen, dass Beschäftigte, die gut mit ihrer Energie haushalten und ihre Ressourcen effektiv managen können, weniger anfällig für die negativen Auswirkungen narzisstischer Verhaltensweisen sind (Ellen et al., 2017). Der vorliegende Abschnitt stellt elf praxiserprobte Work-Hacks vor, die Sie dabei unterstützen, einen konstruktiven Umgang mit Narzisst:innen zu pflegen (adaptiert nach Mathieu, 2021; Rubinstein, 2017).

Seien Sie vorab gewarnt: Der Umgang mit narzisstischen Personen erfordert eine intensive Arbeit am *eigenen* Selbst, was zunächst kontraintuitiv erscheinen mag. Beim Lesen der folgenden Hacks könnten Sie daher möglicherweise einen inneren Widerstand erleben, da Sie als »Betroffene:r« nun etwas anders machen oder unterlassen sollen, obwohl sich doch eigentlich der Narzisst oder die Narzisstin Ihrem Eindruck nach inkorrekt verhält. Erinnern Sie sich jedoch an die erste Grundannahme für den Umgang mit Narzissmus im Arbeitskontext: Narzissmus stellt eine ambivalente Systemherausforderung dar, die deshalb auch systemisch gestaltet werden muss (vgl. Kap. 4). Auch Sie sind zu einem gewissen Grad Teil dieses Systems und tragen mit Ihrem Verhalten (oder Nichtverhalten) – bewusst oder unbewusst – zur narzisstischen

Dynamik bei.[5] Machen Sie sich dabei klar, dass Sie Ihr Gegenüber nicht verändern können. Sie können allerdings überlegen, was Sie tun können, um den von Ihnen gewünschten Zielzustand zu erreichen (z. B. verbesserte Kooperation, stärkere Abgrenzung, funktionale Konfliktlösung etc.).

Hack #1: Ergründen Sie Ihr Gegenüber

Um narzisstische Züge bei anderen zu identifizieren, sollten Sie zunächst ein gutes Gespür für die in Schritt 2 beschriebenen *Red Flags* entwickeln. Jemand nimmt in Meetings regelmäßig den Großteil der Redezeit in Anspruch, ohne auf die Beiträge anderer einzugehen? *Red flag*! Oder aber jemand zeigt wenig Empathie für die Bedürfnisse oder Gefühle anderer und konzentriert sich hauptsächlich auf die eigene Agenda und Prioritäten? Ebenfalls eine *Red flag*! Aber Achtung: Manchmal zeigt sich narzisstisches Verhalten sehr subtil. Eine Aussage wie beispielsweise »Du beziehst mich nicht genug in das Thema ein!« kann auf ein erhöhtes Kontrollbedürfnis hindeuten, obwohl sie auf den ersten Blick harmlos wirkt. Seien Sie aufmerksam und versuchen Sie zudem, mögliche Trigger für narzisstisches Verhalten zu identifizieren. Achten Sie besonders auf Situationen, die das Selbstwertgefühl der narzisstischen Person untergraben könnten. Durch die Analyse von Mustern und auslösenden Bedingungen lernen Sie mit der Zeit immer schneller, wie sich narzisstische Dynamiken in verschiedenen Situationen manifestieren.

Hack #2: Wahren Sie eine professionelle Distanz

Das *Need-to-know*-Prinzip gilt nicht nur für Geheimdienste, sondern ist auch für den Umgang mit narzisstischen Persönlichkeiten von entscheidender Bedeutung. Es besagt, dass Informationen nur an diejenigen weitergegeben werden sollten, die sie zwingend für ihre Aufgabenerfüllung benötigen. Das bedeutet nicht, dass Sie im Rahmen der gemeinsamen Zusammenarbeit wichtige Informationen unterschlagen sollen! Vielmehr geht es um das Persönliche: Verhalten Sie sich in kritischen Situationen wie ein Wasserläufer und bleiben Sie nach Möglichkeit an der Oberfläche, was private Informationen anbetrifft. Geben Sie nicht zu viele Details von sich preis, die die Person später gegen Sie verwenden könnte (z. B. das Wissen, dass Sie persönlich stark überfordert sind und deshalb Unterstützung in Anspruch nehmen müssen). Ein gewisses Ausmaß an Distanz ermöglicht Ihnen, eine professionelle Beziehung aufrechtzuerhalten, ohne unnötige Angriffsflächen zu bieten.

5 Mitnichten geht es hier darum, von Narzissmus betroffenen Personen die »Schuld« am Geschehen zu geben. Vielmehr soll aufgezeigt werden, wie man trotz des herausfordernden Verhaltens von Narzisst:innen wirksam bleiben kann. Anstatt zu hoffen, dass sich die Situation von alleine löst oder der/die andere etwas ändert, sollte die Aufmerksamkeit darauf gelenkt werden, welche Handlungsoptionen einem selbst zur Verfügung stehen.

Hack #3: Seien Sie ein grauer Stein

Manchmal ist es schlicht nicht möglich, die Distanz zur narzisstischen Person zu wahren und Interaktionen, besonders im Arbeitskontext, zu vermeiden. In diesem Fall können Sie die *Gray-Rock*-Methode (grauer Stein) anwenden. Ein grauer Stein, der irgendwo am Wegesrand liegt, ist vor allem eins: Langweilig. Er liegt einfach da, fällt Vorbeigehenden nahezu nicht auf und trotzt fast jedem Wetter. Diese Strategie bedeutet demnach, so uninteressant wie möglich für die narzisstische Person zu sein, um erst gar nicht in ihre Schusslinie zu geraten (Biçer, 2020). Sie werden trotzdem persönlich angegriffen? Zeigen Sie sich nach Möglichkeit neutral, unbeeindruckt und vermeiden Sie allzu starke emotionale Reaktionen. Indem Sie sich Ihrem Gegenüber regelrecht entziehen und keine Resonanz geben, werden Sie mit der Zeit in Ruhe gelassen. Seien Sie sich jedoch darüber im Klaren, dass Narzisst:innen auch ausdauernd sein können und mehrere Versuche unternehmen, um Sie weiterhin zu verunsichern.

Hack #4: Setzen Sie klare Grenzen

Bis hierhin und nicht weiter! Im Umgang mit narzisstischen Personen ist es entscheidend, sich im Falle einer Grenzüberschreitung klar zu positionieren. Sie haben den Eindruck, dass ein bestimmtes Verhalten unangemessen oder ein Kommentar übergriffig ist? Sie entscheiden, was für Sie akzeptabel ist und was nicht. Die wesentliche Herausforderung besteht darin, nicht allzu konfrontativ dabei vorzugehen – schließlich kann das als Angriff aufgefasst werden, der in einen Gegenangriff mündet. Eine weitere Herausforderung liegt in der Durchlässigkeit der Grenze begründet: Wollen Sie wie oben in Hack #3 geschildert ein grauer Stein sein (undurchlässige Grenze) oder sehen Sie die Möglichkeit, der narzisstischen Person situativ mehr entgegenzukommen (dynamische Grenze)? Bringen Sie den Mut auf, Verstöße gegen Ihre definierten Grenzen höflich und zugleich bestimmt anzusprechen, um eine respektvolle Arbeitsbeziehung mit der Person aufrechtzuerhalten. Bleiben Sie jedoch auch hier realistisch: Es ist davon auszugehen, dass Ihre gesetzten Grenzen regelmäßig aufs Neue ausgetestet werden.

Reflektieren Sie bei Gelegenheit Ihre Grenzen im Umgang mit narzisstischen Personen aus Ihrem beruflichen Umfeld. Nutzen Sie hierfür gerne das Arbeitsblatt »Grenzen setzen und aufrechterhalten«, das Sie auf myBook+ finden.

Hack #5: Bleiben Sie flexibel

Ihre Führungskraft zeigt plötzlich verstärktes Interesse an Ihren Beiträgen und würdigt Ihre Arbeit positiv? Sehr gut! In diesem Fall ist es wichtig, diese positiven Veränderungen, so klein sie auch sein mögen, zu erkennen und zu würdigen, um das gezeigte Verhalten zu verstärken. Sie erhöhen so die Wahrscheinlichkeit, dass die narzisstische Person Ihnen künftig wieder etwas Positives entgegenbringt. Gleichzeitig sollten Sie sich bewusst machen, dass sich die Dynamik rasch wieder ändern kann. Bleiben Sie respektvoll, wertschätzend und umsichtig, um plötzliche Richtungswechsel im Verhalten zu bewältigen und die Stimmung vor dem Kippen zu bewahren. Diese Flexibilität erlaubt es Ihnen, sowohl die positiven Veränderungen anzuerkennen und von ihnen zu profitieren als auch sich auf mögliche zukünftige Herausforderungen einzustellen.

Hack #6: Kommunizieren Sie klar und direkt

Es kann manchmal sehr verlockend sein, hinter dem Rücken der narzisstischen Person über sie zu lästern. Jedoch ist es essenziell, dieser Versuchung zu widerstehen und stattdessen auf die direkte Kommunikation zu setzen. Statt sich mit anderen über das respektlose Verhalten auszulassen, sollten Sie – falls möglich – den persönlichen Dialog mit der betreffenden Person suchen. Auf diese Weise können Sie etwaige Bedenken im 1:1-Gespräch klären und versuchen, konstruktive Lösungen zu finden. Auch wenn es selbstverständlich sein mag, gilt es Folgendes zu beherzigen: Kommunizieren Sie stets in Ich-Botschaften und beschreiben Sie dabei stets Ihre Wahrnehmung und Wirkung von Situationen – ein »Du bist…« oder »Du hast…« kann von der Gegenseite leicht als Kränkung aufgefasst werden.

Hack #7: Dokumentieren Sie alles

Wer schreibt, der bleibt: Dokumentieren Sie nach Möglichkeit so viel wie möglich. Dabei geht es einerseits darum, aufzuschreiben, was Ihnen persönlich widerfahren ist (z.B. mittels Journaling), und andererseits, was Sie mit der narzisstischen Person besprochen haben. Denn das gesprochene Wort ist bei Narzisst:innen mit Vorsicht zu genießen. Schließlich können diese mitunter sehr gut darin sein, Tatsachen zu ihren eigenen Gunsten zu verdrehen oder bereits Vereinbartes als vermeintliches Missverständnis darzustellen. Daher ist es wichtig, die Person in die Verantwortung zu bringen und sich abzusichern – am besten schriftlich. Ihnen wurde telefonisch etwas zugesichert? Schreiben Sie eine kurze E-Mail, die das Gesagte nochmals zusammenfasst. Sie haben mündlich neue Projektverantwortlichkeiten besprochen? Fassen Sie auch hier schriftlich nach. Wichtig: Beim Verwenden dieser Strategie können Widerstände bei Ihrem narzisstischen Gegenüber entstehen, weil Sie dadurch (aus dessen Sicht) Kontrolle über den Kommunikationskanal übernehmen. Es ist möglich, dass die narzisstische Person versuchen wird, zurück zum informellen Kommunikationsweg zu wechseln – bleiben Sie daher standhaft.

Hack #8: Finden Sie Verbündete im Büro

Sie müssen nicht alles mit sich alleine ausmachen, geschweige denn alles alleine durchstehen. Suchen Sie stattdessen aktiv nach Unterstützung, knüpfen Sie gezielte Kontakte im Unternehmen und nutzen Sie Netzwerke, um sich in der Arbeit mit anderen auszutauschen und mögliche Herausforderungen zu besprechen. Bauen Sie sich so Stück für Stück ein professionelles Hilfssystem auf, auf das Sie bei Bedarf zurückgreifen können. Je nach Anliegen kann es auch ratsam sein, mit der direkten Führungskraft zu sprechen (sofern es nicht um sie selbst geht), den Betriebsrat oder vergleichbare Gremien zu konsultieren oder die Personalabteilung aufzusuchen. Tipp: Visualisieren Sie Ihr persönliches Netzwerk (z. B. auf einem Blatt Papier oder auf einem Flipchart), sodass Sie auf einen Blick sehen können, wie ihr persönliches Beziehungsgeflecht aussieht und dass Sie nicht alleine dastehen. Erfahrungsgemäß fällt das eigene Hilfssystem größer aus, als viele anfänglich annehmen.

Hack #9: Investieren Sie in Ihren eigenen Selbstwert

Der Narzissmus anderer wirkt sich immer auch auf unser eigenes Selbst aus, da bestimmte Anteile getriggert werden (z. B. die eigene innere kritische Stimme im Falle einer Abwertung). Narzisst:innen können daher insbesondere mit ihren antagonistischen Verhaltensweisen dazu beitragen, dass Ihr Selbstwert mit der Zeit immer weiter angegriffen wird. Eine spitze Bemerkung hier, eine abwertende Geste dort, ein kritischer Kommentar vor anderen Teammitgliedern – das alles führt noch lange nicht zu einem Selbstwerteinbruch, aber kumuliert über die Zeit werden Sie bzw. Ihr Selbstwert systematisch destabilisiert. Sorgen Sie vor und befassen Sie sich mit sog. selbstwertstärkenden Interventionen, bei denen insbesondere die eigene Kompetenzerweiterung (z. B. Trainieren sozialer Kompetenzen), die Änderung von eigenen Grundannahmen (z. B. »Ich bin inkompetent«) und das Fördern angenehmer Erlebnisse mit sich selbst im Vordergrund sehen (z. B. durch das Wieder- oder Neulernen von Genusserleben).

Hack #10: Tun Sie sich selbst etwas Gutes

Bei aller Arbeit am eigenen Selbst, sollte die Selbstfürsorge nicht zu kurz kommen. Sie spielt eine wichtige Rolle bei der Aufrechterhaltung der körperlichen sowie mentalen Gesundheit. Selbstfürsorge beinhaltet, sich selbst mit Liebe und Wertschätzung zu begegnen, die eigenen Bedürfnisse und das eigene Befinden ernst zu nehmen und einen Beitrag zum eigenen Wohlergehen zu leisten (Dahl, 2019). Es handelt sich dabei also nicht nur um eine bestimmte Einstellung gegenüber sich selbst, sondern schließt auch konkrete Handlungen ein. Welche das genau sind, ist individuell verschieden. Es muss nicht immer der Wellnessurlaub im Luxushotel sein oder ein halbjähriges Sabbatical – selbst kleine selbstfürsorgliche Aktivitäten im Alltag können bereits eine große Wirkung haben (z. B. Bewegung, Sport, gesunde Ernährung, Spiritualität praktizieren etc.).

Hack #11: Entwickeln Sie rechtzeitig einen Plan B

Should I stay or should I go? Der Song von The Clash (1982) drückt aus, welches Dilemma Ihnen im Laufe des Erkundungsprozesses zwangsläufig begegnen wird: Soll ich gehen und alle(s) hinter mich zurücklassen oder doch lieber bleiben und es weiter probieren? Je nachdem, in welchem Lebensabschnitt Sie sich befinden, ist das Gehen öfter leichter gesagt als getan. Wenn sich Ihre Umstände allerdings nicht verbessern, behalten Sie die Möglichkeit eines beruflichen Wechsels oder einer anderen Position innerhalb oder außerhalb des Unternehmens im Blick. Ein durchdachter Ausstiegsplan ermöglicht es Ihnen, langfristig neue Karriereperspektiven zu verfolgen. Die gute Nachricht ist: Wenn Sie sich für das Bleiben entscheiden, haben Sie erneut die Wahl. Sie können versuchen, sich mit der Situation zu arrangieren oder aber Sie versuchen, die Situation zu verändern. Wenn nichts mehr geht, ist es Zeit für Schritt 4.

4.2.4 Schritt 4: Die Reißleine ziehen

Bevor Sie sich für eine der drei Optionen entscheiden – bleiben, gehen oder verändern – sollten Sie sorgfältig abwägen, ob Sie Ihre Situation überhaupt verändern (oder zumindest beeinflussen) können. Zu versuchen, etwas zu verändern, was außerhalb Ihres Einflusses ist, wäre ein Kampf gegen Windmühlen. In Anlehnung an Hack #11 lohnt sich daher ein Blick auf Stephen Coveys (2020) *Circle of Influence* (Einflussbereich). Das Modell besagt, dass es drei Bereiche gibt, die uns umgeben (s. Abbildung 15; eigene Darstellung).

Der *Circle of Concern* (Betroffenheitsbereich) umfasst Dinge, die unsere Aufmerksamkeit beanspruchen, aber außerhalb unserer direkten Kontrolle liegen. Beispielsweise können wir nicht beeinflussen, dass jemand sich über uns lustig macht, sein oder ihr Versprechen nicht hält oder unhöflich zu uns ist. Ja, das alles ist ärgerlich und macht betroffen, aber obliegt nicht unserer unmittelbaren Kontrolle – es passiert uns einfach. Der *Circle of Influence* (Einflussbereich) bezieht sich wiederum auf Dinge, die wir zwar nicht direkt kontrollieren, aber durch bestimmte Aktivitäten immerhin beeinflussen können. Auch wenn eine Person beispielsweise nicht unmittelbar steuern kann, dass ihre Führungskraft sie bei der nächsten Gehaltsrunde befördert, kann sie durch ihr Verhalten einen Beitrag dazu leisten (z. B. sich weiterbilden, netzwerken etc.). Der *Circle of Control* (Kontrollbereich) unterliegt schließlich vollständig unserer direkten Kontrolle. Beispielsweise können wir unsere Worte mit Bedacht wählen, klare Grenzen setzen oder uns in einer kritischen Situation selbst behaupten.

Wenn Sie Ihre Energie für das Beeinflussbare aufwenden, übernehmen Sie Verantwortung für Ihr Handeln: Sie können sich Ziele setzen, vorausschauend planen und proaktiv handeln. Wenn Sie sich stattdessen auf all jene Dinge außerhalb Ihres Einflussbereichs konzentrieren, handeln Sie womöglich erst, wenn es bereits zu spät ist (oder gar nicht). Indem Sie sich auf das konzentrieren, was (mit)gestaltbar ist, erweitern Sie Schritt für Schritt Ihren Einflussbereich.

Circle of Influence

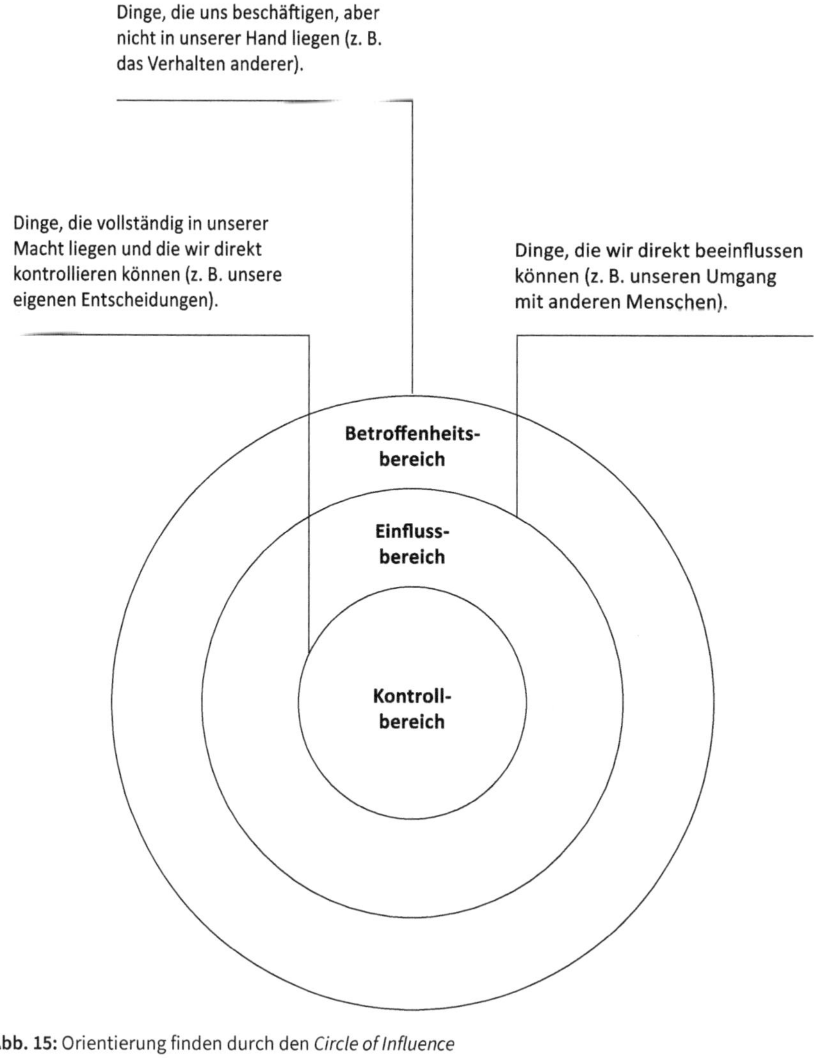

Abb. 15: Orientierung finden durch den *Circle of Influence*

4.3 Bewältigungsstrategien auf dem Prüfstand: Was hilft wirklich?

Menschen, die sich mit Narzissmus am Arbeitsplatz konfrontiert sehen, entwickeln unterschiedliche Strategien, um damit umzugehen. Wenn wir uns wissenschaftlich dem Thema Lösungs- und Handlungsstrategien im Umgang mit Narzissmus nähern, stoßen wir schnell auf das Thema Coping (Webster et al., 2016).

Coping kennzeichnet allgemein Bewältigungsmechanismen, die Menschen nutzen, um mit stressauslösenden Situationen zurechtzukommen – wie z. B. den Arbeitsalltag mit einem narzisstischen Chef oder einer narzisstischen Chefin zu überstehen.

Menschen unterscheiden sich in der Art und Weise, wie sie mit schwierigen Menschen (oder stressigen Situationen allgemein) umgehen. Die einen rauchen, genehmigen sich ein (oder mehr) Gläschen Wein am Abend oder powern sich regelmäßig beim Sport aus. Dabei lassen sich problemfokussierte und emotionsfokussierte Copingstrategien unterscheiden (Lazarus & Folkman, 1984).

Lassen Sie uns den Unterschied zwischen den beiden Copingstrategien anhand eines Praxisbeispiels veranschaulichen: Angenommen, Sie arbeiten unter einer hoch narzisstischen Führungskraft, die Ihnen kaum Feedback gibt, sich wenig wertschätzend verhält und Sie regelmäßig herabwürdigt. Wenn Sie sich dazu erbarmt, Ihnen Feedback zu geben, dann fällt dieses oft negativ, unkonkret und unkonstruktiv aus. Welche Möglichkeiten haben Sie, um mit dieser Situation umzugehen?

Beim problemfokussierten Coping werden konkrete Maßnahmen ergriffen, um potenzielle Belastungen abzuwehren oder zu reduzieren. Beispielsweise könnten Sie Ihre Führungskraft höflich ansprechen und klärungsorientierte Fragen stellen (z. B. »Können Sie bitte näher erläutern, was Sie mit diesem Feedback meinen?«, »Können Sie mir bitte mehr Kontext zu dieser Situation geben?«, »Woran genau machen Sie das fest?« etc.). Beim emotionsfokussierten Coping hingegen werden die (emotionalen) Auswirkungen der Stresssituation bewältigt, statt die Belastung selbst. Statt also das Gespräch mit Ihrer Führungskraft zu suchen, könnten Sie Trost bei Ihren Kolleg:innen suchen, sich mit einem ausgedehnten Spaziergang oder einer anderen Aktivität ablenken oder auch darüber nachdenken, professionelle Beratung in Anspruch zu nehmen.

Doch welche Copingstrategie ist am effektivsten? Dana Yagil und ihr Team von der Universität Haifa fand im Rahmen ihrer Studie heraus, dass Mitarbeitende im Umgang mit derart problematischen Führungskräften fünf verschiedene Bewältigungsstrategien einsetzen: Zwei davon sind problemfokussiert – Schmeichelei und direkte Kommunikation – und drei davon sind emotionsfokussiert – Kontaktvermeidung, Unterstützungssuche und Umdeutung (Yagil et al., 2011). Schauen wir uns die unterschiedlichen Strategien einmal genauer an:

Schmeichelei

Diese Strategie zielt darauf ab, eine positive Atmosphäre zu erzeugen und die Führungskraft durch positive Gesten zu besänftigen (z. B. durch Lob, Aufmerksamkeit, Gefälligkeiten etc.). Bezogen auf das oben genannte Beispiel könnten Sie versuchen, Ihrer Führungskraft freiwillig einen Gefallen zu tun, um die Wogen zu glätten. Ein kleines Kompliment hier, ein stärkendes Wort dort – schon ist die Gefahr gebannt.

Direkte Kommunikation

Diese Strategie zielt auf eine offene Diskussion mit der Führungskraft ab. Hierbei werden die eigenen Erwartungen an die Zusammenarbeit geäußert, wahrgenommene Unstimmigkeiten hinterfragt und Herausforderungen direkt besprochen. Im Kontext des zuvor genannten Beispiels könnten Sie Ihrer Führungskraft Feedback dazu geben, wie Sie sich in einer bestimmten Situation gefühlt haben und zurückmelden, dass Sie sich einen anderen Umgangston wünschen.

Kontaktvermeidung

Bei dieser Strategie geht es darum, die Führungskraft so gut es geht zu meiden, um die entstandene Belastung zu reduzieren (vgl. Hack #3; *Gray-Rock*-Methode aus Kap. 4.2.3). Kontaktvermeidung wird meist genutzt, wenn der metaphorische Akku fast leer ist und man die Situation kaum mehr ertragen kann. Angesichts des oben erwähnten Beispiels könnten Sie versuchen, die Kommunikation auf ein Minimum zu reduzieren und Anlässe konsequent zu meiden, an denen die Führungskraft anwesend ist.

Unterstützungssuche

Bei dieser Strategie werden Kolleg:innen, Freund:innen oder die Familie mobilisiert, um Hilfe und Unterstützung zu erhalten. Dabei werden die eigenen negativen Erfahrungen und daraus resultierende Gefühle offen mitgeteilt, um Trost und aufbauende Worte zu erhalten. Unter Berücksichtigung des zuvor geschilderten Beispiels könnten Sie das vertrauensvolle Gespräch zu einem Teammitglied suchen, das ebenfalls unter der Führungskraft leidet. Geteiltes Leid ist schließlich halbes Leid und Sie merken, dass Sie mit Ihrer Perspektive nicht allein sind.

Umdeutung

Diese Strategie dient dazu, das Verhalten der Führungskraft in einem positiveren Licht zu sehen und dadurch negative Gefühle zu reduzieren. Alles, was das narzisstische Gegenüber tut, wird wohlwollend interpretiert bzw. in einen anderen Kontext gestellt. Im Zusammenhang mit unserem Beispiel könnten Sie versuchen, die Situation mit Humor zu nehmen oder denken, dass die Führungskraft Sie einfach dazu bringen will, Ihr Bestes zu geben.

Dana Yagil und ihr Team machten im Rahmen ihrer Untersuchung folgende Beobachtungen: Mitarbeitende, die einer stark destruktiven Führungskraft ausgesetzt sind, neigen dazu, sich so weit wie möglich von ihr zu distanzieren. Die Vermeidungsstrategie ist zwar durchaus nachvollziehbar, allerdings *nicht* sonderlich empfehlenswert (zumindest nicht auf Dauer). Sie kann zwar kurzfristig Erleichterung verschaffen (genauso wie ein Kurzurlaub oder eine Auszeit), ermöglicht aber keine nachhaltige Problembewältigung. Yagil fand zudem heraus, dass das Vermeidungsverhalten der Mitarbeitenden mit mehr negativen Gefühlen wie Ärger, Ängstlichkeit oder Gereiztheit einherging. Ähnlich verhielt es sich bei der Unterstützungssuche. Hierbei lässt sich zwar gut Dampf bei anderen ablassen, allerdings ist auch dieser Effekt nicht von Dauer. In der Gesamtschau scheinen emotionsfokussierte Copingstrategien wie Kontaktvermeidung oder Unterstützungssuche weniger wirkungsvoll zu sein als die problemfokussierten, auch wenn sie besonders häufig von Betroffenen eingesetzt werden (Webster et al., 2016). Bei der Schmeichelei und bei der direkten Kommunikation hingegen findet ein Kompetenzaufbau statt, weil die betroffene Person sich aktiv mit der Situation auseinandersetzt, Selbstwirksamkeit erlebt und neue Verhaltensweisen einübt. Die Umdeutung stand – zumindest in dieser Studie – in keinem bedeutsamen Zusammenhang mit dem emotionalen Erleben der untersuchten Personen. Letzten Endes hängt die Wahl der »richtigen« Strategie von unterschiedlichen Faktoren ab – probieren Sie aus, was zu Ihnen und Ihrer Situation am besten passt.

Sie wollen herausfinden, welche Bewältigungsstrategien Sie im Umgang mit narzisstischen Personen typischerweise verwenden? Nutzen Sie hierfür gerne das Arbeitsblatt »Bewältigungsfragebogen«, das wir Ihnen auf myBook+ zum Download zur Verfügung stellen.

4.4 Strategien für Organisationen

In diesem Kapitel werden praktische Lösungs- und Handlungsstrategien für den Umgang mit narzisstischen Personen am Arbeitsplatz aus einer organisationalen Perspektive präsentiert. In Anlehnung an meine eigene Arbeit existieren mindestens drei mögliche Interventionspunkte, die sich als effektiv herausgestellt haben: die Personalauswahl, die Personalentwicklung und die Organisations- bzw. Kulturentwicklung (Fatfouta, 2019c).

4.4.1 Drum prüfe, wer sich ewig bindet

Personalauswahl umfasst die Zuordnung von Bewerbenden zu Positionen mittels Rekrutierung und dem Einsatz von Auswahlverfahren, die bestenfalls auf einer detaillierten Anforderungsanalyse basieren. Das Hauptziel besteht darin, geeignete Bewerbende zu identifizieren und auszuwählen bzw. ungeeignete auszusortieren. Bei der Personalauswahl geht es somit um die Vorhersage, welche Person in ihrem Job und/oder ihrer Rolle erfolgreich sein wird. Doch wie finden wir das heraus? Um diese Frage zu beantworten, greifen die meisten Unternehmen auf verschiedene Methoden und Instrumente zurück (z. B. Analyse der eingereichten Unterlagen, telefonische Interviews, Einholen von Referenzen etc.). Ziel ist es, nicht nur die fachliche Eignung, sondern auch die persönliche Passung zu erfassen (Kauffeld & Grohmann, 2019).

Intuitiv würde man vermuten, dass mit zunehmender Hierarchieebene und Verantwortung die Auswahlkriterien strenger ausfallen. Schließlich kann eine Fehlbesetzung im Topmanagement nicht nur zu finanziellen Einbußen führen, sondern auch die langfristige Entwicklung einer Organisation negativ beeinflussen. Ironischerweise zeigen Befunde jedoch genau das Gegenteil: Je höher die Hierarchieebene, desto laxer der Umgang mit dem Thema Auswahlverfahren. Drei Gründe erklären diesen paradoxen Umstand (Stamoulis, 2009):

1. Führungskräfte auf höheren Ebenen haben das Gefühl, dass Assessments unter ihrer Würde sind;
2. Organisationen schätzen Berufserfahrung mehr als Kompetenz;
3. Unternehmenspolitik ist wichtiger als eignungsdiagnostische Präzision.

Eben diese Punkte tragen fatalerweise dazu bei, dass narzisstische Personen ohne ausreichende Überprüfung ihrer Fähigkeiten in leitende Positionen gelangen. Angesichts der hierzulande eingesetzten Verfahren haben es Narzist:innen dabei besonders leicht: In Deutschland liegt die Analyse von Bewerbungsunterlagen mit knapp 82% auf Platz 1 der meist genutzten Methoden der Personalauswahl, dicht gefolgt von Einstellungsinterviews mit einer Verwendung von 73% (Armoneit et al., 2020). Wie wir zuvor gelernt haben, scheuen narzisstische Menschen nicht davor zurück, Angaben in ihrem Lebenslauf zu manipulieren (vgl. Kap. 3.3.1). Bewerbungsunterlagen sollten daher ganz genau unter die Lupe genommen werden.

Warum Einstellungsinterviews wiederum problematisch sind, verdeutlicht beispielsweise eine Studie von Delroy Paulhus von der University of British Columbia. Paulhus und sein Team fanden heraus, dass Personen mit hohen (vs. niedrigen) Narzissmuswerten in Interviewsituationen eher dazu neigen, Selbstpräsentationstechniken zu verwenden (z.B. Einsatz von Humor, Schmeichelei oder Eigenlob). Diese Taktiken wurden zudem von den Beobachtenden als besonders positiv wahrgenommen; unabhängig davon, ob es sich bei den Beobachtenden um Lai:innen oder Personen mit Expertise handelte. Insgesamt scheinen Narzisst:innen in Interviews also ein besonders leichtes Spiel zu haben, zumal sie Beobachtenden genau das erzählen, was diese gerne hören möchten (Roulin & Bourdage, 2017).

Hinzukommt, dass Rekrutierungsprozesse in Unternehmen sehr stark auf positive bzw. sozial erwünschte Merkmale ausgerichtet sind – Negatives wird kaum in den Fokus genommen bzw. erfragt, obwohl es ebenso wichtig wäre (Schyns et al., 2018). Und genau hierin liegt ein weiteres Problem: Da narzisstisch geprägte Personen besonders geschickt darin sind, sich selbst in einem positiven Licht zu präsentieren (insbesondere dann, wenn man sie noch nicht so gut kennt, was bei einem Erstkontakt der Fall ist; Back et al., 2010), bringen Interviews nur die »hellen« Seiten des Narzissmus zum Vorschein. Dazu zählen etwa Extraversion, Durchsetzungsstärke oder Charisma (Stamoulis, 2009).

Die »dunklen« Seiten des Narzissmus (oder der Persönlichkeit im Allgemeinen; Hogan & Hogan, 2001) werden durch Interviews hingegen nicht (oder nur unzureichend) aufgedeckt, weil die Fragen oft auf sozial erwünschtes Verhalten abzielen und damit auch sozial erwünschte Antworten produzieren. Ich empfehle daher, die aus dem Interview gewonnenen Informationen mit objektiven Leistungsindikatoren (z. B. Umsatz, Verkaufszahlen, Bewertungen der Kundenzufriedenheit usw.) zu validieren. Im Kontext von Rekrutierung und Personalauswahl erweisen sich folgende drei Tipps als empfehlenswert (adaptiert nach Fatfouta, 2019c):

Tipp #1: Gestalten Sie Ihre Arbeitgebermarke

Vor der eigentlichen Personalauswahl ist es wichtig, sich über das Image des eigenen Unternehmens Gedanken zu machen. Der Begriff *Employer Branding* (Arbeitgebermarke) bezieht sich auf die Art und Weise, wie ein Unternehmen dieses Image gestaltet, um als attraktiver Arbeitgeber wahrgenommen zu werden (Schumacher & Geschwill, 2014). Denn bereits das wahrgenommene Bild einer Organisation beeinflusst, ob sich narzisstische Personen für eine bestimmte Stelle oder Position interessieren und schließlich bewerben oder nicht. Grundsätzlich streben Menschen nach einer möglichst hohen Passung zur Organisation, für die sie arbeiten möchten. Dabei prüfen Bewerbende im Rahmen ihrer Jobsuche, inwieweit ihre eigenen Normen, Werte, Einstellungen etc. mit denen der Organisation übereinstimmen (Kristof, 1996).

Narzisstische Personen neigen dazu, ein Unternehmensumfeld zu suchen, in dem ihr ausgeprägtes Bedürfnis nach Anerkennung, Bewunderung und Respekt erfüllt wird. Daher werden sie sich eher von Unternehmen angezogen fühlen, die in der Öffentlichkeit ein positives und prestigeträchtiges Image haben (Hirschfeld & Van Scotter, 2019). Insgeheim hoffen sie, dass das gute Renommee auf sie abfärbt. Ein Hidden Champion, den keiner kennt? Praktisch uninteressant für narzisstisch geprägte Individuen.

Hier ergeben sich Ansätze für das Personalmarketing: Organisationen, die gezielt mit individuellen Erfolgsstorys, Auszeichnungen und Preisen sowie Möglichkeiten zur Selbstverwirklichung werben, dürften auf narzisstische Bewerbende besonders attraktiv wirken. Umgekehrt sollten Unternehmen, die in ihrer öffentlichen Kommunikation eher das Gemeinwohl in den Vordergrund stellen, als familienfreundlich gelten oder soziale Verantwortung betonen eine geringere Anziehungskraft auf narzisstisch geprägte Bewerbende ausüben.

Meine Studie dazu zeigt beispielsweise, dass Stellenausschreibungen, die eine Vielzahl von gemeinsinnorientierten Formulierungen (vgl. Tab. 1; Kap. 1.8) beinhalten, für Narzisst:innen weniger interessant sind (z. B. *faire* Bezahlung vs. *kompetitive* Bezahlung, *Entwicklungschancen* vs. *Aufstiegschancen*, *kooperative* Arbeitsatmosphäre vs. *ergebnisorientierte* Arbeitsatmosphäre; Fatfouta, 2023). Das gilt selbst für kommunale Narzisst:innen, denen es vermeintlich wichtig ist, andere zu unterstützen und zu helfen.

Tipp #2: Kombinieren Sie mehrere Verfahren
Um das Vertrauen in Auswahlentscheidungen zu stärken, empfehle ich außerdem, verschiedene Methoden der Personalauswahl zu kombinieren. Durch dieses multimethodale Vorgehen lässt sich die Genauigkeit der Auswahlentscheidungen erheblich steigern, indem die jeweiligen Nachteile einer Methode durch die Vorteile einer anderen Methode ausgeglichen werden. Es ist beispielsweise wesentlich schwieriger, einen kognitiven Leistungstest zu manipulieren, als ein Vorstellungsgespräch. Laut dem sog. trimodalen Ansatz der Personalauswahl (Schuler & Höft, 2001) sollten drei verschiedene Verfahrensarten parallel eingesetzt werden:

1. biografieorientierte (z. B. Interviews),
2. simulationsorientierte (z. B. Rollenspiele) und
3. eigenschaftsorientierte Verfahren (z. B. psychometrische Testverfahren wie Fähigkeits-/Intelligenz- und Persönlichkeitstests).

Lassen Sie uns zur Veranschaulichung das Beispiel der »Kundenorientierung« betrachten. Das Interview als biografieorientiertes Verfahren könnte darauf abzielen, die Erfahrungen der Bewerbenden in früheren Kundeninteraktionen zu bewerten (z. B. »Beschreiben Sie eine Situation, in der Sie erfolgreich mit einem unzufriedenen Kunden umgegangen sind«). Greifen Sie hierbei auf die bewährte STAR-Methode zurück: Beschreiben Sie eine Situation, in der Sie mit einem/einer herausfordernden Kund:in zu tun hatten (*Situation*). Was war Ihre konkrete Aufgabe in dieser Situation (*Task*)? Was haben Sie getan, um die Situation mit dem/der Kund:in zu lösen (*Action*)? Was war das Ergebnis Ihrer Handlungen (*Result*)? Ergänzend dazu kann gefragt werden, was die Person aus der Situation gelernt hat, um die Fähigkeit zur Selbstreflexion zu eruieren.

Sie haben als Führungskraft oder Personaler:in selbst viel mit Bewerbenden zu tun und wollen sicherer im Umgang mit Narzissmus in Interviewsituationen werden? Nutzen Sie hierfür gerne das Arbeitsblatt »Zwölf Tipps für eine effektive Interviewführung«, das Sie auf myBook+ finden.

Im Rahmen eines Rollenspiels könnte anschließend eine kritische Interaktion mit einem/einer Kund:in nachgestellt werden – etwa eine Beschwerde über ein defektes Produkt oder eine nicht zufriedenstellende Dienstleistung. Wenn das gezeigte Verhalten nicht mit den im Interview geschilderten Erfahrungen zusammenpasst: *Red flag*!

Zu guter Letzt könnten Persönlichkeitstests eingesetzt werden, um die individuelle Grundhaltung gegenüber Kundenbedürfnissen zu erfassen (s. den folgenden Tipp #3). Durch die Integration dieser verschiedenen Informationsquellen gewinnen Sie ein umfassenderes Bild über die Qualifikation, Erfahrung, Kompetenzen und Persönlichkeit Ihres Gegenübers und stellen sicher, dass die Eignung fundiert beurteilt wird.

Tipp #3: Messen Sie Narzissmus

Dieser Tipp klingt fast schon banal und ist dennoch keine Selbstverständlichkeit. Persönlichkeitstests werden in deutschen Unternehmen erfahrungsgemäß eher selten eingesetzt – insbesondere bei der Rekrutierung und Besetzung von Führungspositionen: Je nach Führungsebene bewegt sich die Einsatzhäufigkeit zwischen 8.6% und 11.4%. Bei Mitarbeitenden ohne Führungsaufgabe sind es sogar nur 5% (Armoneit et al., 2020). Dennoch existieren mittlerweile wissenschaftlich fundierte Testverfahren, die die »dunkle Persönlichkeit« im Berufskontext erfassen, wie zum Beispiel die *Dark Triad of Personality at Work* (TOP; Schwarzinger & Schuler, 2016).

Die TOP umfasst im Gegensatz zum in Teil 1 vorgestellten NPI (vgl. Kap. 1.10.1) ausschließlich berufsbezogene Inhalte und Formulierungen und wurde explizit für den Berufskontext entwickelt. Narzissmus – im Fragebogen selbst als »selbstbezogene Arbeitshaltung« beschrieben – wird dabei überaus differenziert mit 31 Fragen gemessen, die zusammen fünf Subskalen bilden. Sie beziehen sich alle auf einen überzogenen Wert bezüglich der eigenen Bedeutung, Führungsfähigkeiten und Wirkung auf andere sowie dem Gefallen an der Autorität über andere und an risikoreichen Aufgaben. Die ersten beiden Skalen erfassen eher die »helle« Seite des Narzissmus, während die letzten drei Skalen eher die »dunkle« Seite abbilden.

DIE SUBSKALEN DER SELBSTBEZOGENEN ARBEITSHALTUNG

1. **Führungsanspruch:** Überzeugung von überragenden eigenen Führungsfähigkeiten.
   Beispiel: »Ich habe große Führungsfähigkeiten.«
2. **Überzeugungsglaube:** Glaube, eine überragende Wirkung und Überzeugungskraft auf andere zu haben.
   Beispiel: »Neue Kollegen sind schnell begeistert von mir.«
3. **Autoritätsbedürfnis:** Gefallen am Ausüben von Autorität über andere.
   Beispiel: »Mir gefällt es, Autorität über Kollegen auszuüben.«
4. **Risikofreude:** Neigung zu risikoreichen und herausfordernden Aufgaben.
   Beispiel: »Im Berufsleben brauche ich Action.«
5. **Überlegenheitsgefühl:** Überlegenheitsgefühl gegenüber anderen und Glaube an eigene überragende Leistungen.
   Beispiel: »In meiner Abteilung kann es keiner mit mir aufnehmen.«

Das Verfahren ist für Jugendliche (ab 16 Jahren) und Erwachsene geeignet und kann in der Praxis in verschiedenen Bereichen zum Einsatz kommen: Von der Personalauswahl und -entwicklung bis hin zum Coaching. Hinter der TOP steckt ein sehr umfassender Konstruktionsaufwand: Der Fragebogen wurde in 12 Studien mit mehr als 1.500 Personen validiert und liegt inzwischen in mehreren Sprachen vor (z. B. Deutsch, Englisch, Spanisch, Niederländisch).

Die Messeigenschaften des Verfahrens sind insgesamt sehr zufriedenstellend: Der Test misst wirklich das, was er messen soll (und nicht etwa eine andere Eigenschaft) und tut dies auch überaus zuverlässig. Obwohl man vermuten könnte, dass das Verfahren aufgrund seines »negativ« gefärbten Inhalts mit Vorbehalten einhergehen könnte, wird er durch die berufsbezogenen Formulierungen von den Teilnehmenden nachweislich besser akzeptiert als ein »Standard-Fragebogen« zu Narzissmus (Schwarzinger, 2020).

Statt des lizenzpflichtigen TOPs können Sie auch den NWI nutzen, der mit zwölf Aussagen wesentlich kürzer ist und diesem Buch beiliegt (vgl. Kap. 1.10.1). Wer hingegen keine sozial erwünschten Antworten riskieren möchte und nach alternativen Methoden zum Fragebogen sucht, findet im zuvor beschriebenen Narzissmus-IAT eine weniger verfälschbare Option (vgl. Kap. 1.10.3).

4.4.2 Ich brauch' das nicht, ich bin perfekt

Neben der Personalauswahl kommt der Personalentwicklung eine besondere Rolle zu. Diese umfasst sämtliche Maßnahmen, die die berufliche Handlungskompetenz der Mitarbeitenden entwickeln und erhalten. Das Hauptziel besteht darin, durch die Förderung der individuellen Interessen und Potenziale der Beschäftigten den Erfolg des Unternehmens zu sichern. Im Unterschied zur Organisationsentwicklung, die sich auf die Gesamtstruktur eines Unternehmens konzentriert (vgl. Kap. 4.4.3), richtet sich die Personalentwicklung auf das einzelne Individuum innerhalb der Organisation. Aus der Perspektive der Personalentwicklung geht es somit darum, Mitarbeitende dabei zu unterstützen, das notwendige Wissen, die Fähigkeiten und Kompetenzen zu entwickeln, um in ihrem Job und/oder ihrer Rolle erfolgreich zu sein (Kauffeld & Grote, 2019).

Bezogen auf die Personalentwicklung gibt es eine gute und eine schlechte Nachricht. Die schlechte Nachricht ist, dass Narzissmus – wie alle anderen Persönlichkeitseigenschaften – als stabil über verschiedene Situationen und Zeiträume hinweg gilt (Rhodewalt & Peterson, 2009). Das bedeutet, dass narzisstische Verhaltensmuster eine gewisse Konstanz aufweisen und sich nicht sehr leicht verändern lassen. Die gute Nachricht ist jedoch, dass Personen mit hoher Narzissmusneigung nicht zwangsläufig resistent gegenüber Veränderungen in ihrer Persönlichkeit sind. Meine Kolleg:innen und ich haben in einer aktuellen Untersuchung beispielsweise zeigen können, dass Narzisst:innen häufig Schwankungen in ihrer narzisstischen Dynamik erleben (Rogoza et al., 2024). Stellen wir uns zur Veranschaulichung eine narzisstische Führungskraft vor: In einem persönlichen Grandiositätsmoment fühlt sie sich besonders überlegen und behandelt ihre Mitarbeitenden mit Arroganz. Im nächsten Moment erleidet sie eine Niederlage, in deren Folge sie sich unsicher und verletzlich fühlt und auf die Bestätigung ihrer Mitarbeitenden hofft.

Darüber hinaus verändert sich Narzissmus auch ein wenig mit dem Alter. Zwischen dem 34. und 59. Lebensjahr nehmen im Durchschnitt vor allem die vulnerablen Aspekte wie übermäßige Empfindlichkeit gegenüber Kritik oder mangelnde Anerkennung ab (Cramer, 2011). Für die Personalentwicklung bedeutet diese Erkenntnis, dass Veränderungen bei Narzissmus unter Umständen (viel) Zeit benötigen und intensive Unterstützungsmaßnahmen erfordern können. Im Kontext der Personalentwicklung erweisen sich folgende Strategien als empfehlenswert (adaptiert nach Fatfouta, 2019c):

Tipp #1: Feedback, Feedback, Feedback

Wie eingangs erwähnt sind die Wahrnehmung und das Verstehen der eigenen Person wichtige Voraussetzungen, um effektiv mit Narzissmus umgehen zu können. Davon profitieren selbstverständlich auch Personen mit einer hohen Ausprägung im Narzissmus. Gemäß dem Psychologen Robert Hogan, Geschäftsführer von Hogan Personality Assessments, stellt die Selbstwahrnehmung den Schlüssel zur persönlichen Entwicklung dar (Hogan et al., 2011). Hogan zufolge sollten insbesondere Führungskräfte ihre Selbstwahrnehmung in zwei Bereichen schärfen: erstens im Hinblick darauf, wie *andere* (z.B. Kolleg:innen, Mitarbeitende, Kund:innen) die eigene Persönlichkeit erleben und zweitens in Bezug darauf, wie man *sich selbst* mit seiner »dunklen« Seite wahrnimmt.

Wie Hogan in diesem Zusammenhang anmerkt, eignen sich vor allem systematische Feedbackprozesse wie das 360°-Feedback zur Schärfung der Selbstwahrnehmung. Hierbei erhält die Person Rückmeldungen aus verschiedenen Quellen wie beispielsweise von ihrer eigenen Führungskraft, von Kolleg:innen sowie Projekt- oder Kooperationspartner:innen. Durch die Perspektivenvielfalt werden mögliche Beurteilungsfehler minimiert, wodurch das Verfahren objektiver als eine reine Selbsteinschätzung ist. Durch den Abgleich von Selbst- und Fremdbild lassen sich schließlich mögliche Über- oder Unterschätzungen (Wahrnehmungslücken) sowie Stärken und Entwicklungsfelder identifizieren und im Rahmen eines Entwicklungsplans gezielt ansprechen.

Eine Studie zum Einsatz der Methode des 360°-Feedbacks bei Führungskräften zeigt, dass narzisstische Manager:innen von anderen zwar negativer beurteilt werden, die Diskrepanz zwischen Selbst- und Fremdwahrnehmung jedoch moderat ausfällt (Goffin&Anderson, 2007). Dieser Umstand wird dadurch erklärt, dass narzisstische Führungskräfte zwar zur Selbstüberschätzung neigen, mit der Zeit aber lernen, ihre selbstbezogenen Verhaltenstendenzen zu »zügeln« – zumal sie wissen, dass ihrer Selbsteinschätzung mehrere Perspektiven gegenübergestellt werden. Der Befund passt auch zu der zuvor vorgestellten Assimilation im Rahmen des *Energy Clash Models* (vgl. Kap. 3.1.3): Narzisstische Führungskräfte, die die Organisation nicht verlassen, können sich an die Unternehmenskultur anpassen und so (langfristig) erfolgreich agieren.

Dennoch ist anzumerken, dass das 360°-Feedback ein heikles Unterfangen darstellt. Zum einen könnten narzisstische Personen mögliche Verhaltensempfehlungen als falsch oder unpassend abstempeln (Kausel et al., 2015), zum anderen könnten sie im Falle einer allzu starken Abweichung vom Selbstbild aggressiv reagieren. Ich empfehle daher, das Thema »Feedback« rechtzeitig mit einer geeigneten Schulungs- und Kommunikationsstrategie einzusteuern, die Bedeutung des Feedbacks für die individuelle Leistungsfähigkeit zu betonen und die Besprechung der Ergebnisse des Feedbacks in einem vertrauensvollen Rahmen durchzuführen, um keine Abwehrhaltung auszulösen. Oftmals lassen sich narzisstische Personen für Feedbackformate (bzw. für Vorhaben generell) gewinnen, wenn man im Rahmen der Kommunikation herausstellt, dass sie durch diese Personalentwicklungsmaßnahme noch besser, noch produktiver und noch erfolgreicher werden – also einen persönlichen Vorteil erlangen.

Tipp #2: Coach me if you can!

Das Coaching von Menschen mit narzisstischen Tendenzen ist erfahrungsgemäß eine überaus anspruchsvolle Aufgabe. Diese Erkenntnis wird nachvollziehbar, wenn wir bedenken, dass Coaching in seiner Minimaldefinition als Hilfe zur Selbsthilfe verstanden werden kann (Greif et al., 2018). Um den Coachingprozess effektiv einzuleiten, muss eine narzisstische Person jedoch zunächst (an)erkennen, dass sie Hilfe benötigt und diese auch in Anspruch nehmen. Sandra Julia Diller, Trainerin, Coach und Professorin an der Privatuniversität Seeburg, zeigt in ihrer Studie, dass narzisstische Klient:innen im Coaching als besonders herausfordernd erlebt werden. Zu den häufigsten Schwierigkeiten im Umgang mit narzisstischen Klient:innen zählt die sog. »narzisstische Resistenz« – also eine Veränderungsvermeidung aufgrund von mangelnder Selbsteinsicht und der Überzeugung, dass das eigene Verhalten richtig ist. Darüber hinaus tendieren narzisstische Klient:innen dazu, eine Opferrolle im Coaching einzunehmen und nach Aufmerksamkeit zu suchen, ohne eine aktive Veränderung anzustreben (für eine Übersicht, s. Diller et al., 2020).

Wie geht man mit dieser – im wahrsten Sinne – *besonderen* Klientel am besten um? In einem ersten Schritt gilt es, ein Problembewusstsein zu schaffen, das für die betroffene Person zunächst nicht vorhanden ist (Eidenschink, 2005; auch im Folgenden). Denn in der Regel suchen narzisstische Klient:innen das Coaching aus Motiven auf, die die narzisstische Dynamik eher stabilisieren sollen, als sie zu verändern: Vielfach geht es darum, die grandiose Selbstwahrnehmung zu stärken. Coaching soll beispielsweise dazu beitragen, noch toller, erfolgreicher und idealer zu werden (und manchmal sind genau das die Pro-Argumente, die Narzisst:innen überhaupt erst zu einer Veränderung motivieren; vgl. Tipp #1). Daher besteht die zentrale Herausforderung bei der Auftragsklärung darin, das »Anliegen hinter dem Anliegen« zu erkennen. Hier gilt es, eine Balance auf diesem schmalen Grat zwischen dem Erhalt eines guten Rapports und dem Schaffen eines genuinen Problembewusstseins zu finden und aufrechtzuerhalten. Ist jedoch eine tragfähige Beziehung erst einmal etabliert, lassen sich in einem zweiten Schritt folgende vier Themen im Coaching bearbeiten (Eidenschink, 2005; S. 49 f.):

»Ich bin das Problem.«

Narzisstisch geprägte Klient:innen zeigen oft die Tendenz, Schwächen nach außen zu projizieren, um ihre eigene Psyche zu entlasten. Es sind immer »die anderen« Schuld, nie man selbst. Die Herausforderung besteht darin, diese Projektionen zurückzuholen und sie als Teile der eigenen Persönlichkeit (wieder) zu integrieren. Dieser Prozess kann schmerzhaft sein und erfordert eine umfassende Unterstützung und Wertschätzung durch die coachende Person.

»Ich lerne, den anderen zu verstehen.«

Klient:innen mit narzisstischen Tendenzen haben in der Regel Schwierigkeiten damit, sich empathisch zu verhalten und mit anderen Menschen mitzufühlen. Das Coaching kann zu einem Ort werden, diese Fähigkeit (neu) zu erlernen. Ein bedeutsamer Fortschritt zeigt sich dann, wenn die persönliche Weiterentwicklung daran gemessen wird, das Verständnis für andere Menschen zu vertiefen, anstatt sie herabzusetzen.

»Ich lerne mich zu verstehen.«

Gleichzeitig geht es darum, die Fähigkeit zu entwickeln, sich selbst liebevoll und verständnisvoll zu begegnen. Ein besonders bewegender Moment kann darin bestehen, zu beobachten, wie narzisstisch geprägte Klient:innen erkennen, wie viel Positives ihnen im Leben bereits entgegengebracht wird. In diesem Moment nehmen sie Sympathie wahr und beginnen, anderen Personen zu vertrauen.

»Ich reduziere die Kontrolle und Manipulation von anderen.«

Narzisstische Klient:innen streben nach uneingeschränkter Aufmerksamkeit und erwarten im Coaching eine Dienstleistung. Ihr herrisches Verhalten und Forderungen nach Vorzugsbehandlung beeinträchtigen Beziehungen und damit auch den Coachingerfolg. Im Coaching geht es darum, die Auswirkungen dieses Verhaltens zu reflektieren – sowohl für sich selbst als auch für das eigene Umfeld.

Abschließend ist anzumerken, dass das Coaching von narzisstischen Klient:innen nicht nur eine höchst sensible, sondern auch persönlich herausfordernde Aufgabe darstellt. So konnte Diller in einer Folgestudie zeigen, dass Coach:innen, die mit narzisstischen Personen zusammenarbeiteten, mehr Stress und Angst erlebten, was wiederum ungünstig für den Coachingverlauf ist (Diller et al., 2021). Für coachende Personen, die mit Narzissmus bzw. narzisstischen Dynamiken arbeiten, sind neben einer fundierten Coachingausbildung eine psychologische Grundausbildung sowie regelmäßige Supervisionen essenziell.

Tipp #3: Mit Achtsamkeit durch die Egoshow
Laut Hogan stellt die Selbstwahrnehmung eine notwendige, aber nicht hinreichende Bedingung für die Personalentwicklung dar. Sich über die eigenen Entwicklungsfelder lediglich bewusst zu sein, ist schön und gut, reicht aber nicht, um Verhalten effektiv zu verändern. Regelmäßig aus der Haut zu fahren und zu wissen, dass man dazu neigt, ist verständlicherweise wenig hilfreich im Arbeitsumfeld. Entscheidend sind daher Skills, die die Person dabei unterstützen, ihre eigenen Impulse zu regulieren und flexibel handeln zu können (Hogan et al., 2011). In diesem Zusammenhang fällt häufig der Begriff der »Achtsamkeit«. Ein weiteres Buzzword, das wie eine neue Sau durch die Management-Magazine getrieben wird? Keineswegs! Tatsächlich belegen aktuelle Studien, dass Achtsamkeit positive Auswirkungen auf Führung hat und sogar über diese Ebene hinausgeht.

Achtsamkeit kann definiert werden als nicht wertendes Gewahrsein im Hier und Jetzt und von Augenblick zu Augenblick (Kabat-Zinn & Hanh, 2009). Mit Blick auf Führung wurde beispielsweise herausgefunden, dass Achtsamkeit positiv mit authentischer Führung zusammenhängt – einem Führungsstil, der als Antithese zur narzisstischen Führung verstanden werden kann (vgl. auch Kap. 2.6.1). Eine authentische Führungskraft teilt beispielsweise Informationen offen mit anderen, orientiert sich bei ihrem Handeln an moralischen Werten und Standards und ermutigt andere, ihre eigene Perspektive zu hinterfragen (Baron, 2016). Doch Achtsamkeit hat noch eine weitreichendere Bedeutung im Führungskontext: Sie unterstützt Führungskräfte dabei, mit den Herausforderungen des Alltags umzugehen, klare Entscheidungen zu treffen und positive Beziehungen zu ihren Mitarbeitenden aufzubauen.

Eine aktuelle Metastudie, in die 54 unabhängige Stichproben von insgesamt 9.414 Führungskräften eingeflossen sind, zeigt beispielsweise, dass sich Achtsamkeitstrainings durchaus lohnen (Zhou et al., 2023): Achtsame Führungskräfte zeigen bessere Fähigkeiten im aktiven Zuhören und in der Kommunikation. Dies kann zu einer verbesserten Zusammenarbeit und zu einem besseren Verständnis zwischen Führungskraft und Teammitgliedern beitragen. Achtsame Führungskräfte sind zudem besser in der Lage, Konflikte zu erkennen und angemessen mit ihnen umzugehen. Durch ihre Präsenz und Empathie könnten sie in kritischen Situationen deeskalierend wirken und zur Lösung von Konflikten beitragen.

Achtsamkeitstrainings für Führungskräfte lohnen sich darüber hinaus auch für die Mitarbeitenden: Teams, die von achtsamen Führungskräften geführt werden, zeigen beispielsweise ein geringeres Stressniveau. Das kann wiederum positive Auswirkungen auf die allgemeine Gesundheit und das Wohlbefinden der Mitarbeitenden haben. Somit könnte die explizite Integration von Achtsamkeitstrainings in Führungsentwicklungsprogramme dazu beitragen, dass Personen mit narzisstischen Tendenzen bewusster mit anderen interagieren. Basierend auf meiner eigenen Studie zu Achtsamkeit und Narzissmus ist davon auszugehen, dass eine nicht wertende Haltung insbesondere Spontanaggressionen in selbstwertbedrohenden Situationen bei (antagonistischen) Narzisst:innen mildern kann. Die Fähigkeit, mehrdeutige Situationen als harmlos oder irrelevant für das eigene Ego zu betrachten (z. B. Feedback nicht direkt als Kritik an der eigenen Kompetenz werten), könnte beispielsweise durch entsprechende Interventionen gestärkt werden (Fatfouta & Heinze, 2023).

4.4.3 Transformation um das Ich herum

Wie bereits geschildert, müssen im Umgang mit Narzissmus auch die strukturellen Rahmenbedingungen der Organisation betrachtet werden. Hier kommt die Organisationsentwicklung ins Spiel – eine geplante Form des Wandels, bei der gesamte Systeme (z. B. Unternehmen), organisatorische Einheiten (z. B. Abteilungen) und ihre Mitglieder (z. B. Mitarbeitende) bewusst geformt werden. Das Hauptziel besteht darin, die organisationale Effektivität zu verbessern, um sicherzustellen, dass sich die Organisation erfolgreich an sich verändernde Umweltbedingungen anpassen kann (Kauffeld et al., 2019). Doch wo sollten Sie am besten ansetzen? In Anlehnung an den St. Galler Ansatz des Business Engineerings lassen sich drei Ebenen des Transformationsprozesses unterscheiden:

1. Strategie (Organisation),
2. Prozesse (Systeme) und
3. Mitarbeitende (Kultur; adaptiert nach Österle et al., 2011).

Bei der Strategie steht die Frage »Wohin gehen wir?« im Vordergrund. Dabei werden langfristige Ziele, Vision und Mission einer Organisation definiert, um ihre Ausrichtung festzulegen und Wettbewerbsvorteile zu sichern. Im Rahmen der Prozesse dreht sich alles um die Frage »Was ist der Weg?«. Der Fokus liegt auf der Gestaltung und Optimierung operativer Abläufe, um Effizienz zu steigern, Kosten zu senken und/oder die Qualität von Produkten und Dienstleistungen zu verbessern. Bei den Mitarbeitenden steht schließlich der »Faktor« Mensch im Mittelpunkt und damit die Frage »Worauf bauen wir?«. Diese Ebene bezieht sich auf die Werte, Normen und Verhaltensweisen, die die Unternehmenskultur prägen. Die drei verschiedenen Ebenen – Strategie, Prozesse und Mitarbeitende – dürfen wie immer nicht isoliert betrachtet werden, da sie in wechselseitiger Abhängigkeit zueinander stehen. Aus systemischer Sicht sollten die folgenden drei Tipps daher gemeinsam beherzigt werden.

Tipp #1: Entkoppeln Sie die Strategie vom Ego

Wie in Teil 2 des Buches erläutert, neigen narzisstische Führungskräfte dazu, mutige und risikoreiche Entscheidungen zu treffen, was in vielen Fällen Innovationen begünstigen kann (vgl. Kap. 2.1). Dies kann für Unternehmen von Vorteil sein, wenn es darum geht, neue Märkte zu erschließen oder disruptive Geschäftsmodelle oder Technologien zu entwickeln. Eine Win-Win-Situation sozusagen. Gleichzeitig müssen wir uns ebenso vor Augen führen, dass die meisten strategischen Entscheidungen in diesen Fällen von persönlichen (narzisstischen) Motiven getrieben werden, was zu einer Reihe potenzieller Herausforderungen führen kann. Wenn eine Unternehmensstrategie um das Ego der Geschäftsführung herum konzipiert wird, dann geht das also nur, falls man bereit ist, mit den Konsequenzen zu leben.

Wer denkt, es reiche aus, die Verantwortung des Unternehmens vom Ego weg auf Aspekte wie Gesellschaft oder Umwelt zu lenken, irrt sich. Studien zeigen paradoxerweise, dass Narzissmus positiv mit der *Corporate Social Responsibility* (CSR)-Strategie von Unternehmen zusammenhängt (Petrenko et al., 2016). CSR beschreibt dabei eine Ausrichtung der Organisation bzw. ihrer innerbetrieblichen Abläufe auf soziale und ökologische Verantwortung. Das narzisstische Interesse an CSR mag auf den ersten Blick kontraintuitiv sein, doch die CSR-Aktivitäten eines Unternehmens sind in der Regel populär und finden in den Medien große Beachtung – beides Aspekte, die das narzisstische Bewunderungsstreben befeuern.

Ein Beispiel hierfür ist Apple. Das Unternehmen will bis 2030 klimaneutral sein und tut seine Nachhaltigkeitsbemühungen regelmäßig in minutiös vorbereiteten Keynotes kund. Tim Cook, CEO bei Apple, postete auf X (vormals Twitter) beispielsweise folgendes Zitat (2023): »At Apple, we believe that climate change is one of the world's most urgent priorities and we are deeply committed to doing our part.« (Bei Apple sind wir der Überzeugung, dass der Klimawandel eine der drängendsten Herausforderungen der Welt ist und wir sind fest entschlossen, unseren Beitrag zu leisten). Schade nur, dass die Akkus in Apples Produkten nicht ohne Weiteres austauschbar sind, die Lieferketten teilweise intransparent verlaufen und das Erschweren von Reparaturen die Geräteverschrottung verstärkt. Die Popularität im Hinblick auf CSR-Aktivitäten kann allerdings ideal dafür genutzt werden, um das eigene Ego zu polieren. Solange eine Strategie dabei hilft, das Image in der Öffentlichkeit zu verbessern, ist der Zweck – ob Umweltschutz oder soziale Gerechtigkeit – irrelevant.

Was bedeuten diese Ergebnisse für die Entwicklung von Unternehmensstrategien? Die wichtigste Devise ist, die Strategie vom Ego zu entkoppeln, damit Entscheidungen im Interesse der Organisation getroffen werden. Dies kann beispielsweise gelingen, indem bei der Strategieentwicklung viele verschiedene Stakeholder eingebunden werden, damit unterschiedliche Perspektiven Berücksichtigung finden. Darüber hinaus ist es ratsam, im Rahmen der Strategieanalyse neben externen auch interne Faktoren zu betrachten. Extern orientierte Aktivitäten sind für narzisstische CEOs oftmals weitaus attraktiver, weil sie sichtbarer und damit publikumswirksamer sind (z. B. Positionierung am Markt/Wettbewerb). Im Gegensatz dazu sind interne Aktivitäten häufig nur am Rande öffentlich und haben ein geringeres Potenzial, Aufmerksamkeit zu erregen (z. B. Optimierung von Produktionsabläufen oder -prozessen).

Schließlich ist es von entscheidender Bedeutung, die langfristige Ausrichtung in der Unternehmensführung zu betonen. Angesichts der Tendenz narzisstischer CEOs, sich auf kurzfristige Ziele zu konzentrieren, empfiehlt es sich, einen klaren Fokus auf nachhaltige Erfolge zu setzen. Eine Neuausrichtung hin zu Stabilität, Kundenzufriedenheit und langfristigen Werten ist dabei von wesentlicher Bedeutung. Dies bedeutet, dass sich strategische Entscheidungen nicht nur auf finanzielle Ziele richten sollten, sondern auch langfristige Aspekte wie die Nachhaltigkeit des wirtschaftlichen Handelns berücksichtigen müssen (vgl. Schneck, 2017).

Tipp #2: Schließen Sie Sicherheitslücken
Die Welt wird zunehmend komplexer und volatiler, was die ausreichende Beachtung von strategischen Geschäftsrisiken immer schwieriger macht (Schäffer & Storek, 2022). Um möglichen negativen Auswirkungen von narzisstischen Verhaltensweisen auf die Organisation frühzeitig entgegenzuwirken, kann die Einführung bzw. Revision von Risikomanagementprozessen helfen. Dazu gehört auch eine klare *Corporate Governance* (CG), definiert als rechtlicher und faktischer Ordnungsrahmen von Unternehmen, der eine ordnungsgemäße und gute Unternehmensführung, -überwachung und -kontrolle ermöglicht (Welge & Eulerich, 2012).

Patricia Grant und Peter McGhee von der Auckland University of Technology argumentieren, dass narzisstische Tendenzen auf der Managementebene eines Unternehmens vom Ausmaß der vorhandenen CG determiniert wird: Je narzisstischer das Boardlevel, desto schwächer die CG (Grant & McGhee, 2013). CG im Sinne einer Unternehmensverfassung bietet somit eine effektive Interventionsmöglichkeit, um die Macht narzisstischer CEOs zu begrenzen. Sie stellt beispielsweise sicher, dass Entscheidungen im Einklang mit den Interessen aller Stakeholder und Shareholder getroffen werden.

Durch verschärfte Informations- bzw. Transparenzverpflichtungen können potenzielle Defizite in der Unternehmensführung rechtzeitig erkannt und adressiert werden. Die Empirie bestätigt, dass CG-Systeme dazu beitragen, die negativen Effekte von Narzissmus auf Organisationen abzupuffern (Bouzouitina et al., 2021). Eine Studie über 1.300 Firmen im Zeitraum von 2008–2017 belegt beispielsweise, dass narzisstische CEOs eher dazu neigen, aggressive Steuervermeidungsstrategien zu verfolgen. Das Vorhandensein eines starken internen Audit-Komitees konnte diese Effekte jedoch abmildern. Eine solche Überwachungsfunktion kann somit nicht nur die finanzielle Integrität eines Unternehmens wahren, sondern auch als effektiver Schutzmechanismus dienen (García-Meca et al., 2021).

Schließlich können auch Whistleblower-Systeme und andere Compliance-Mechanismen mit entsprechenden Vertraulichkeitsvorkehrungen eine entscheidende Rolle in der CG spielen, um potenzielles Fehlverhalten im Zusammenhang mit narzisstischen CEOs aufzudecken (Tavanti, 2011). Die Einrichtung derartiger Systeme ermöglicht es Hinweisgebenden, vertraulich Bedenken über unethisches Verhalten oder andere mögliche Regelverstöße zu melden. Für das Gelingen derartiger Meldeverfahren ist essenziell, dass eingegangene Meldungen ernst genommen und konsequent verfolgt werden. Darüber hinaus ist es wichtig, Hinweisgebende (und ihre Identität) angemessen zu schützen, um ihre Sicherheit zu gewährleisten.

Tipp #3: Stärken Sie Ihre Unternehmenskultur

Leitbilder bilden das Fundament einer jeden Unternehmenskultur. Sie umfassen sowohl abstrakte Werte (z. B. Respekt, Integrität oder Fairness) als auch konkrete Leitlinien und Normen, die in den Geschäftsprozessen verankert sind (z. B. nachhaltige Lieferketten, exzellente Produkt- oder Dienstleistungsqualität, innovative Technologien etc.). Leitbilder stellen damit einen wichtigen Faktor für die Wettbewerbsfähigkeit und die langfristige Existenz eines Unternehmens dar. Sie definieren die Erwartungen an die Mitarbeitenden und Führungskräfte und gestalten die Zukunftsfähigkeit einer Organisation. Um die Wirkung von Leitbildern zu maximieren, sollten diese nicht nur in der Firmenbroschüre oder auf der Homepage stehen, sondern (auch) in den Strukturen und Prozessen einer Organisation verankert sein. Andernfalls riskieren Unternehmen, dass die Werte als reines Lippenbekenntnis wahrgenommen werden (Pastoors & Becker, 2019).

Aus der Organisationsforschung wissen wir, dass die Persönlichkeit und die Werte der Unternehmensleitung die Kultur einer Organisation prägen. Charles O'Reilly, Managementprofessor an der Stanford University, sammelte in seiner Studie beispielsweise Daten über die Persönlichkeit von 460 CEOs und die Unternehmenskulturen ihrer Unternehmen. Die Befunde decken sich mit der Annahme, dass der sog. *Tone at the Top* – also die Vorbildfunktion der obersten Führungsebene – ein wichtiger Faktor bei der Gestaltung der Unternehmenskultur ist: Besonders CEOs, die als extrovertiert oder verträglich gelten, scheinen signifikant positive Auswirkungen auf die Kulturen ihrer Organisationen zu haben, indem sie Agilität, Innovation, ethische Standards und operative Exzellenz fördern (O'Reilly et al., 2022).

Aus der genannten Untersuchung lässt sich ableiten, dass auch narzisstisch geprägte CEOs (bzw. Führungskräfte im Allgemeinen) einen maßgeblichen Einfluss auf die Gestaltung der Unternehmenskultur ausüben und entsprechend ihrer selbstbezogenen Persönlichkeitsstruktur eher eine Ausrichtung auf das Individuum als auf das Kollektiv fördern. Dies kann in der Folge eine Abnahme von moralischen Werten (z. B. Fairness) oder Kooperationswerten (z. B. Teamgeist) begünstigen, da persönliche Ziele vor organisationale Ziele gestellt werden. Tatsächlich konnte O'Reilly diese Annahme in einer anderen Untersuchung bestätigen: Narzisstische Führungskräfte neigen dazu, Kulturen zu suchen und zu erschaffen, die sich – entsprechend ihrer eigenen Persönlichkeit – durch weniger Kollaboration und Integrität auszeichnen. Dieses Verhalten kann ein Arbeitsumfeld schaffen, in dem sich Mitarbeitende weniger unterstützt fühlen und die Zusammenarbeit erschwert wird (O'Reilly et al., 2021).

Die vorgestellten Studien zeigen, dass Führungskräfte einen entscheidenden Beitrag zur Gestaltung und Aufrechterhaltung der Organisationskultur leisten. Werteorientierte Führung ist dabei ein wichtiger Erfolgsfaktor eines Unternehmens (Pastoors & Becker, 2019). Führungskräfte, die Integrität, Ethik und Respekt vorleben und fördern, schaffen beispielsweise eine Kultur, in der Mitarbeitende sich wohl und wertgeschätzt fühlen. Hierdurch kann, wie O'Reilly anmerkt, auch langfristig die organisationale Leistungsfähigkeit verbessert werden. Besonders wichtig ist, dass Werte und Verhaltensstandards nicht nur kommuniziert, sondern auch *gelebt* werden. Dazu zählen unter anderem ethische Leitlinien, Multiplikator:innen aus dem Topmanagement-Team oder Audits (Schiemann & Jonas, 2020). Eine weitere Möglichkeit besteht darin, die Werte in bestehende Personal- und Organisationsentwicklungsinstrumente (z. B. Mitarbeitendenbefragungen, 360°-Feedback, Führungskräfteentwicklungsprogramme etc.) zu integrieren.

Abschließend sei angemerkt, dass Richtlinien und Leitlinien zum Umgang mit Fehlverhalten so gestaltet sein sollten, dass sie nicht nur die Führungskraft in den Fokus nehmen. Stattdessen sollten sie so angelegt sein, dass sie positive Impulse setzen, um die Selbstbehauptung der Mitarbeitenden zu stärken, beispielsweise durch die Anerkennung von Initiative und Proaktivität. Zudem sollten die Richtlinien verbindliche Spielregeln für Kommunikation und Zusammenarbeit definieren, um die Organisationskultur zu verbessern. Schließlich sollten sie Führungsverhalten optimieren, indem sie akzeptables und inakzeptables Verhalten beispielhaft beschreiben (May et al., 2016).

4.5 Interviews mit Narzissmus-Expert:innen

In den vorangegangenen Teilen haben wir uns mit verschiedenen Aspekten von Narzissmus im Arbeitskontext befasst. In Teil 1 haben wir erfahren, dass viele Mythen und Missverständnisse um das Phänomen Narzissmus existieren. In Teil 2 haben wir festgestellt, dass sich – bei genauerem Hinsehen – narzisstische Verhaltensweisen im Arbeitskontext sowohl positiv als auch negativ auswirken können. In Teil 3 wurden schließlich Strategien vorgestellt, die es ermöglichen, alleine oder als Organisation konstruktiv mit narzisstischen Dynamiken umzugehen – auch wenn es zugegeben nicht immer leichtfällt.

Um Teil 3 abzurunden, werden in diesem Kapitel die bisher gesammelten Erkenntnisse zusammengefasst – in Form von vier Interviews, die ich während des Schreibprozesses mit den »Big Four« der Narzissmus-Welt führen durfte. Sie setzen sich seit Jahrzehnten mit der Thematik auseinander und sind anerkannte Expert:innen für Narzissmus. Meine vier Interviewpartner:innen sind (in alphabetischer Reihenfolge, um keine Rangfolge zu implizieren): Mitja Back, Klaus Eidenschink, Pablo Hagemeyer und Bärbel Wardetzki.

Sie alle teilen im Folgenden ihre individuellen Erfahrungen und Erkenntnisse mit uns, basierend auf ihren eigenen Erlebnissen, die sie im Rahmen von Coachings/Therapien, Forschungsarbeiten und/oder Beobachtungen im eigenen Arbeitsleben hatten.

Dabei geben sie jeweils wertvolle Tipps, wie Sie mit Narzisst:innen umgehen können, aber auch, was Sie tun können, wenn Sie im Laufe der Lektüre selbst narzisstische Tendenzen an sich festgestellt haben. Schließlich werfen wir gemeinsam einen Blick in die Zukunft des Narzissmus im Kontext der Arbeitswelt. Die Interviews bieten Ihnen somit eine ergänzende Perspektive aus der Praxis, um verschiedenen Aspekte des Narzissmus noch besser zu durchdringen.

4.5.1 Mitja Back über die Spielfelder des ICH!

Prof. Dr. Mitja Back, geb. 1977, ist Diplom-Psychologe und Professor für Psychologische Diagnostik und Persönlichkeitspsychologie an der Universität Münster. Er ist Autor von mehr als 200 Veröffentlichungen in Fachzeitschriften und -büchern und international führender Narzissmusforscher. Mit seinem Buch »Ich! Die Kraft des Narzissmus« wendete er sich 2023 erstmals an ein breites Publikum.

Was hat Sie dazu bewogen, das Thema »Narzissmus« in den Fokus Ihrer Tätigkeit zu rücken?
Für mich ist das Zusammenspiel von Persönlichkeit und sozialen Beziehungen von großem Interesse. Narzissmus eignet sich dabei sehr gut als Untersuchungsgegenstand, da man an ihm vielfältige Aspekte der zwischenmenschlichen Dynamik erklären kann. Einerseits ist das narzisstische Selbstkonzept sehr im Sozialen verankert. Es geht darum, wie andere über eine Person denken und diese wahrnehmen. Andererseits beeinflusst Narzissmus auch die Interaktionen mit anderen, sei es in Freundschaften, romantischen Beziehungen oder am Arbeitsplatz. Abgesehen davon fasziniert mich, dass Narzissmus paradoxe Effekte haben kann (z.B. Charme vs. Aggression). Ebenso paradox können die Reaktionen der Umgebung ausfallen, von Faszination bis zu starker Ablehnung. Zu guter Letzt bedarf es meines Erachtens an vermehrter Aufklärung zu Narzissmus, zumal der aktuelle Diskurs primär durch Meinungen und weniger durch Fakten geprägt ist. Für mich als Wissenschaftler stellt diese fehlende Evidenzbasierung eine große Lücke dar.

Was ist Ihrer Erfahrung nach das größte Missverständnis in Bezug auf Narzissmus?
Das größte Missverständnis liegt darin, dass Narzissmus von vielen als Krankheit und nicht als Persönlichkeitseigenschaft aufgefasst wird. Dabei wird oft eine kleine Gruppe – Personen mit narzisstischer Persönlichkeitsstörung – herangezogen, um die Eigenschaft Narzissmus zu erklären. Dass diese Personen existieren und einen Leidensdruck aufweisen, steht außer Frage. Jedoch liegt ihr Leiden nicht primär in ihrem Narzissmus begründet, sondern im grundlegenden Scheitern ihrer Lebensstrategie. Der Irrtum besteht darin, von dieser speziellen, psychisch erkrankten Gruppe auf die Eigenschaft Narzissmus im Alltag zu schließen.

Die Attraktivität bisheriger Narzissmus-Narrative ist durchaus schlüssig. Das Label »Narzissmus« erlaubt es, sämtliche Probleme auf die vermeintlich narzisstische Person zu externalisieren. Diese Etikettierung scheint zudem auch etwas mit ausgleichender Gerechtigkeit zu tun zu haben, da sie ein gutes Gefühl vermittelt – die Idee, dass jemand »sein Fett wegkriegt«. Dabei spielt vermutlich auch die historische Mystik des Narzissmus eine Rolle. Ein sinnvollerer Zugang wäre meines Erachtens die Anerkennung der Vielfalt menschlicher Eigenschaften und die Berücksichtigung, dass sämtliche Unterschiede je nach Kontext positive oder negative Auswirkungen haben können.

Welche prägende, skurrile oder besondere Erfahrung haben Sie selbst mit Narzissmus gemacht?
Eine prägende Erfahrung war eine meiner ersten Studien zum Thema Narzissmus. Dabei wurden Studierende des ersten Semesters aufgefordert, sich kurz vorzustellen und wurden direkt im Anschluss von ihren Kommiliton:innen beurteilt. Überraschenderweise zeigte sich, dass Narzisst:innen trotz ihres schlechten Rufs nicht weniger, sondern mehr Beliebtheit genossen und zwar, weil sie besser aussahen, selbstbewusster auftraten und mehr lächelten. Diese Beobachtung zeigt, dass Narzisst:innen beim Kennenlernen häufig Dinge tun, die uns gut gefallen – und deswegen einen besseren ersten Eindruck machen.

In meinem Alltag überrascht mich seither die Vielfalt, mit der Narzissmus in Erscheinung treten kann. Wir alle kennen die Person, die ständig mit ihren Heldengeschichten prahlt und um jeden Preis beeindrucken möchte. Aber es gibt auch diejenigen, die etwas zu häufig betonen, wie selbstlos sie anderen helfen, ohne Gegenleistungen zu erwarten, oder die einen Tick zu stolz über ihre eigene Belastung klagen.

In allen sozialen Sphären gibt es eine Aufmerksamkeitsökonomie und Narzisst:innen versuchen mehr als andere, diese Aufmerksamkeit zu bekommen.
Mitja Back

Wie definieren Sie persönlich Narzissmus, basierend auf Ihrer eigenen Erfahrung und Perspektive (abseits der gängigen Lehrbuchdefinitionen)?
Narzissmus beinhaltet Kernmotive, Lebens- bzw. Verhaltensstrategien und verschiedene Spielfelder, auf denen diese Strategien ausgelebt werden. Im Zentrum stehen drei miteinander verbundene Motive: Grandiositätsvorstellungen, Anspruchsdenken und das Streben nach sozialem Status. Zur Umsetzung dieser Motive greifen Narzisst:innen auf zwei Hauptstrategien zurück: Sie können uns mit einem strahlenden Lächeln verzaubern oder aber mit Ellbogen kämpfen. Studien zeigen, dass beide Strategien nicht gleich häufig genutzt werden: Viele Narzisst:innen setzen nur auf das »Strahlen«, während weniger nur die »Ellbogen« einsetzen.

In Bezug auf die sozialen Kontexte lassen sich drei Spielfelder unterscheiden:

1. das schillernde Spielfeld, in dem besondere Ressourcen Aufmerksamkeit erregen können (z. B. eine Topmanagement-Position oder attraktives Aussehen),
2. das selbstlose Spielfeld, in dem Anerkennung durch Selbstlosigkeit und Hilfe für andere gewonnen wird und
3. das leidende Spielfeld, in dem öffentlichkeitswirksame Selbstdarstellung über Opferdarstellung und vermeintliche Übervorteilung durch andere erfolgt.

Es ist wichtig zu betonen, dass natürlich nicht jede stark helfende oder leidende Person narzisstisch ist, jedoch können Menschen eben auch aus einem narzisstischen Motiv heraus so agieren.

Welche Chancen können Narzisst:innen für Unternehmen bieten?
Zunächst einmal ist folgende Tatsache wichtig: Narzisstische Personen bringen neben ihrer Neigung eine Vielfalt anderer Eigenschaften, Motive und Werte mit. Die Bewertung ihrer Chancen (und Risiken) für Unternehmen hängt somit stark von diesen Aspekten ab. Hier ein Beispiel: Intelligente, selbstkontrollierte Narzisst:innen mit von vielen Menschen geteilten ethisch-moralischen Prinzipien können mehr erreichen als ihre weniger klugen, impulsiven und moralisch fragwürdigen Pendants. Eine rein isolierte Betrachtung narzisstischer Eigenschaften im Arbeitskontext greift daher zu kurz.

Wenn wir diesen Umstand berücksichtigen, liegen die wesentlichen Vorteile narzisstisch geprägter Personen in den drei Vs: Verführung, Vorankommen und Veränderung. Ihre überzeugende Art ermöglicht es ihnen beispielsweise, charismatisch aufzutreten und andere zu begeistern. Dies ist besonders hilfreich, wenn es darum geht, andere zu überzeugen oder die Teammoral zu stärken. Das Setzen hoher Ziele, der Fokus auf Erreichbares und das Vorleben von Engagement tragen außerdem dazu bei, dass Narzisst:innen trotz Widerstand durchhalten. Darüber hinaus können Narzisst:innen, die Veränderungen als Chance sehen, treibende Kräfte für innovative Lösungen und Fortschritt in Unternehmen sein.

Welche besonderen Herausforderungen können Narzisst:innen für Unternehmen mit sich bringen?

Die genannten Vorzüge sind ironischerweise zugleich Punkte, die eine Organisation zum Scheitern bringen können. Ein übermäßiger Führungsdrang kann schnell ins Aggressive umschlagen, was zu starkem Arbeitsdruck, Unzufriedenheit und Burnout im Team beiträgt. Dies betrifft nicht nur vermeintlich »schwächere« Teammitglieder, sondern auch hochleistungsfähige und kreative Mitarbeitende, die bei vorhandenen Alternativen schnell das Weite suchen können.

Eine weitere Herausforderung besteht im Hinblick auf das Thema Betrug. Nehmen wir als (Extrem-)Beispiel Elizabeth Holmes, Ex-Gründerin des Biotech-Start-ups Theranos. Ihr Streben nach revolutionärer medizinischer Diagnostik endete in einem 900-Millionen-Dollar-Skandal und einer elfjährigen Haftstrafe. Die ehemalige Starunternehmerin ist ein Paradebeispiel für die Licht- und Schattenseite des Narzissmus.

Das Holmes-Beispiel veranschaulicht zudem eine oft übersehene Randbedingung – den unternehmerischen Kontext. In einem Umfeld wie der Biotech-Branche, das auf radikale Innovation und Spitzentechnologie angewiesen ist, kann Narzissmus zunächst positiv wirken. Doch der Fall Theranos zeigt, dass der unbedingte Glaube an sich selbst ohne angemessene Gegenmaßnahmen langfristig zu verheerenden Konsequenzen führen kann.

Welche Strategien oder Tipps können Sie Menschen mitgeben, die mit Narzisst:innen zusammenarbeiten (müssen)?

Das (emotionale) Feedback richtig einordnen

Menschen mit narzisstischen Tendenzen können zwischen Lob und harscher Kritik schwanken, was zunächst irritierend sein kann. Mein Tipp: Nehmen Sie derartiges Feedback nicht zu persönlich, sondern betrachten Sie es so, wie es für Sie hilfreich ist. Konzentrieren Sie sich auf das Wesentliche für Ihre Arbeit.

Die selbstbewusste Sachlichkeit wahren

Der Umgang mit Konflikten will bei narzisstischen Personen gelernt sein. Vermeiden Sie übertriebene Schmeichelei, um nicht als anbiedernd wahrgenommen zu werden. Gleichzeitig sollten Sie nicht zu aggressiv in die Offensive gehen, um den Konflikt nicht zu eskalieren. Fokussieren Sie auf den Inhalt, betonen Sie gemeinsame Ziele und setzen Sie auf klare Kommunikation.

Die energische Erfolgsorientierung

Nutzen Sie die Verve von Narzisst:innen zu Ihrem eigenen Vorteil. Lassen Sie sich beispielsweise von ihrer Motivation inspirieren, um an einer gemeinsamen Vision zu arbeiten. Wenn Ihr Engagement sichtbar wird, erhöht dies die Bereitschaft Ihres Gegenübers, Ihnen mehr Verantwortung oder neue Aufgaben zu übertragen.

Welche Strategien oder Tipps haben Sie für Personen, die selbst erkennen, dass sie narzisstische Verhaltensweisen aufweisen und mit anderen erfolgreich zusammenarbeiten möchten?
Niemand sollte versuchen, den eigenen Narzissmus vollständig zu eliminieren. Persönlichkeit lässt sich nicht in einem Wochenendseminar verändern, zumal man dabei auch wertvolle Stärken opfern würde. Stattdessen ist es hilfreich, produktiver und flexibler mit Narzissmus umzugehen und zusätzliche Facetten der Persönlichkeit zu integrieren. Hierzu habe ich folgende Empfehlungen:

Den eigenen Umgang mit Kritik trainieren

Personen, die narzisstische Verhaltensweisen an sich wahrnehmen, sollten sich folgendes klarmachen: Ungeduld und Aggression führen selten zu nachhaltigem Erfolg. Statt Kritik als Angriff gegen die eigene Größe zu sehen, sollte sie vielmehr als Möglichkeit zur persönlichen Weiterentwicklung betrachtet werden. Größe kann sich auch darin zeigen, Kritik konstruktiv anzunehmen und zu nutzen.

Den anderen richtig zuhören

Narzisst:innen sollten erkennen, dass die Fähigkeit des Zuhörens entscheidend für den beruflichen Erfolg ist. Ab einer gewissen Komplexität im beruflichen Umfeld ist es unabdingbar, verschiedene Meinungen zuzulassen, andere Perspektiven zu berücksichtigen und mit anderen zusammenzuarbeiten. Man kann sein eigenes Potenzial auch besser nutzen, wenn man andere fördert und unterstützt.

Sich einen vertrauensvollen »Sidekick« aneignen

Schließlich ist es hilfreich, eine Person im Umfeld zu haben, der man vollständig vertraut und von der man konstruktive Kritik annehmen kann. Egal, ob Freundeskreis, Arbeitsumfeld oder Coaching: Ein verlässlicher »Sidekick« kann als Sparringspartner dienen und rechtzeitig auf potenzielle Schwierigkeiten hinweisen, was eine kritische Reflexion des eigenen Verhaltens ermöglicht.

Welche Entwicklungen sehen Sie in Bezug auf (das Verständnis von) Narzissmus in der Zukunft, speziell im Arbeitskontext?
Eine zentrale Frage, die die Narzissmusforschung beschäftigt, lautet: Wo kommt Narzissmus her und wie entwickelt er sich weiter? Evidenzbasiert zeigt sich, dass neben einer klaren genetischen Verankerung Faktoren außerhalb der Familie eine noch größere Rolle spielen als beispielsweise die elterliche Erziehung. Und hier kann auch der berufliche Kontext entscheidend sein: Künftige Forschung sollte vermehrt untersuchen, wie beispielsweise die Arbeitsumgebung, der individuelle Karriereweg und Leistungsfeedback gemeinsam mit einer vorhandenen narzisstischen Tendenz die Entwicklung von Narzissmus vorantreibt. Dies ermöglicht auch Einblicke, wie sich Narzissmus spezifisch in unternehmerischen Kontexten auswirkt und unter welchen Bedingungen positive oder negative Effekte wahrscheinlicher sind.

4.5.2 Klaus Eidenschink über narzisstische Nöte

Klaus Eidenschink, geb. 1959, ist Executive Coach, Organisationsberater und Leiter des Hephaistos Coaching-Zentrums München. Er hat Theologie, Philosophie und Psychologie studiert und beschäftigt sich seit vielen Jahren mit narzisstischen Phänomenen. Seine wichtigsten Erkenntnisse fasst er in seinem Buch »Es gibt keine Narzissten! Nur Menschen mit narzisstischen Nöten« zusammen.

Was hat Sie dazu bewogen, das Thema »Narzissmus« in den Fokus Ihrer Tätigkeit zu rücken?
Ob im therapeutischen Kontext, in der Teamentwicklung oder in der Zusammenarbeit mit Führungskräften – eine effektive Beratung erfordert aus meiner Sicht immer eine bewusste Auseinandersetzung mit narzisstischen Nöten. Die Entscheidung, das Thema »Narzissmus« in den Fokus meiner beruflichen Tätigkeit zu rücken, war daher weniger eine bewusste Wahl als vielmehr eine unumgängliche Notwendigkeit. Dies gilt übrigens nicht nur für Psychotherapeut:innen, sondern für all jene, die in einer beratenden Funktion innerhalb der modernen Arbeitswelt tätig sind.

Darüber hinaus besteht aus meiner Sicht ein erheblicher Bedarf an Aufklärungsarbeit, insbesondere aufgrund der vielen ungünstigen Narrative, die diese Nöte umgeben. Denn es geht nicht nur darum, diejenigen zu unterstützen, die unter narzisstischen Mustern leiden, sondern auch um diejenigen, die unter den Auswirkungen dieser seelischen Selbstorganisation zu leiden haben. Es ist daher überaus wichtig, das Bewusstsein für diese Thematik zu schärfen und einen konstruktiven Beitrag für eine differenziertere Auseinandersetzung mit Narzissmus zu leisten.

Was ist Ihrer Erfahrung nach das größte Missverständnis in Bezug auf Narzissmus?
Aus meiner vierzigjährigen Berufserfahrung heraus betrachtet, besteht eines der größten Missverständnisse in der Annahme, dass Narzisst:innen ein besonders hohes Selbstwertgefühl besitzen. Die eigentliche narzisstische Not besteht nämlich darin, dass sich diese Personen ihrer selbst nicht bewusst sind. Früh in ihrer individuellen Entwicklung lernen narzisstisch geprägte Menschen verschiedene Rollen zu spielen, um im Außen eine positive Resonanz beim Gegenüber hervorzurufen. So erkennen Kinder beispielsweise mit der Zeit, welche Rollen besonders attraktiv für ihre Bezugspersonen sind, lernen sich in diesen Rollen erwartungsgemäß zu präsentieren und eine scheinbare Selbstsicherheit vorzutäuschen. Dieses Muster bleibt auch in späteren Kontexten bestehen, so auch im Berufsleben. Dabei ist wichtig, hervorzuheben, dass narzisstische Personen durchaus authentisch im Falschen sein können – sie können lügen, ohne es zu wissen. Sie können perfekt in ihren Rollen agieren und sind deshalb auch »stolz«, sind jedoch nicht wirklich selbstbewusst.

Ein weiteres Missverständnis besteht darin, Narzissmus als bewusstes Streben nach Selbsterhöhung über andere zu interpretieren. Dieses Absichtsmotiv wird oft irrtümlich unterstellt. Hierzu folgendes Beispiel: Würden Sie annehmen, dass ein überangepasster, depressiver Mensch dem Bedürfnis nachgeht, anderen etwas Gutes zu tun? Das wäre eine völlige Verkennung der Dynamik, denn so jemand muss sich selbst aufgeben, um seine Ängste zu beruhigen. Ähnlich verhält es sich beim Narzissmus: Diese Menschen entwickeln eine Art Überlebensstrategie, um sich vor der tiefen Scham, Schuld oder Leere zu schützen, die hinter dem ins Schaufenster gestellte Selbst liegt. Die Notwendigkeit zur Selbstüberhöhung entsteht somit unweigerlich, weil es für narzisstisch geprägte Menschen aussichtslos oder unwahrscheinlich erscheint, die zuvor genannten Gefühle zuzulassen – außer es geht nicht anders. Aus diesem Grund hat Narzissmus nach meiner Wahrnehmung so einen schlechten Ruf – weil man der Not eine Absicht unterstellt.

Welche prägende, skurrile oder besondere Erfahrung haben Sie selbst mit Narzissmus gemacht?
Ohne an eine bestimmte Situation zu denken, bin ich insgesamt immer wieder davon beeindruckt bzw. erstaunt, wie geschickt Narzisst:innen sind, in verschiedenen Kontexten das zu geben, was Eindruck macht. Sie verfügen zudem über ein unglaubliches Verführungspotenzial, mit dem sie in der Lage sind, andere durch geschickte Umdeutungen zu beeinflussen. Nehmen Sie als Beispiel eine Person, die Ihre Aussage mit einer rhetorischen Finesse zurückspielt (z. B. »Das sage ich doch bloß, weil Sie mich das gefragt haben!«). Diese Fähigkeit, den schwarzen Peter stets auf andere und nie auf sich selbst zu schieben – die Unauffälligkeit des Gifts, wie ich es bezeichne – ist etwas, was mich immer wieder aufs Neue fasziniert.

Darüber hinaus erstaunt mich auch regelmäßig, wie vielen Menschen es doch gelingen kann, sich aus narzisstischen Mustern zu lösen. Es wird oft behauptet, dass es schwer oder gar unmöglich sei, narzisstisch leidenden Menschen zu helfen. Diese Auffassung teile ich nicht, wenn das richtige Beziehungsangebot vorhanden ist. Der Behandlungs- bzw. Coachingerfolg hängt meiner Erfahrung nach stark davon ab, welche Art von Unterstützung einer narzisstisch geprägten Person entgegengebracht wird. Wenn man in der Lage ist, das Gegenüber in seiner narzisstischen Vereinnahmung zu durchschauen und gleichzeitig aufrichtiges Interesse und Empathie für seine inneren Nöte zeigt, kann durchaus eine positive Veränderung erzielt werden.

Wie definieren Sie persönlich Narzissmus, basierend auf Ihrer eigenen Erfahrung und Perspektive (abseits der gängigen Lehrbuchdefinitionen)?
Ich verstehe Narzissmus als Ausdruck von inneren Nöten, die aus einem Mangel an Selbstwahrnehmung resultieren. Diese Nöte werden aktiv, wenn Menschen keine angemessene Resonanz auf das erfahren, was sie selbst ausdrücken, sondern auf das, was andere in ihnen sehen (oder sehen wollen). Narzisstische Verhaltensweisen entstehen gewissermaßen, weil die eigenen Selbstprozesse ohne ein Echo bleiben. Stattdessen werden diese Menschen zu Hauptdarsteller:innen auf den Bühnen anderer Personen – Eltern, Kolleg:innen, Teammitgliedern etc. Viele dieser narzisstischen Nöte manifestieren sich dabei nicht in einer erfolgreichen Selbstpräsentation, sondern vielmehr in einem lebenslangen Streben danach, von anderen erkannt und wahrgenommen zu werden. So entstehen Menschen, die sich nicht unbedingt mit dem identifizieren, was sie tun, sondern mit dem, wie sie gerne wären – das sog. »Ich-Ideal«. Dies kann letztendlich dazu führen, dass diese Menschen ein Leben lang in einem falschen Selbst gefangen sind und dies darauf zurückführen, dass sie in ihrer Wahrnehmung verkannt wurden.

Welche Chancen können Narzisst:innen für Unternehmen bieten?

> *Narzisstische Verhaltenswiesen sind für Unternehmen per se weder gut noch schlecht, sondern erfüllen stets eine bestimmte Funktion.*
> Klaus Eidenschink

Unternehmen profitieren grundsätzlich dann von diesen Verhaltensweisen, wenn die »Talente«, die aus narzisstischen Nöten erwachsen, für das Unternehmen selbst funktional (vs. dysfunktional) sind. Nehmen wir hier als Beispiel eine Führungskraft, die nach außen (und nach innen) in der Lage ist, ein positives Bild von sich selbst und der Organisation zu vermitteln. Diese Führungskraft kann beispielsweise durch ihren Charme Visionen ausbilden, andere begeistern und so unterschiedliche Personengruppen mitreißen. Diese Fähigkeiten sind in vielen Führungspositionen bzw. leitenden Funktionen gefragt und tragen dazu bei, dass diese Menschen in ihren Karrieren erfolgreich vorankommen.

Es ist zudem auch wenig überraschend, dass Unternehmen narzisstische Führungskräfte halten, solange diese funktionalen Facetten ihres Verhaltens die möglichen

Nachteile überwiegen (z. B. unzufriedene Mitarbeitende). In solchen Situationen werden der narzisstischen Führungskraft oft Coachings oder Kommunikationstrainings angeboten, um eventuelle Konflikte zu abzumildern. Diese Konstellation kann sogar über lange Zeiträume gut funktionieren und nicht zwangsläufig zu negativen Auswirkungen führen. Ein Beispiel hierfür wäre ein inhabergeführtes Unternehmen, das über Jahrzehnte erfolgreich unter einer narzisstisch strukturierten Unternehmensleitung läuft. Zu einem Bruch kommt es oft erst dann, wenn die nachfolgende Generation aus der Familie weniger stark narzisstisch geprägt ist oder aber niemand anderes den Führungsposten übernehmen möchte.

Welche besonderen Herausforderungen können Narzisst:innen für Unternehmen mit sich bringen?

Führungskräfte in narzisstischer Not brauchen immer Leute, die ihnen helfen, eine Fassade zu generieren, ihnen sozusagen »zuarbeiten«. Eine wesentliche Gefahr besteht hierbei darin, dass Mitarbeitende sich möglicherweise in einer Position wiederfinden, in der sie sich letztendlich ausgenutzt fühlen. Das kann beispielsweise durch die Unterstützung bei der Fassadengenerierung passieren oder aber durch das Erfüllen von Aufgaben, die dazu dienen, das narzisstische Ideal aufrechtzuerhalten. Vielfach merken die betroffenen Personen nicht einmal, dass sie sich missbrauchen lassen. Das liegt u. a. daran, dass es unzählige Formen des narzisstischen Missbrauchs gibt. Viele davon sind in unserer heutigen Arbeitswelt sogar sozial akzeptiert: Eine Führungskraft, die ihr Team übermäßig hart arbeiten lässt, um ihren eigenen Erfolg zu maximieren, kann dies geschickt unter der Maxime *work hard, play hard* (arbeite hart, feiere hart) kaschieren. Wird der Chef oder die Chefin schließlich befördert, profitiert das Team indirekt mit von dem Erfolg. Dieses »Mitgezogen-Werden« kann es den Teammitgliedern wiederum erschweren, sich von der narzisstischen Führungskraft zu lösen. Viele bemerken diese Dynamik erst spät oder nur subtil, wenn schon viel Schaden angerichtet wurde.

Welche Strategien oder Tipps können Sie Menschen mitgeben, die mit Narzisst:innen zusammenarbeiten (müssen)?

Für Menschen, die mit Narzisst:innen zusammenarbeiten (müssen), erscheint mir die Arbeit an der inneren Haltung offen gestanden sinnvoller als die Arbeit an bestimmten Verhaltensweisen. Überspitzt formuliert könnte man sagen: Ohne eine entsprechende Haltung besteht die Gefahr, zu einer sprechenden Attrappe zu werden. Man kann also formal das Richtige machen, ohne dass es funktioniert. Wenn man innerlich unabhängig wird und weder Kritik noch Lob persönlich nimmt, sondern als Mittel des Gegenübers versteht, andere zu manipulieren, dann ermöglicht diese innere Freiheit, dass man nicht Teil des »erweiterten narzisstischen Selbst« wird. Hierbei kann neben der persönlichen Selbsterfahrung im Arbeitskontext auch, wenn nötig, therapeutische Unterstützung erforderlich werden.

Welche Strategien oder Tipps haben Sie für Personen, die selbst erkennen, dass sie narzisstische Verhaltensweisen aufweisen und mit anderen erfolgreich zusammenarbeiten möchten?
Hier habe ich im Grunde nur einen Tipp: Niemand kommt aus seiner Not ohne Hilfe heraus. Es ist ratsam, sich bei entsprechendem Bedarf professionell begleiten zu lassen.

Welche Entwicklungen sehen Sie in Bezug auf (das Verständnis von) Narzissmus in der Zukunft, speziell im Arbeitskontext?
Meiner Auffassung nach sind verschiedene Entwicklungen möglich. Unsere westliche Industriegesellschaft steht momentan vor krisenhaften Herausforderungen, wobei unklar ist, ob der Narzissmus selbst in eine Krise geraten wird. Im Kontext von verstärktem Wettbewerb und einer »Jeder gegen Jeden«-Haltung könnten narzisstische Verhaltensweisen, die darauf abzielen, den eigenen Nutzen zu maximieren, verstärkt an Bedeutung gewinnen. Im Falle eines Zerfalls gesellschaftlicher Machtstrukturen hingegen könnte sich der »Wettbewerbsvorteil« narzisstischer Persönlichkeiten verringern. Es bleibt abzuwarten welches Szenario in Zukunft eintreten wird.

Statt das Phänomen Narzissmus künftig weiter anzuklagen, erscheint es mir darüber hinaus ratsamer, den eigenen Beitrag an der narzisstischen Dynamik zu reflektieren. Jeder Mensch trägt in allen seinen Rollen dazu bei, dass narzisstische Not stabilisiert oder destabilisiert wird; sei es als Wähler:in politischer Parteien, als Mitarbeitende eines Teams oder in anderen sozialen Kontexten. Eine bewusste Reflexion über den individuellen Beitrag am Narzissmus-Geschehen kann dazu beitragen, dessen Auswirkungen in verschiedenen Lebensbereichen besser zu verstehen und positiv zu beeinflussen.

4.5.3 Pablo Hagemeyer über unbewussten Neid

Dr. med. Pablo Hagemeyer, geb. 1970, ist Bestsellerautor des Buches »Gestatten, ich bin ein Arschloch«. Er praktiziert als Facharzt für Psychiatrie und Psychotherapie in eigener Praxis in Weilheim in Oberbayern. Als bekanntester Narzissmus-Doc Deutschlands liegt seine Expertise insbesondere auf den Gebieten Narzissmus und Angststörungen.

Was hat Sie dazu bewogen, das Thema »Narzissmus« in den Fokus Ihrer Tätigkeit zu rücken?
In meiner Entwicklung als Psychiater und Psychotherapeut stellte ich fest, dass Selbstwertregulation das zentrale Thema in der Psychotherapie ist. Ich erkannte meine eigenen Bedürfnisse nach Sichtbarkeit und Anerkennung sowie bedeutsame Schuld- und Schamgefühle (v. a. bei Fehlern). Meine Kollegin sagte dann tatsächlich einmal en passant zu mir: »Du bist doch auch ein Narzisst – aber ein Netter«.

Narzissmus beschäftigt mich jedoch nicht nur persönlich, sondern auch in Bezug auf die politische Großwetterlage, insbesondere seit Trumps Wahl zum US-Präsidenten 2016. Die deutsche Medienreaktion überraschte mich damals, da Trump gemeinhin als narzisstisch gilt. Während in den USA viele Psychotherapeut:innen vor potenziellen Gefahren warnten, blieb das Medienecho hier vorerst aus. Die Trump-Wahl sehe ich als Symptom für einen blinden Fleck in unserer Gesellschaft, in der viele Menschen narzisstische Anteile haben und dies nicht erkennen wollen.

Was ist Ihrer Erfahrung nach das größte Missverständnis in Bezug auf Narzissmus?
Wir haben nur einen Begriff, um unterschiedliche Perspektiven auszudrücken. In der Psychologie wird mit Narzissmus eine (normale) Charaktereigenschaft des Menschen beschrieben. In der Psychiatrie beschreiben wir mit Narzissmus hingegen eine Pathologie, eine psychische Störung mit Krankheitswert. Die sozialen Medien wiederum bringen eine weitere Perspektive ein, bei der es häufig um Etikettierung und Stigmatisierung geht. Wenn jemand beispielsweise etwas Negatives tut, ist er oder sie sofort ein »Narzisst« bzw. eine »Narzisstin«. Das führt allerdings häufig zu Missverständnissen, denn die Zuschreibung »Narzissmus« wird häufig nur für toxisches Verhalten gebraucht, weniger für positive Aspekte wie beispielsweise eine hohe Leistungsorientierung.

Welche prägende, skurrile oder besondere Erfahrung haben Sie selbst mit Narzissmus gemacht?
Was ich absurd finde, ist das Grandiositätsdenken des Narzissmus – dass eine Person glaubt, sie ist großartig und das überhaupt nicht mit der Realität übereinstimmt. Ich hatte einmal eine Klientin, die mich fragte, ob ich mich mit Hochbegabung auskenne. Sie stellte nämlich für sich im Verlauf des Gesprächs fest, dass sie gar nicht narzisstisch, sondern hochbegabt sei. Der Glaube an die eigene Hochbegabung war bei dieser Person so robust, dass er das Selbstwertsystem stützte und nicht negiert werden durfte. Das Skurrile dabei: Sie hatte keinen Test für Hochbegabung gemacht – nur ein Buch zu dem Thema gelesen und mit einer befreundeten Psychologin dazu gesprochen. Diese Form der Grandiosität führt häufig zu »Fakestorys« und es erfolgt kein Faktencheck. Es ist frappierend, wie Narzisst:innen ihre eigene Geschichte glauben und dies trägt dazu bei, dass etwa 60% der Therapien an diesem narzisstischen Motiv der Selbststabilisierung scheitern.

Wie definieren Sie persönlich Narzissmus, basierend auf Ihrer eigenen Erfahrung und Perspektive (abseits der gängigen Lehrbuchdefinitionen)?

> *Narzissmus ist für mich eine unbewusste Macht, die Menschen (fern-)steuert und einen blinden Fleck erzeugt.*
> Pablo Hagemeyer

Es ist eine Strategie zur Selbstwertregulation, wobei es vielmehr um die Regulation des Selbstwert*gefühls* als um den tatsächlichen Selbstwert an sich geht. Ein zentrales

Bedürfnis nach Anerkennung steht im Mittelpunkt – die Überzeugung, dass die eigene Sichtweise der Welt anerkennenswert und -würdig ist. Wer dies nicht unterstützt, wird anders behandelt bzw. abgewertet. Anders als beim grandiosen Narzissmus spielt beim vulnerablen Narzissmus noch das Vermeiden von Anerkennungsverlust eine wichtige Rolle, weniger Status oder Grandiositätsdenken. Aus einer psychoanalytischen Perspektive ist Narzissmus zudem eine unreife menschliche Eigenschaft.

Welche Chancen können Narzisst:innen für Unternehmen bieten?
Das sind Menschen, die sich grundsätzlich erst einmal trauen, mutig sind und die Chuzpe besitzen, Dinge anzupacken, während andere zunächst eher ängstlich, unsicher oder zweifelnd sind. Narzisstische Menschen stellen sich gerne der Verpflichtung – und zunächst auch der Verantwortung –, für ein Unternehmen oder eine Gruppe einzustehen und die Führung zu übernehmen. Vor allem die grandios narzisstischen Personen sind diejenigen, die häufig als erste in die Bresche springen. Sie besitzen die irrationale Annahme über sich selbst, etwas besonders gut zu können und dass sie es schon irgendwie hinkriegen. Narzisst:innen können für Unternehmen somit als Antreiber und Motor für viele Unternehmungen hilfreich sein.

Welche besonderen Herausforderungen können Narzisst:innen für Unternehmen mit sich bringen?
Eine zentrale Herausforderung liegt im unbewussten Neid, der zu verschiedenen problematischen Verhaltensweisen führen kann: anderen den Erfolg missgönnen, sich passiv-aggressiv verhalten oder Dinge verhindern. Das kann eine negative Stimmung erzeugen, die das Büroklima beeinträchtigt und im schlimmsten Fall ein Team spaltet. Unbewusster Neid wird besonders dann problematisch, wenn sich ein Team eigentlich solidarisieren sollte, beispielsweise, um gegen eine schwierige Führungskraft vorzugehen.

Eine weitere Herausforderung ist die Kontrast-Empathie. Narzisstische Personen können zwar kognitiv verstehen, was andere brauchen, distanzieren sich jedoch, wenn ihnen etwas zu nahe geht. Wenn eine Führungskraft beispielsweise Empathie nur dazu nutzt, um eigene Vorteile zu erlangen, wird das Team dadurch frustriert. Mit wachsender Frustration ist ein gutes Arbeiten nicht mehr möglich – auch nicht für die Führungskraft. Sie greift dann häufig zu Regulationsstrategien, wie das Delegieren von Verantwortung, die Diffamierung anderer oder die Inszenierung von Pseudolösungen. Das Tückische dabei ist, dass in großen Unternehmen diese Probleme oft nicht auffallen. Die betroffene Abteilung scheint auf den ersten Blick reibungslos zu funktionieren, obwohl ein Austausch der Führungskraft oder die Auflösung der betreffenden Abteilung notwendig wäre. Genau das wird jedoch vom C-Level oft gescheut, da oberflächlich betrachtet alles in Ordnung zu sein scheint. Der Schaden für die Mitarbeitenden ist jedoch erheblich. Ein hoher Krankenstand – aufgrund der Führungspersönlichkeit und nicht etwa des Jobs an sich – ist oft die Folge.

Welche Strategien oder Tipps können Sie Menschen mitgeben, die mit Narzisst:innen zusammenarbeiten (müssen)?
Die doppelte Handlungsregulation

Eine grundsätzliche Strategie orientiert sich am Modell der doppelten Handlungsregulation, das vom Bochumer Psychologieprofessor Rainer Sachse entwickelt wurde. Dabei werden sowohl der unbewusste Anteil der narzisstischen Person (Anerkennungsbedürftigkeit zur Selbstwertregulation) als auch ihr oberflächlicher Anteil (Spielebene, mit manipulativem Verhalten) angesprochen. Ein Beispiel hierfür wäre eine Führungskraft, die großen Wert auf ihre äußere Erscheinung und Gesundheit legt. Das offensichtliche Bedürfnis nach Anerkennung sollte bedient werden, selbst wenn es einem schwerfällt (z. B. »Ich finde es klasse, dass du dich vegan ernährst und das schon so lange durchhältst!«). Auf der unbewussten Ebene geht es um die Validierung und Wertschätzung des Gegenübers (z. B. »Ich mag dich und schätze dich als Mensch.«). Es ist wichtig, freundlich, aber auch klar zu sein – eine Mischung aus Bestätigung und Begrenzung.

Der Dreisprung

Eine weitere Strategie besteht darin, das Gegenüber durch einen »Dreisprung« zu besänftigen. Nehmen wir hier als Beispiel eine Führungskraft, deren Idee man für wenig praktikabel hält. Hier ist die Vorgehensweise wie folgt: (1) Signalisierung von Zustimmung und Anerkennung (z. B. »Das ist eine sehr gute Idee, die du hast.«); (2) Einbringen der eigenen Expertise (z. B. »Meiner Erfahrung nach wird das jedoch nicht gut funktionieren, weil …«); (3) Warnung vor negativen Konsequenzen für das Gegenüber (z. B. »Weil das nicht funktionieren wird, wird das negativ auf dich zurückfallen – und genau deshalb will ich dich darüber informieren.«). Damit wird der Umstand bedient, dass es für die narzisstische Führungskraft wichtig ist, ein gutes Image zu wahren. Durch die persönliche Betroffenheit ist sie eher geneigt, einem zuzuhören und sich zu verändern.

Die prosoziale Empathie

Bei dieser Strategie betont man die Empathie für das Gelingen und das Optimistische. Stellen wir uns einen erfolgreichen Vertriebsleiter vor, der für seine Kundschaft alles tut, aber für seine eigenen Mitarbeitenden wenig übrig hat. Im Gespräch könnte die prosoziale Empathie für das Team so angesprochen werden: »Du bist so ein erfolgreicher Vertriebsleiter! Kannst du dir vorstellen, deine Mitarbeitenden genauso zu behandeln wie deine Kund:innen?« Der Mechanismus hinter dieser Strategie ist das Versprechen der eigenen Großartigkeit: »Wenn du dein Verhalten änderst, dann wird die Stimmung im Büro noch besser!«. Diese Strategie eignet sich auch gut, um gekränkte narzisstische Personen zunächst zu stabilisieren.

Welche Strategien oder Tipps haben Sie für Personen, die selbst erkennen, dass sie narzisstische Verhaltensweisen aufweisen und mit anderen erfolgreich zusammenarbeiten möchten?

Die Qualität Empathie üben

Empathie ist für mich die Währung der Zukunft. Der Ausbau von Empathiefähigkeit ist entscheidend, um zwischenmenschliche Beziehungen auszubauen und prosozial handeln zu können. Ganz allgemein können alle Qualitäten der sog. »hellen Triade« – Humanismus, Kantianismus und der Glaube an die Menschlichkeit – als grundlegende Aspekte betrachtet werden, die ein sozial verantwortliches Miteinander ermöglichen.

Die Selbstreflektion stärken

Narzisstische Menschen müssen lernen, sich selbst noch stärker zu reflektieren. Hierbei gilt es, die eigenen blinden Flecken anzuerkennen und zu verstehen. Darunter fallen sämtliche Aspekte der narzisstischen Abwehr, einschließlich primitiver Abwehrmechanismen wie Schuldumkehr, fehlende oder unzureichende Kommunikation (z. B. »Das interessiert mich nicht«, »Ich habe Recht«, »Darüber spreche ich nicht«).

Den unbewussten Neid überwinden

Narzisstische Personen sind oft mit sich selbst nicht so gut im Kontakt. In der psychoanalytischen Arbeit wird hier immer wieder die Warum-Frage gestellt, um zugrundliegende Motive zu erkunden: »Warum mache ich das und was fühle ich dabei?« Durch wiederholtes Hinterfragen kommt schließlich die Erkenntnis, dass Neid eine Rolle spielt und der Wunsch besteht, denselben Erfolg wie andere zu erleben. Dieser Erkenntnisprozess kann starke Emotionen wie Enttäuschung oder Gefühle der Unzulänglichkeit ans Licht bringen. Die Fähigkeit, diese Affekte zuzulassen, ist ein Gewinn in der Zusammenarbeit mit Narzisst:innen.

Welche Entwicklungen sehen Sie in Bezug auf (das Verständnis von) Narzissmus in der Zukunft, speziell im Arbeitskontext?

Bei dem Blick in die Zukunft erweist sich ein Blick in die Vergangenheit als hilfreich. Die alten Griechen hatten mit ihrem Mythos von Narziss gewissermaßen Recht. Ich fürchte, dass wir möglicherweise noch die eine oder andere Katastrophe erleben werden – sei es auf kollektiver Ebene als Gesellschaft oder individuell als Menschen. Ähnlich wie einst der Jüngling Narziss werden wir sprichwörtlich baden gehen. Meine Hoffnung ist jedoch ein gnadenloser Optimismus. Durch einen optimistischen Blick können wir uns vor negativen Informationen und Negativität allgemein schützen. Wir müssen an eine positive, irrationale Sache glauben, dann gelingt das Leben besser.

4.5.4 Bärbel Wardetzki über das ausgedehnte Selbst

Dr. Bärbel Wardetzki, geb. 1952, ist Bestsellerautorin des Buches »Weiblicher Narzissmus: Der Hunger nach Anerkennung«. Als Diplom-Psychologin liegen ihre Schwerpunkte auf Narzissmus, narzisstischen Persönlichkeitsstörungen sowie Kränkungen und Selbstwertthemen. Neben ihrer Tätigkeit als Psychotherapeutin, Supervisorin und Coachin ist sie eine gefragte Referentin im In- und Ausland.

Was hat Sie dazu bewogen, das Thema »Narzissmus« in den Fokus Ihrer Tätigkeit zu rücken?
Das Thema »Narzissmus« begegnete mir als praktizierende Psychotherapeutin in den 80er Jahren, als ich mit essgestörten Frauen – insbesondere Bulimikerinnen – arbeitete. Viele dieser Patientinnen präsentierten sich äußerlich stark, obwohl ihr Selbstwertgefühl häufig im wahrsten Sinne des Wortes ausgehungert war. Es wurde deutlich, dass diese Frauen ein stark geschwächtes Selbstwertgefühl hatten, das sie durch eine Fassade der Überlegenheit zu kompensieren versuchten. Ein häufiges Muster bestand in der Verleugnung eigener Probleme und dem Festhalten am Glauben, alles im Griff zu haben. Dennoch litten die meisten Patientinnen erheblich darunter, sich nicht als gut genug oder gar wertlos zu empfinden. Aufgrund dieser Beobachtungen entschied ich mich, das Thema Essstörungen unter der narzisstischen Perspektive in meiner Doktorarbeit zu untersuchen. Dies führte schließlich auch zur Veröffentlichung meines ersten Buches über weiblichen Narzissmus.

Was ist Ihrer Erfahrung nach das größte Missverständnis in Bezug auf Narzissmus?
Wir neigen dazu, Narzisst:innen als bösartig wahrzunehmen, als Personen, die sich bewusst aufspielen. Häufig entsteht der Eindruck, dass Narzissmus eine ausschließlich negative Eigenschaft ist, die es partout zu meiden gilt. Was viele hingegen nicht sehen, ist das zugrundeliegende Leid.

> *Narzisstische Personen sind trotz ihrer Selbstzentriertheit ein Abbild dessen, was sie von außen erleben – ein Widerspruch, der mit der Eigenschaft selbst einhergeht.*
> Bärbel Wardetzki

Ihr Blick richtet sich stets nach außen, nicht nach innen. Diese Menschen verwenden somit einen enormen Aufwand darauf, ihre Existenzberechtigung zu beweisen, vernachlässigen dabei jedoch den Kontakt zu ihren eigenen Bedürfnissen und Gefühlen. Statt sich mit Fragen wie »Was fühle ich?« oder »Wie geht es mir im Moment?« zu beschäftigen, liegt ihr Fokus vielmehr darauf, wie ihre Wirkung auf andere ist.

Welche prägende, skurrile oder besondere Erfahrung haben Sie selbst mit Narzissmus gemacht?
In verschiedenen Lebenssituationen, sei es im beruflichen oder privaten Kontext, habe ich erlebt, wie ich unfreiwillig zu einem Teil des erweiterten Selbst einer narzisstischen Person wurde. In der Rückschau erkenne ich, dass dies hauptsächlich durch das Phänomen *Expanded Self* (ausgedehntes Selbst) geschah, das auf den deutschen Psychoanalytiker Frank Petermann zurückgeht. Dabei vereinnahmt die narzisstische Person ihr Gegenüber, entzieht ihm die eigene Identität und formt es nach ihren eigenen Vorstellungen. Das Ergebnis ist, dass das eigene Selbst in den Hintergrund gerät und sich verliert.

Plötzlich fühlt man sich klein, unbedeutend und handlungsunfähig, während sich die narzisstische Person groß, wichtig und mächtig fühlt. Es handelt sich um eine Form der unbewussten Abwehr, bei der Narzisst:innen ihre eigenen Gefühle der Unzulänglichkeit auf andere projizieren. Diese wiederum werden verleitet, sich mit der übertragenen Minderwertigkeit zu identifizieren und Dinge zu tun oder zu sagen, die sie eigentlich nicht wollen. Dieses Zusammenspiel aus Macht versus Unterwerfung in der Situation selbst zu durchschauen, ist gar nicht so einfach.

Wie definieren Sie persönlich Narzissmus, basierend auf Ihrer eigenen Erfahrung und Perspektive (abseits der gängigen Lehrbuchdefinitionen)?
Narzissmus ist für mich eine Schutzfunktion, die als Reaktion auf eine frühe Selbstwertverletzung ausgebildet wird. Diese »narzisstische Wunde« entsteht in Situationen, in denen das Individuum sich nicht angemessen gesehen, gehört oder gespiegelt fühlt. Infolge solcher Erfahrungen können sich Glaubenssätze verfestigen wie etwa »Andere sind nicht verlässlich, also verlasse ich mich auf mich selbst!« oder »Ich brauche euch nicht, ich mache mein eigenes Ding!«. Die daraus konstruierte narzisstische Fassade dient fortan als Mittel, um sich vor weiteren Verletzungen zu schützen.

Indem Narzisst:innen beispielsweise vorgeben, keine Hilfe oder Bestätigung von anderen zu benötigen, versuchen sie, sich als stark und unabhängig darzustellen. Obwohl die narzisstische Fassade oberflächlich betrachtet eine stabilisierende Funktion erfüllen kann, stellt sie lediglich einen marginalen Schutz dar. Denn die zugrundeliegende Selbstwertwunde wird durch diese Fassade nicht nachhaltig behoben oder geheilt, sondern bleibt latent vorhanden. Sie kann jederzeit wieder aufreißen. Besonders deutlich wird dies in Beziehungen, wo jegliche Kritik das Bedürfnis nach Akzeptanz, Anerkennung oder Angenommensein verletzen kann.

Welche Chancen können Narzisst:innen für Unternehmen bieten?
Narzisstische Persönlichkeiten können vor allem in Bezug auf ihre ausgeprägte Leistungsfähigkeit, ihren Führungsanspruch und ihre visionären Ideen wertvolle Beiträge für Unternehmen bieten. Diese Menschen streben oft danach, bei anderen gut anzu-

kommen, was dazu beiträgt, dass sie sich stark engagieren und Spitzenleistungen anstreben. Viele Narzisst:innen präsentieren sich zudem überzeugend und stehen in entscheidenden Momenten sprichwörtlich ihren Mann bzw. ihre Frau, zeigen sich also äußerst durchsetzungsstark. Diese Merkmale können sie beispielsweise in verantwortungsvolle Positionen bringen, wo sie andere motivieren, inspirieren und mitreißen können. Darüber hinaus zeichnen sich Narzisst:innen häufig durch klare Ziele und Ideale aus – Qualitäten, die in der heutigen Arbeitswelt als wertvolles kreatives Potenzial betrachtet werden können.

Welche besonderen Herausforderungen können Narzisst:innen für Unternehmen mit sich bringen?
Eine wesentliche Herausforderung besteht in der Risikofreude von Narzisst:innen. Ihre übermäßige Gier nach Anerkennung und Aufmerksamkeit kann dazu führen, dass sie sich in Konkurrenzdenken verstricken, unvorteilhafte Entscheidungen treffen und die Bodenhaftung verlieren. Das kann sowohl den Mitarbeitenden als auch der Organisation als Ganzes schaden. Die Unternehmenskultur spielt hierbei eine wichtige Rolle. Wenn eine Firma beispielsweise nur unkritische Ja-Sager:innen um die narzisstische Person gruppiert, fehlt es an Menschen, die potenzielle Gefahrenquellen rechtzeitig erkennen und hinterfragen. Das halte ich für eines der größten Probleme.

Eine weitere Herausforderung besteht darin, dass Narzisst:innen sehr gut darin sind, ihre (Arbeits-)Umwelt zu blenden. Ihre Fähigkeit, andere zu beeinflussen und zu vereinnahmen, spiegelt das zuvor beschriebene *Expanded Self* wider, bei dem die narzisstische Person andere in ihr eigenes System integriert, verführt und letztendlich ihre eigenen Interessen durchsetzt. Obwohl diese »Fähigkeit« in bestimmten Kontexten als besondere Gabe betrachtet werden kann, birgt sie doch erhebliche Risiken. Denn wenn die Umwelt geblendet wird, werden auch die individuellen Bedürfnisse und Beiträge der Menschen darin ausgeblendet.

Schließlich neigen narzisstische Personen dazu, aufgrund ihrer fehlenden Beziehungsfähigkeit Schwierigkeiten in der Teamarbeit zu haben. Ihr Fokus auf die Eigenleistung und das Streben nach Anerkennung kann dazu beitragen, dass sie das Teamgefüge stören, die Erfolge anderer für sich beanspruchen und letztendlich die Teamdynamik negativ beeinflussen. In extremen Fällen kann dies sogar zum Auseinanderbrechen des Teams führen. In solchen Situationen neigen Narzisst:innen häufig dazu, sich und ihre eigene Rolle nicht zu hinterfragen, sondern vielmehr das geschwächte System auszuhöhlen, um ihre eigenen Interessen weiter rücksichtslos durchzusetzen.

Welche Strategien oder Tipps können Sie Menschen mitgeben, die mit Narzisst:innen zusammenarbeiten (müssen)?

Die narzisstische Unterfütterung nutzen

Zunächst ist es wichtig, zu erkennen, dass man es mit einer narzisstisch strukturierten Person zu tun hat. Nach dieser Erkenntnis kann man sich in einem nächsten Schritt fragen: »Was könnte er oder sie (von mir) wollen?« In erster Linie geht es hier um die sog. »narzisstische Unterfütterung«, die darauf abzielt, das geschwächte Selbstwertgefühl des Gegenübers durch lobende Worte und positive Zuwendung zu stärken. Nehmen wir beispielsweise eine Situation, in der man als Team Unterstützung von einer narzisstischen Führungskraft benötigt. Statt direkt mit der Tür ins Haus zu fallen und konkreten Bedarf anzumelden (z. B. »Wir benötigen zusätzliches Budget für das Projekt.«), sollte zunächst das Bedürfnis nach Anerkennung erfüllt werden (z. B. »Deine Strategie hat unser Team wirklich toll vorangebracht. Wir haben da einen Vorschlag, wie wir unsere Ziele noch effektiver erreichen können. Wie du vermutlich selbst schon weißt, …«). Die narzisstische Unterfütterung ist also entscheidend, um eine positive Gesprächsgrundlage zu schaffen. Bleibt diese initiale Wertschätzung aus, besteht das Risiko, dass die narzisstische Person ablehnend reagiert.

Die eigene innere Mitte kennen und aus ihr heraus handeln

Narzisst:innen treffen uns mit ihrem Verhalten oft an einem wunden Punkt, an dem wir leicht kränkbar sind. Nehmen wir hier zum Beispiel eine harsche Kritik, die uns entgegengebracht wird (z. B. »Du bist aber dämlich, das hast du überhaupt nicht verstanden!«). Häufig spiegelt das, was hier ausgesprochen wird, auch unsere eigenen negativen Selbstbilder wider. Narzisst:innen agieren somit als Sprachrohr für unsere eigene innere negative Dynamik. In solchen Situationen empfehle ich, diese Begegnungen als Gelegenheiten zu betrachten, um das eigene Selbstwertgefühl herauszufordern und zu stärken. Überlegen Sie, wie Sie sich gegenüber der narzisstischen Person positionieren können, ohne sich von ihr dominieren zu lassen. Der Schlüssel liegt darin, in der eigenen Mitte zu bleiben – die narzisstische Person hat ihre Perspektive, genauso wie Sie Ihre eigene haben. Es geht insgesamt darum, die eigene dynamische Wechselwirkung mit narzisstischen Persönlichkeiten zu reflektieren.

Gehen, wenn es nicht mehr passt

Dieser Tipp mag trivial klingen, doch die Wirkung seiner Umsetzung kann durchaus befreiend sein. Viele erkennen nicht (oder erst zu spät), dass sie nicht dazu verpflichtet sind, in einer belastenden Arbeitsbeziehung zu verbleiben (das gilt natürlich auch für sämtliche Beziehungen im privaten Umfeld). Haben Sie also den Mut zu gehen, bevor Sie weiter leiden. Wenn die Dynamik mit der narzisstischen Person im Arbeitsumfeld ungesund wird und keine Besserung in Sicht ist, sollten alternative Optionen

(z. B. Kündigung, Abteilungswechsel etc.) analysiert werden. Der Schutz des eigenen Selbstwerts und das Bewahren psychischen und körperlichen Wohlbefindens haben Vorrang vor dem Verbleiben in einem toxischen Umfeld.

Welche Strategien oder Tipps haben Sie für Personen, die selbst erkennen, dass sie narzisstische Verhaltensweisen aufweisen und mit anderen erfolgreich zusammenarbeiten möchten?

Selbsterkenntnis als erster Schritt zur Besserung

Es ist für Narzisst:innen oft besonders schwierig, festzustellen, worunter sie genau leiden. Selten wird ihnen der Begriff »Narzissmus« als erstes in den Sinn kommen. Ich empfehle hier, (Selbst-)Diagnosen zu vermeiden, denn sie sind sowohl für Betroffene als auch für das Umfeld schwierig. Probieren Sie zur Veranschaulichung einmal folgendes: Ersetzen Sie den Begriff »Narzissmus« durch den Begriff »Spinat«. Inwiefern hilft die Erkenntnis weiter, dass beispielsweise Ihre Führungskraft ein Spinat ist? Stattdessen sollten Sie sich folgende drei Fragen stellen: Was ist mein Problem? Worunter leide ich? Was möchte ich verändern? Wenn Sie bemerken, dass es immer wieder bestimmte Dinge gibt, mit denen Sie nicht zurechtkommen, sollten Sie sich Unterstützung suchen.

Coaching in Anspruch nehmen

Ein Coaching ist sehr gut geeignet, wenn es um die Lösung von konkreten, eng umrissenen Problemstellungen geht. Benennen Sie im Rahmen der Auftragsklärung klar, was Sie erreichen möchten, und bleiben Sie realistisch: Wo stehe ich momentan und wohin möchte ich mich entwickeln? Für eine narzisstische Persönlichkeit kann Coaching hilfreich sein, da es einen geschützten Rahmen bietet, um spezifische Verhaltensmuster zu erkennen und zu verändern. Ein Coaching kann beispielsweise dabei unterstützen, das Bewusstsein für die eigenen Verhaltensweisen zu schärfen, alternative Perspektiven zu entwickeln und konkrete Handlungs- und Lösungsstrategien zu erarbeiten.

Wann Coaching, wann Therapie?

Coaching mag nach einem Heilberuf klingen, doch die Problemstellung ist klar von (psycho-)therapeutischer Arbeit abzugrenzen. Im Coaching steht ein eng umschriebenes Problem im Vordergrund, das meist kurz- bis mittelfristig beeinflusst werden kann. In der Therapie hingegen geht es um tiefergehende psychische Belastungen, die meist über einen längeren Zeitraum behandelt werden. Sobald es um die Aufarbeitung von Traumata oder tiefergehenden persönlichen Dynamiken geht, sollte man sich eher in die Hände von psychologischen Psychotherapeut:innen begeben. Klären Sie daher im Vorfeld ab, welche Themenbereiche (noch) ins Coaching fallen und wo die möglichen Grenzen liegen. Auf diese Weise wird sichergestellt, dass je nach Anliegen die passende Unterstützung gefunden wird.

Welche Entwicklungen sehen Sie in Bezug auf (das Verständnis von) Narzissmus in der Zukunft, speziell im Arbeitskontext?
Es kündigt sich momentan an, dass sich die Arbeitswelt der Zukunft stark wandeln wird. Während der Fokus früher stark auf der Leistungserbringung lag, tendieren Menschen heutzutage immer mehr dazu, ihr Leben bewusster im Sinne der Work-Life-Balance zu gestalten – eine Veränderung, die ich als Reaktion auf vorige Generationen werte, die viele Opfer für ihre Arbeit gebracht haben. Ich kann mir daher vorstellen, dass sich das Verständnis von Narzissmus künftig ebenfalls verändern wird. Nehmen wir als Beispiel die sozialen Medien: Narzissmus ist hier ein wichtiger Motor, da Selbstpräsentation, Selbstinszenierung und das Schaffen eines idealen Selbstbildes eine zentrale Rolle spielen. Möglicherweise treten aber auch neue Werte in den Vordergrund, weg von einem übermäßigen Streben nach Wohlstand und Perfektion hin zu etwas mehr Demut und Bescheidenheit.

4.6 Zusammenfassung Teil 3 »Detox Schritt für Schritt«

- Der Umgang mit Narzissmus im Arbeitskontext erfordert einen ressourcenorientierten Ansatz. Statt sich auf Dysfunktionalitäten zu konzentrieren, sollte der Fokus auf dem gewünschten Zielzustand liegen.
- Die alleinige Betrachtung der narzisstischen Person greift zu kurz, da Narzissmus in Organisationen kaskadenförmige Auswirkungen haben kann. Vielmehr sollte Narzissmus als ambivalente Systemherausforderung verstanden werden, die mehrere Ebenen zugleich betrifft.
- Das *Energy Clash Model* betrachtet Narzissmus als Energie, die Organisationen destabilisieren und Veränderungen auslösen kann. Organisationen können sich diese Energie zunutze machen, wenn sie die drei Phasen *Störungen strategisch nutzen*, *Risiken frühzeitig erkennen* und *Lösungen gemeinsam aushandeln* beachten.
- Der kompetente Umgang mit narzisstischen Personen am Arbeitsplatz erfordert eine gute Selbstreflexion, das Verständnis für die narzisstische Dynamik, das Erkennen narzisstischer Verhaltensweisen sowie die Entwicklung konkreter Lösungs- und Handlungsstrategien.
- Zu den praxiserprobten Work-Hacks für Einzelpersonen gehören beispielsweise das Erkennen von *Red Flags*, das Wahren einer professionellen Distanz und die Anwendung der *Gray-Rock*-Methode.
- Wissenschaftliche Erkenntnisse deuten darauf hin, dass problemfokussierte Coping-Strategien (z. B. direkte Kommunikation) effektiver sind als emotionsfokussierte Strategien (z. B. Vermeidung von Kontakt oder Unterstützungssuche).
- Zu den praxiserprobten Interventionen für Organisationen gehören die Optimierung der Personalauswahl, der Personal- sowie Organisationsentwicklung.

- Neben traditionellen Verfahren wie Interviews und Bewerbungsunterlagen sollten auch Persönlichkeitstests eingesetzt werden; insbesondere solche, die narzisstische Merkmale erfassen.
- Im Rahmen der Personalentwicklung kann Feedback die Selbstwahrnehmung von Narzisst:innen schärfen. Coaching wiederum unterstützt bei der Reflexion überhöhter Selbstbilder. Achtsamkeitstrainings können positiv auf das Teamklima wirken.
- Bei der Organisationsentwicklung sind die Entkopplung der Strategie vom Ego, das Schließen von Sicherheitslücken durch Risikomanagement und Corporate Governance und die Stärkung der Unternehmenskultur Schlüsselaspekte für den erfolgreichen Umgang mit Narzissmus.

5 Quo Vadis Narzissmus in der Arbeitswelt?

Wie der Titel dieses Buches bereits vermittelt, mäandert Narzissmus nahezu unaufhörlich zwischen Egoismus auf der einen Seite und Exzellenz auf der anderen – eine komplexe Reise durch die Untiefen des Selbst, die einer unermüdlichen Suche nach einer ausgewogenen Balance zwischen dem Ich und dem Wir gleichkommt. Das ist die Crux am Ganzen: Liegt der Fokus zu stark auf dem individuellen Selbst (»Ich«), kann dies – wie wir eindrücklich gesehen haben – gravierende Konsequenzen nach sich ziehen. Liegt der Fokus hingegen zu sehr auf dem kollektiven Selbst (»Wir«), können beim Streben nach Gemeinschaft ebenso wichtige Bedürfnisse und Meinungen ungehört bleiben. Es bedarf also einer sog. »paradoxen Synchronizität«, die die Einzigartigkeit jedes Individuums schätzt und gleichzeitig das Kollektiv fördert.

Diese Fähigkeit, im Gleichzeitigen handlungsfähig zu bleiben, ist mit Blick auf die Weiterentwicklung des Verständnisses von Narzissmus wesentlich. Ein Blick in die nahe Zukunft genügt, um zu verstehen, warum: Unsere Arbeitswelt ist extremen Veränderungsdynamiken unterworfen, die durch mehrere Faktoren getrieben werden. Künstliche Intelligenz und Robotik verändern beispielsweise die Art und Weise, wie wir arbeiten, die Alterung der Gesellschaft fordert Unternehmen im Hinblick auf die generationsübergreifende Zusammenarbeit heraus und Themen wie »Nachhaltigkeit«, »Purpose« und »Diversity« gewinnen immer mehr an Bedeutung. Diese Herausforderungen erfordern vor allem eines – eine chamäleonartige Wandelbarkeit von Unternehmen, Mitarbeitenden und vor allem Führungskräften. Wer nicht bereit ist, flexibel zwischen dem »Ich« und dem »Wir« zu wechseln, wird künftig schneller denn je den Anschluss verpassen.

Was bedeutet das nun für Narzisst:innen, die es im Kontext von Arbeit gewohnt sind, das »Ich« an erste Stelle zu setzen? Aus der empirischen Organisationsforschung wissen wir mittlerweile, dass die erfolgreichsten Persönlichkeiten diejenigen sind, die ihre eigene Selbstbezogenheit maßregeln können. Hongyu Zhang, Professor an der Central University of Finance and Economics in China, konnte beispielsweise zeigen, dass Führungskräfte, die narzisstisch und gleichzeitig bodenständig waren, die Innovationskultur ihrer Firmen am stärksten förderten (Zhang et al., 2017). Das Ergebnis leuchtet ein: Wer trotz Super-Ego die eigene Fehlbarkeit erkennt und offen für neue Ideen ist, zeigt sich anpassungsfähig im Umgang mit der eigenen Selbstwahrnehmung und fördert ein positives Klima.

Wir müssen demnach weg von einer isolierten Analyse einzelner Persönlichkeitseigenschaften hin zu einer ganzheitlichen Betrachtung von paradoxen Kombinationen: Wer in der Lage ist, scheinbar unverträgliche Facetten der Persönlichkeit (z. B. Narzissmus vs. Demut) in sich zu vereinen, kann im Gleichzeitigen handlungsfähig und langfristig erfolgreich bleiben. Diese Paradox-Perspektive ist auf den ersten Blick nichts Neues, wenn wir an andere »sowohl-als-auch« Konzepte wie organisationale Ambidextrie (Beidhändigkeit) denken. Diese unterstreicht die Notwendigkeit von Organisationen (und Führungskräften) im Umgang mit kontextuellen Ambiguitäten, das Kerngeschäft auszuschöpfen (*Exploitation*) und zugleich neue Wege zu erkunden (*Exploration*).

Analog zur Beidhändigkeit müssen wir angesichts der Veränderungsdynamiken in der Arbeitswelt einen kompetenten Umgang mit persönlichen Ambiguitäten lernen. Narzissmus und Demut sind gute Beispiele für solche individuellen Mehrdeutigkeiten, die innerhalb einer Person sorgfältig ausbalanciert werden müssen. Wem es gelingt, beide Eigenschaften in ein kohärentes Selbstbild zu integrieren, entfaltet Wirkung – unter Umständen sogar mehr Wirkung als jede Eigenschaft für sich genommen. Auf der einen Seite bedarf es Führung, Vision und Beharrlichkeit in der Zielverfolgung, auf der anderen Seite sind jedoch Kooperation, Dialogbereitschaft und Kritikfähigkeit mindestens genauso wichtig. Diese integrative Perspektive ermöglicht nicht nur Flexibilität im Denken und Handeln, sondern auch eine effektive Anpassung an die Herausforderungen von morgen.

Danke

Ich bedanke mich bei allen, die mich im Schreibprozess begleitet und unterstützt haben. Mein Dank gilt in erster Linie Ines Bruckschen, die ich im Rahmen einer Weiterbildung in Berlin als herausragende Trainerin und Coachin kennenlernen durfte. Sie war es, die mir den entscheidenden Impuls gab, die Buchidee weiter zu verfolgen. So wurde aus einem Post-it mit den Worten »Narzissmus am Arbeitsplatz« schließlich diese Publikation.

Ich danke zudem Stephen Paris, langjähriger Freund, Geschäftsführer und Creative Director von mehnert/paris, für die Konzeption und Gestaltung der Illustrationen in diesem Buch. Sie verleihen dem Text eine zusätzliche Dimension, indem sie nicht nur den Inhalt visuell ansprechend transportieren, sondern auch die Essenz des Themas auf kreative Weise zum Ausdruck bringen.

Darüber hinaus danke ich meinem langjährigen Kollegen und inzwischen auch guten Freund Dominik Schwarzinger, der nicht nur selbst als Wissenschaftler von dunklen Persönlichkeitseigenschaften fasziniert ist, sondern mir auch als Sparringspartner und Feedbackgeber viele wertvolle Impulse geliefert hat.

Für die inspirierenden Gespräche, Anregungen und Einsichten danke ich meinen geschätzten Interviewpartner:innen: Mitja Back, Klaus Eidenschink, Pablo Hagemeyer und Bärbel Wardetzki. Sie alle haben mich gelehrt, dass man zu Narzissmus nie genug wissen kann und dass es trotz jahrzehntelanger Erfahrung ein Phänomen bleibt, das einen immer wieder aufs Neue fasziniert und irritiert.

Meiner Programm-Managerin Mirjam Gabler danke ich für das entgegengebrachte Vertrauen, die Begeisterung für das Thema und die Unterstützung im Rahmen des Publikationsprozesses. Meinem Lektor Helmut Haunreiter danke ich für die stets sehr wertschätzende Zusammenarbeit und die konstruktiven Hinweise, die dem Buch den berühmten letzten Schliff gaben.

Schließlich danke ich allen Menschen, die mir ihre (Leidens-)Geschichten, Fallbeispiele und Anekdoten rund um Narzissmus anvertraut haben – ich freue mich, dass alle ihren eigenen Weg im Umgang mit dieser Eigenschaft gefunden haben.

Und ich bin Ihnen dankbar, liebe Leser:innen. Dafür, dass Sie Interesse an diesem Thema gezeigt, zu diesem Buch gegriffen und es bis hierhin gelesen haben. Dafür, dass Sie sich gezielt mit Narzissmus im Arbeitskontext auseinandersetzen. Und auch dafür, dass Sie mit dieser Lektüre zu einem neuen Verständnis der paradoxesten Eigenschaft unserer Zeit beitragen, indem Sie Ihr neu gewonnenes Wissen mit anderen teilen. Ich freue mich, von Ihnen und Ihren Erfahrungen zu hören.

Literatur

Aabo, T., Als, M., Thomsen, L., & Wulff, J. N. (2021). Watch me go big: CEO narcissism and corporate acquisitions. *Review of Behavioral Finance*, *13*(5), 465-485. https://doi.org/10.1108/RBF-05-2020-0091

Akers, M. D., Giacomino, D. E., & Weber, J. (2014). Narcissism in public accounting firms. *Accounting and Finance Research*, *3*(3), 170-178. https://doi.org/10.5430/afr.v3n3p170

American Psychiatric Association. (2013). *Diagnostic and statistical manual of mental disorders* (5th ed.). Arlington, VA: American Psychiatric Association.

Andersson, L. M., & Pearson, C. M. (1999). Tit for tat? The spiraling effect of incivility in the workplace. *Academy of Management Review*, *24*(3), 452-471. https://doi.org/10.2307/259136

Andreassen, C. S., Ursin, H., Eriksen, H. R., & Pallesen, S. (2012). The relationship of narcissism with workaholism, work engagement, and professional position. *Social Behavior and Personality: An International Journal*, *40*(6), 881-890. https://doi.org/10.2224/sbp.2012.40.6.881

Armoneit, C., Schuler, H., & Hell, B. (2020). Nutzung, Validität, Praktikabilität und Akzeptanz psychologischer Personalauswahlverfahren in Deutschland 1985, 1993, 2007, 2020. *Zeitschrift für Arbeits- und Organisationspsychologie*, *74*, 391-411. https://doi.org/10.1026/0932-4089/a000311

Aquino, K., & Thau, S. (2009). Workplace victimization: Aggression from the target's perspective. *Annual Review of Psychology*, *60*, 717-741. https://doi.org/10.1146/annurev.psych.60.110707.163703

Ashford, S. J., Blatt, R., & VandeWalle, D. (2003). Reflections on the looking glass: A review of research on feedback-seeking behavior in organizations. *Journal of Management*, *29*(6), 773-799. https://doi.org/10.1016/S0149-2063(03)00079-5

Bach, B., Kramer, U., Doering, S., di Giacomo, E., Hutsebaut, J., Kaera, A., De Panfilis, C., Schmahl, C., Swales, M., Taubner, S., & Renneberg, B. (2022). The ICD-11 classification of personality disorders: A European perspective on challenges and opportunities. *Borderline Personality Disorder and Emotion Dysregulation*, *9*(1), 12. https://doi.org/10.1186/s40479-022-00182-0

Back, M. D., Schmukle, S. C., & Egloff, B. (2010). Why are narcissists so charming at first sight? Decoding the narcissism-popularity link at zero acquaintance. *Journal of Personality and Social Psychology*, *98*(1), 132–145. https://doi.org/10.1037/a0016338

Back, M. D., Küfner, A. C., Dufner, M., Gerlach, T. M., Rauthmann, J. F., & Denissen, J. J. (2013). Narcissistic admiration and rivalry: Disentangling the bright and dark sides of narcissism. *Journal of Personality and Social Psychology*, *105*(6), 1013-1037. https://doi.org/10.1037/a0034431

Bäcker, R., & Rak, J. (2022). Why did Putin go too far? The rationality of Vladimir Putin's decision to begin a war with Ukraine. *Society Register*, *6*(3), 57-71. https://doi.org/10.14746/sr.2022.6.3.04

Becker-Carus, C. & Wendt, M. (2017). Denken, Problemlösen, Entscheiden. In: C. Becker-Carus & M. Wendt (Hrsg.), Allgemeine Psychologie: Eine Einführung (S. 451-484). Springer.

Berne, E. (1983). Was sagen Sie, nachdem Sie »Guten Tag« gesagt haben? (Erstveröffentlichung 1972). Frankfurt/M., Fischer.

Biçer, C. (2020). Mirror, Mirror, On The Wall, Who's The Fairest Of Them All? Narcissistic leaders in organizations and their major effects on employee work behaviors. *Nevşehir Hacı Bektaş Veli Üniversitesi SBE Dergisi*, *10*(1), 280-291. https://doi.org/10.30783/nevsosbilen.653781

Bouzouitina, A., Khaireddine, M. and Jarboui, A. (2021). Do CEO overconfidence and narcissism affect corporate social responsibility in the UK listed companies? The moderating role of corporate governance. *Society and Business Review*, *16*(2), 156-183. https://doi.org/10.1108/SBR-07-2020-0091

Brahmana, R. K., & Kontesa, M. (2023). ›No Better Fund Without Me!‹ Do Narcissistic Start-up Entrepreneurs Succeed in Venture Funding? *The Journal of Entrepreneurship*, *32*(3), 638-666. https://doi.org/10.1177/097135572312106

Brandstätter, H. (2011). Personality aspects of entrepreneurship: A look at five meta-analyses. *Personality and Individual Differences*, *51*(3), 222-230. https://doi.org/10.1016/j.paid.2010.07.007

Braun, S. (2017). Leader narcissism and outcomes in organizations: A review at multiple levels of analysis and implications for future research. *Frontiers in Psychology*, 8, 773. https://doi.org/10.3389/fpsyg.2017.00773

Brown, D. J., & Zeigler-Hill, V. (2018). Self-esteem. In: D. L. Ferris, R. E. Johnson, & C. Sedikides (Hrsg.), The self at work: Fundamental theory and research (S. 40-71). Routledge/Taylor & Francis Group.

Brownell, K. M., McMullen, J. S., & O'Boyle Jr, E. H. (2021). Fatal attraction: A systematic review and research agenda of the dark triad in entrepreneurship. *Journal of Business Venturing*, 36(3), 106106. https://doi.org/10.1016/j.jbusvent.2021.106106

Brummelman, E., Thomaes, S., Nelemans, S. A., Orobio de Castro, B., Overbeek, G., & Bushman, B. J. (2015). Origins of narcissism in children. *Proceedings of the National Academy of Sciences of the United States of America*, *112*(12), 3659-3662. https://doi.org/10.1073/pnas.1420870112

Brummelman, E., Gürel, Ç., Thomaes, S., & Sedikides, C. (2018). What separates narcissism from self-esteem? A social-cognitive perspective. In: A. D. Hermann, A. B. Brunell, & J. D. Foster (Hrsg.), Handbook of trait narcissism: Key advances, research methods, and controversies (S. 47-55). Cham: Springer International Publishing.

Brummelman, E., Nevicka, B., & O'Brien, J. M. (2021). Narcissism and leadership in children. *Psychological Science*, *32*(3), 354-363. https://doi.org/10.1177/0956797620965536

Brunell, A. B., Gentry, W. A., Campbell, W. K., Hoffman, B. J., Kuhnert, K. W., & DeMarree, K. G. (2008). Leader emergence: The case of the narcissistic leader. *Personality and Social Psychology Bulletin*, *34*(12), 1663-1676. https://doi.org/10.1177/0146167208324101

Buelow, M. T., & Brunell, A. B. (2018). Narcissism and involvement in risk-taking behaviors. In: A. D. Hermann, A. B. Brunell, & J. D. Foster (Hrsg.), Handbook of trait narcissism: Key advances, research methods, and controversies (S. 233-242). Cham: Springer International Publishing.

Burger, B., Kanbach, D. K., & Kraus, S. (2023). The role of narcissism in entrepreneurial activity: A systematic literature review. *Journal of Enterprising Communities: People and Places in the Global Economy.* https://doi.org/10.1108/JEC-10-2022-0157

Buyl, T., Boone, C., & Wade, J. B. (2019). CEO narcissism, risk-taking, and resilience: An empirical analysis in US commercial banks. *Journal of Management, 45*(4), 1372-1400. https://doi.org/10.1177/01492063176995

Campbell, W. K., Goodie, A. S., & Foster, J. D. (2004). Narcissism, confidence, and risk attitude. *Journal of Behavioral Decision Making, 17*(4), 297-311. https://doi.org/10.1002/bdm.475

Campbell, W. K., & Campbell, S. M. (2009). On the self-regulatory dynamics created by the peculiar benefits and costs of narcissism: A contextual reinforcement model and examination of leadership. *Self and Identity, 8*(2-3), 214-232. https://doi.org/10.1080/15298860802505129

Campbell, W. K., & Green, J. D. (2008). Narcissism and interpersonal self-regulation. In: J. V. Wood, A. Tesser, & J. G. Holmes (Hrsg.), The self and social relationships (S. 73–94). Psychology Press.

Campbell, W. K., Hoffman, B. J., Campbell, S. M., & Marchisio, G. (2011). Narcissism in organizational contexts. *Human Resource Management Review, 21*(4), 268-284. https://doi.org/10.1016/j.hrmr.2010.10.007

Capital (2020). Wie Sie sich mit narzisstischen Chefs arrangieren. https://www.capital.de/karriere/wie-sie-sich-mit-narzisstischen-chefs-arrangieren. Abruf: 01.12.2023

Carden, J., Jones, R. J., & Passmore, J. (2022). Defining self-awareness in the context of adult development: A systematic literature review. *Journal of Management Education, 46*(1), 140-177. https://doi.org/10.1177/1052562921990065

Carlson, E. N. (2013). Honestly arrogant or simply misunderstood? Narcissists' awareness of their narcissism. *Self and Identity, 12*(3), 259–277. https://doi.org/10.1080/15298868.2012.659427

Carlson, E. N., Vazire, S., & Oltmanns, T. F. (2011). You probably think this paper's about you narcissists' perceptions of their personality and reputation. *Journal of Personality and Social Psychology, 101*(1), 185–201. https://doi.org/10.1080/15298868.2012.659427

Cohen, A. (2016). Are they among us? A conceptual framework of the relationship between the dark triad personality and counterproductive work behaviors (CWBs). *Human Resource Management Review, 26*(1), 69-85. https://doi.org/10.1016/j.hrmr.2015.07.003

Coleman, S. R., Oliver, A. C., Klemperer, E. M., DeSarno, M. J., Atwood, G. S., & Higgins, S. T. (2022). Delay discounting and narcissism: A meta-analysis with implications for narcissistic personality disorder. *Personality Disorders: Theory, Research, and Treatment, 13*(3), 210-220. https://doi.org/10.1037/per0000528

Conger, J. A., Kanungo, R. N., Menon, S. T., & Mathur, P. (1997). Measuring charisma: Dimensionality and validity of the Conger-Kanungo scale of charismatic leadership. *Canadian Journal of Administrative Sciences/Revue Canadienne des Sciences de l'Administration, 14*(3), 290-301. https://doi.org/10.1111/j.1936-4490.1997.tb00136.x

Cook, T. (2022). https://twitter.com/tim_cook/status/1701732427897491578?lang=en. Abruf: 22.12.2023.

Covey, S. (2020). The 7 Habits of Highly Effective People. Simon and Schuster.

Cramer, P. (2011). Narcissism through the ages: What happens when narcissists grow older? *Journal of Research in Personality*, *45*(5), 479-492. https://doi.org/10.1016/j.jrp.2011.06.003

Cressey, D. R. (1950). The criminal violation of financial trust. *American Sociological Review*, *15*(6), 738-743. https://doi.org/10.2307/2086606

Dahl, C. (2019). Warum es sich lohnt, gut für sich zu sorgen. *Prävention und Gesundheitsförderung, 1*(14), 69-78. https://doi.org/10.1007/s11553-018-0650-5

Dawood, S., Wu, L. Z., Bliton, C. F., & Pincus, A. L. (2020). Narcissistic and histrionic personality disorders. In: C. W. Lejuez & K. L. Gratz (Hrsg.), The Cambridge handbook of personality disorders (S. 277–291). Cambridge University Press.

De Shazer, S., & Dolan, Y. (2020). Mehr als ein Wunder: Lösungsfokussierte Kurztherapie heute. Carl-Auer Verlag.

De Smet, A., Dowling, B., Hancock, B., & Schaninger, B. (2022). The Great Attrition is making hiring harder. Are you searching the right talent pools. *McKinsey Quarterly*, 1-13. https://www.mckinsey.com/capabilities/people-and-organizational-performance/our-insights/the-great-attrition-is-making-hiring-harder-are-you-searching-the-right-talent-pools. Abruf: 21.12.2023.

Der Spiegel (2022). https://www.spiegel.de/politik/deutschland/ukraine-krieg-karl-lauterbach-diagnostiziert-wladimir-putin-narzissmus-a-0189f8ff-c4d7-4657-98c3-7ab043bd5d3d. Abruf: 21.12.2023.

Diller, S. J., Stadlinger, C., Eberhard, I., & Jonas, E. (2020). Ich bin perfekt–ich brauche kein Coaching. *Organisationsberatung, Supervision, Coaching*, *27*(4), 515-526. https://doi.org/10.1007/s11613-020-00673-5

Diller, S. J., Frey, D., & Jonas, E. (2021). Coach me if you can! Dark triad clients, their effect on coaches, and how coaches deal with them. *Coaching: An International Journal of Theory, Research and Practice*, *14*(2), 110-126. https://doi.org/10.1080/17521882.2020.1784973

Druliolle, V. & Brett, R. (2018). Introduction: Understanding the construction of victimhood and the evolving role of victims in transitional justice and peacebuilding. In: V. Druliolle & R. Brett (Hrsg.), The Politics of Victimhood in Post-Conflict Societies: Comparative and Analytical Perspectives (S. 1-22). Cham: Springer International Publishing.

Eagly, A. H., Wood, W., & Diekman, A. B. (2000). Social role theory of sex differences and similarities: A current appraisal. In: T. Eckes & H. M. Traunter (Hrsg.), The developmental social psychology of gender (S. 123-174). Mahwah, NJ: Erlbaum.

Edershile, E. A., & Wright, A. G.. (2021). Fluctuations in grandiose and vulnerable narcissistic states: A momentary perspective. *Journal of Personality and Social Psychology*, 120(5), 1386-1414. https://doi.org/10.1037/pspp0000370

Eidenschink, K. (2005). Coaching von narzisstischen Führungskräften. *Wirtschaft + Weiterbildung*, 2, 46–49.

Eidenschink, K. (2023). Es gibt keine Narzissten! Nur Menschen mit narzisstischen Nöten. Carl-Auer Verlag.

Eidenschink, K. (2023). Die Kunst des Konflikts. Konflikte schüren und beruhigen lernen. Carl-Auer Verlag.

Ellen, B. P., Kiewitz, C., Garcia, P. R. J. M., & Hochwarter, W. A. (2019). Dealing with the full-of-self-boss: Interactive effects of supervisor narcissism and subordinate resource management ability on work outcomes. *Journal of Business Ethics*, *157*(3), 847-864. https://doi.org/10.1007/s10551-017-3666-4

Emmons, R. A. (1989). Exploring the relations between motives and traits: The case of narcissism. In: D. M. Buss & N. Cantor (Hrsg.), Personality psychology: Recent trends and emerging directions (S. 32– 44). New York: Springer.

Fatfouta, R., & Schröder-Abé, M. (2017). I can see clearly now: Clarity of transgression-related motivations enhances narcissists' lack of forgiveness. *Personality and Individual Differences*, *105*, 280-286. https://doi.org/10.1016/j.paid.2016.10.010

Fatfouta, R., & Schröder-Abé, M. (2018a). Agentic to the core? Facets of narcissism and positive implicit self-views in the agentic domain. *Journal of Research in Personality*, *74*, 78-82. https://doi.org/10.1016/j.jrp.2018.02.006

Fatfouta, R., & Schröder-Abé, M. (2018b). A wolf in sheep's clothing? Communal narcissism and positive implicit self-views in the communal domain. *Journal of Research in Personality*, *76*, 17-21. https://doi.org/10.1016/j.jrp.2018.07.00

Fatfouta, R. (2019a). Gebt Egomanen eine Chance. Personalwirtschaft.

Fatfouta, R. (2019b). Narcissism: Forms, facets, and features. Kumulative Habilitationsschrift an der Universität Potsdam.

Fatfouta, R. (2019c). Facets of narcissism and leadership: A tale of Dr. Jekyll and Mr. Hyde? *Human Resource Management Review*, *29*(4), 100669. https://doi.org/10.1016/j.hrmr.2018.10.002

Fatfouta, R. (2023). What do they really want? Effects of the wording of job advertisements on narcissists' perceptions of organizational attraction. *Current Psychology*, *42*(1), 154-164. https://doi.org/10.1007/s12144-020-01332-9

Fatfouta, R. (2023). Going the extra mile (or not): Facets of narcissism and organizational citizenship behavior. *Personality and Individual Differences*, *213*, 112318. https://doi.org/10.1016/j.paid.2023.112318

Fatfouta, R., Gerlach, T. M., Schröder-Abé, M., & Merkl, A. (2015). Narcissism and lack of interpersonal forgiveness: The mediating role of state anger, state rumination, and state empathy. *Personality and Individual Differences*, *75*, 36-40. https://doi.org/10.1016/j.paid.2014.10.051

Fatfouta, R., Sawicki, A., & Żemojtel-Piotrowska, M. (2021). Are individualistic societies really more narcissistic than collectivistic ones? A five-world region cross-cultural re-examination of narcissism and its facets. *Personality and Individual Differences*, *183*, 111163. https://doi.org/10.1016/j.paid.2021.111163

Fatfouta, R., & Heinze, P. E. (2023). Do bigger egos mean bigger presence? Facets of grandiose narcissism and mindfulness. *Current Psychology*, *42*(23), 19795-19807. https://doi.org/10.1007/s12144-022-03115-w

Fatfouta, R., & Rogoza, R. (2024). Playing the Victim? Facets of Narcissism, Self-Perceived Victimhood, and the Mediating Role of Negative Affect. *Advances in Cognitive Psychology.* https://doi.org/10.5709/acp-0419-0

Figueredo, A. J., Vásquez, G., Brumbach, B. H., Sefcek, J. A., Kirsner, B. R., & Jacobs, W. J. (2005). The K-factor: Individual differences in life history strategy. *Personality and Individual Differences*, *39*, 1349-1360. https://doi.org/10.1016/j.paid.2005.06.009

Foster, J. D., Campbell, W. K., & Twenge, J. M. (2003). Individual differences in narcissism: Inflated self-views across the lifespan and around the world. *Journal of Research in Personality*, *37*(6), 469-486. https://doi.org/10.1016/S0092-6566(03)00026-6

Foster, J. D., Shenesey, J. W., & Goff, J. S. (2009). Why do narcissists take more risks? Testing the roles of perceived risks and benefits of risky behaviors. *Personality and Individual Differences*, *47*(8), 885-889. https://doi.org/10.1016/j.paid.2009.07.008

Freud, S. (1914). Zur Einführung des Narzissmus. Gesammelte Werke XIV. Fischer, Frankfurt am Main.

Fueglistaller, U., Müller, C., Müller, S., & Volery, T. (2012). Entrepreneurship: Modelle-Umsetzung-Perspektiven mit Fallbeispielen aus Deutschland, Österreich und der Schweiz. Springer-Verlag. https://doi.org/10.1007/978-3-658-26800-8

Furtner, M., & Baldegger, U. (2016). Self-Leadership und Führung. Springer Fachmedien Wiesbaden. https://doi.org/10.1007/978-3-8349-3837-4

Garcia, B. P. B. (2022). The Negative Power of Positivity: Achievement Society, Social Media, and the Pandemic. *TALISIK: An Undergraduate Journal of Philosophy, 9*(1), 1-11.

García-Meca, E., Ramón-Llorens, M. C., & Martínez-Ferrero, J. (2021). Are narcissistic CEOs more tax aggressive? The moderating role of internal audit committees. *Journal of Business Research*, *129*, 223-235. https://doi.org/10.1016/j.jbusres.2021.02.043

Gebauer, J. E., Sedikides, C., Verplanken, B., & Maio, G. R. (2012). Communal narcissism. *Journal of Personality and Social Psychology*, *103*(5), 854-878. https://doi.org/10.1037/a0029629

Gerstner, W. C., König, A., Enders, A., & Hambrick, D. C. (2013). CEO narcissism, audience engagement, and organizational adoption of technological discontinuities. *Administrative Science Quarterly*, *58*(2), 257-291. https://doi.org/10.1177/0001839213488773

Geukes, K., Mesagno, C., Hanrahan, S. J., & Kellmann, M. (2012). Testing an interactionist perspective on the relationship between personality traits and performance under public pressure. *Psychology of Sport and Exercise*, *13*(3), 243-250. https://doi.org/10.1016/j.psychsport.2011.12.004

Geukes, K., Nestler, S., Hutteman, R., Dufner, M., Küfner, A. C. P., Egloff, B., Denissen, J. J. A., & Back, M. D. (2017). Puffed-up but shaky selves: State self-esteem level and variability in narcissists. *Journal of Personality and Social Psychology*, *112*(5), 769–786. https://doi.org/10.1037/pspp0000093

Goffin, R. D., & Anderson, D. W. (2007). The self-rater's personality and self-other disagreement in multi-source performance ratings: Is disagreement healthy? *Journal of Managerial Psychology*, *22*(3), 271-289. https://doi.org/10.1108/02683940710733098

Grant, P., McGhee, P. (2013). Organisational Narcissism: A Case of Failed Corporate Governance?. In: H. Harris, G. Wijesinghe, & S. McKenzie (Hrsg.), The Heart of the Good Institution (S. 97-109). Issues in Business Ethics, 38. Springer, Dordrecht.

Greenwald, A. G.., McGhee, D. E., & Schwartz, J. L. (1998). Measuring individual differences in implicit cognition: the implicit association test. *Journal of Personality and Social Psychology*, *74*(6), 1464-1480. https://doi.org/10.1037/0022-3514.74.6.1464

Greif, S., Möller, H., & Scholl, W. (2018). Coachingdefinitionen und -konzepte. In: S. Greif, H. Möller, & W. Scholl (Hrsg.), Handbuch Schlüsselkonzepte im Coaching (S. 1-9). Springer Berlin.

Grijalva, E., Maynes, T. D., Badura, K. L., & Whiting, S. W. (2020). Examining the »I« in team: A longitudinal investigation of the influence of team narcissism composition on team outcomes in the NBA. *Academy of Management Journal*, *63*(1), 7-33. https://doi.org/10.5465/amj.2017.0218

Grijalva, E., & Newman, D. A. (2015). Narcissism and counterproductive work behavior (CWB): Meta-analysis and consideration of collectivist culture, Big Five personality, and narcissism's facet structure. *Applied Psychology*, *64*(1), 93-126. https://doi.org/10.1111/apps.12025

Grijalva, E., Newman, D. A., Tay, L., Donnellan, M. B., Harms, P. D., Robins, R. W., & Yan, T. (2015). Gender differences in narcissism: A meta-analytic review. *Psychological Bulletin*, *141*(2), 261–310. https://doi.org/10.1037/a0038231

Grijalva, E., Harms, P. D., Newman, D. A., Gaddis, B. H., & Fraley, R. C. (2015). Narcissism and leadership: A meta-analytic review of linear and nonlinear relationships. *Personnel Psychology*, *68*(1), 1-47. https://doi.org/10.1111/peps.12072

Grijalva, E., & Zhang, L. (2016). Narcissism and self-insight: A review and meta-analysis of narcissists' self-enhancement tendencies. *Personality and Social Psychology Bulletin*, *42*(1), 3-24. https://doi.org/10.1177/0146167215611636

Grosz, M. P., Lösch, T., & Back, M. D. (2017). The narcissism-overclaiming link revisited. *Journal of Research in Personality*, *70*, 134–138. https://doi.org/10.1016/j.jrp.2017.05.006

Haertel, T. M., Leckelt, M., Grosz, M. P., Kuefner, A. C., Geukes, K., & Back, M. D. (2023). Pathways from narcissism to leadership emergence in social groups. *European Journal of Personality*, *37*(1), 72-94. https://doi.org/10.1177/089020702110462

Ham, C., Seybert, N., & Wang, S. (2018). Narcissism is a bad sign: CEO signature size, investment, and performance. *Review of Accounting Studies*, *23*, 234-264. https://doi.org/10.1007/s11142-017-9427-x

Handelsblatt (2022). https://www.handelsblatt.com/karriere/narzissmus-im-job-acht-anzeichen-an-denen-sie-narzisstische-chefs-erkennen-und-wie-sie-damit-umgehen/28583328.html. Abruf: 01.12.2023.

Hanning, S., & Chmielewski, F. (2020). Selbstwerttherapie. Ein Ansatz zur Behandlung von Selbstwertproblemen. *Psychotherapeut*, *65*(5), 405-422. https://doi.org/10.1007/s00278-020-00446-6

Harvard Business Manager (2021). Narzissmus in deutschen Führungsetagen: Die Jungbullen kommen. https://www.manager-magazin.de/harvard/fuehrung/narzissmus-in-deutschen-fuehrungsetagen-die-jungbullen-kommen-a-0ee3251e-0002-0001-0000-000177064950. Abruf: 01.12.2023.

Heinze, P. E., Fatfouta, R., & Schröder-Abé, M. (2020). Validation of an implicit measure of antagonistic narcissism. *Journal of Research in Personality*, 88, 103993. https://doi.org/10.1016/j.jrp.2020.103993

Hendin, H. M., & Cheek, J. M. (1997). Assessing hypersensitive narcissism: A reexamination of Murray's Narcissism Scale. *Journal of Research in Personality*, *31*(4), 588-599. https://doi.org/10.1006/jrpe.1997.2204

Hirschfeld, R. R., & James Van Scotter, I. I. (2019). Vocational behavior from the dark side. *Journal of Vocational Behavior*, *110*, 303-316. https://doi.org/10.1016/j.jvb.2018.10.019

Hofstede, G. (2001). Culture's consequences: Comparing values, behaviors, institutions and organizations across nations. SAGE.

Hogan, R., & Hogan, J. (2001). Assessing leadership: A view from the dark side. *International Journal of Selection & Assessment*, *9*(1/2), 40-51. https://doi.org/10.1111/1468-2389.00162

Hogan, J., Hogan, R., & Kaiser, R. (2011). Management derailment. In: S. Zedeck, & S. Zedeck (Hrsg.). APA handbook of industrial and organizational psychology, Vol 3: Maintaining, expanding, and contracting the organization (S. 555-575). Washington, DC, US: American Psychological Association.

Holtzman, N. S. (2018). Did narcissism evolve? In: A. D. Hermann, A. B. Brunell, & J. D. Foster (Hrsg.), Handbook of trait narcissism: Key advances, research methods, and controversies (S. 173-181). Cham: Springer International Publishing.

Hyatt, C. S., Sleep, C. E., Lamkin, J., Maples-Keller, J. L., Sedikides, C., Campbell, W. K., & Miller, J. D. (2018). Narcissism and self-esteem: A nomological network analysis. *PloS one*, *13*(8), e0201088. https://doi.org/10.1371/journal.pone.0201088

Jauk, E., Weigle, E., Lehmann, K., Benedek, M., & Neubauer, A. C. (2017). The relationship between grandiose and vulnerable (hypersensitive) narcissism. *Frontiers in Psychology*, *8*, 1600. https://doi.org/10.3389/fpsyg.2017.01600

Judge, T. A., LePine, J. A., & Rich, B. L. (2006). Loving yourself abundantly: relationship of the narcissistic personality to self-and other perceptions of workplace deviance, leadership, and task and contextual performance. *Journal of Applied Psychology*, *91*(4), 762-776. https://doi.org/10.1037/0021-9010.91.4.762

Kabat-Zinn, J., & Hanh, T. N. (2009). Full catastrophe living: Using the wisdom of your body and mind to face stress, pain, and illness. Delta.

Kaiser, R. B., Hogan, R., & Craig, S. B. (2008). Leadership and the fate of organizations. *American Psychologist*, *63*(2), 96-110. https://doi.org/10.1037/0003-066X.63.2.96

Kampe, T., Gawor, L. (2021). Frühphasenfinanzierung. In: P. Haag (Hrsg.) KMU- und Start-up-Management (S. 221-259). Springer Gabler, Wiesbaden.

Kashmiri, S., Nicol, C. D., & Arora, S. (2017). Me, myself, and I: Influence of CEO narcissism on firms' innovation strategy and the likelihood of product-harm crises. *Journal of the Academy of Marketing Science, 45(5)*, 633-656. https://doi.org/10.1007/s11747-017-0535-8

Kauffeld, S., Endrejat, P. C., & Richter, H. (2019). Organisationsentwicklung. In: Kauffeld, S. (Hrsg.), Arbeits-, Organisations-und Personalpsychologie für Bachelor (S. 73-104). Springer, Berlin, Heidelberg.

Kauffeld, S., Grohmann, A. (2019). Personalauswahl. In: Kauffeld, S. (Hrsg.), Arbeits-, Organisations- und Personalpsychologie (S. 139-165). Springer, Berlin, Heidelberg.

Kauffeld, S., Grote, S. (2019). Personalentwicklung. In: Kauffeld, S. (Hrsg.), Arbeits-, Organisations- und Personalpsychologie (S. 167-210), Springer, Berlin, Heidelberg.

Kausel, E. E., Culbertson, S. S., Leiva, P. I., Slaughter, J. E., & Jackson, A. T. (2015). Too

arrogant for their own good? Why and when narcissists dismiss advice. *Organizational Behavior and Human Decision Processes*, *131*, 33-50. https://doi.org/10.1016/j.obhdp.2015.07.006

Kellerman, B. (2016). Leadership–It's a System, Not a Person! *Daedalus*, *145*(3), 83-94. https://doi.org/10.1162/DAED_a_00399

Khan, A. K., Moss, S., Quratulain, S., & Hameed, I. (2018). When and how subordinate performance leads to abusive supervision: A social dominance perspective. *Journal of Management*, *44*(7), 2801-2826. https://doi.org/10.1177/0149206316653930

Konrath, S., Meier, B. P., & Bushman, B. J. (2014). Development and validation of the single item narcissism scale (SINS). *PLOS one*, *9*(8), e103469. https://doi.org/10.1371/journal.pone.0103469

Kraft, P. S. (2022). The double-edged sword of CEO narcissism: A meta-analysis of innovation and firm performance implications. *Journal of Product Innovation Management*, *39*(6), 749-772. https://doi.org/10.1111/jpim.12649

Kristof, A. L. (1996). Person-organization fit: An integrative review of its conceptualizations, measurement, and implications. *Personnel Psychology*, *49*(1), 1-49. https://doi.org/10.1111/j.1744-6570.1996.tb01790.x

Krizan, Z., & Herlache, A. D. (2018). The narcissism spectrum model: A synthetic view of narcissistic personality. *Personality and Social Psychology Review*, *22*(1), 3–31. https://doi.org/10.1177/1088868316685018

Lazarus, R. S., and Folkman, S. (1984). Stress, Appraisal, and Coping. New York: Springer.

Leckelt, M., Küfner, A. C. P., Nestler, S., & Back, M. D. (2015). Behavioral processes underlying the decline of narcissists' popularity over time. *Journal of Personality and Social Psychology*, *109*(5), 856–871. https://doi.org/10.1037/pspp0000057

Lehnen, J., Lamhofer, M., Peters, M., & Scholz, V. (2020). Startup- und Innovationsmonitor 2020. DACH-Studie der Startup- und Innovationsprogramme. https://mm1.com/fileadmin/user_upload/Landing_Pages/DACH-Studie/mm1_DACH_Studie_Startup-_und_Innovationsprogramme.pdf. Abruf: 15.12.2023.

Leniarska, M., Zajenkowski, M., Rogoza, R., & Fatfouta, R. (2023). Do communal narcissists care about intelligence? Associations with high self-assessed and low objective intelligence. *Personality and Individual Differences, 207*, 112153. https://doi.org/10.1016/j.paid.2023.112153

Levy, K. N., Ellison, W. D., & Reynoso, J. S. (2011). A historical review of narcissism and narcissistic personality. In: W. K. Campbell & J. D. Miller (Hrsg.), *The handbook of narcissism and narcissistic personality disorder: Theoretical approaches, empirical findings, and treatments* (S. 3-13). John Wiley & Sons, Inc.

Lilienfeld, S. O., Miller, J. D., & Lynam, D. R. (2018). The Goldwater Rule: Perspectives from, and implications for, psychological science. *Perspectives on Psychological Science, 13*(1), 3-27. https://doi.org/10.1177/1745691617727864

Lubit, R. (2002). The long-term organizational impact of destructively narcissistic managers. *Academy of Management Perspectives, 16*(1), 127-138. https://doi.org/10.5465/AME.2002.6640218

Luchner, A. F., Houston, J. M., Walker, C., & Houston, M. A. (2011). Exploring the relationship between two forms of narcissism and competitiveness. *Personality and Individual Differences, 51*(6), 779-782. https://doi.org/10.1016/j.paid.2011.06.033

Luo, Y. L., & Cai, H. (2018). The etiology of narcissism: A review of behavioral genetic studies. In: A. D. Hermann, A. B. Brunell, & J. D. Foster (Hrsg.), Handbook of trait narcissism: Key advances, research methods, and controversies (S. 149-156). Cham: Springer International Publishing.

Lord, R. G., Epitropaki, O., Foti, R. J., & Hansbrough, T. K. (2020). Implicit leadership theories, implicit followership theories, and dynamic processing of leadership information. *Annual Review of Organizational Psychology and Organizational Behavior*, *7*, 49-74. https://doi.org/10.1146/annurev-orgpsych-012119-045434

Lynch, J., McGregor, A., & Benson, A. J. (2022). My way or the highway: Narcissism and dysfunctional team conflict processes. *Group Processes & Intergroup Relations, 25*(4), 1157-1171. https://doi.org/10.1177/13684302211001944

Macenczak, L. A., Campbell, S., Henley, A. B., & Campbell, W. K. (2016). Direct and interactive effects of narcissism and power on overconfidence. *Personality and Individual Differences, 91*, 113-122. https://doi.org/10.1016/j.paid.2015.11.053

Mackey, J. D., Ellen III, B. P., McAllister, C. P., & Alexander, K. C. (2021). The dark side of leadership: A systematic literature review and meta-analysis of destructive leadership research. *Journal of Business Research, 132*, 705-718. https://doi.org/10.1016/j.jbusres.2020.10.037

Mawritz, M. B., Mayer, D. M., Hoobler, J. M., Wayne, S. J., & Marinova, S. V. (2012). A trickle-down model of abusive supervision. *Personnel Psychology, 65*(2), 325-357. https://doi.org/10.1111/j.1744-6570.2012.01246.x

Mathieu, C. (2021). Dark personalities in the workplace. Academic Press.

Mathieu, C., & St-Jean, É. (2013). Entrepreneurial personality: The role of narcissism. *Personality and Individual Differences, 55*(5), 527-531. https://doi.org/10.1016/j.paid.2013.04.026

May, D., Schilling, J., & Schyns, B. (2016). Destruktive Führung erkennen und verhindern. In: J. Felfe & R. van Dick (Hrsg.), Handbuch Mitarbeiterführung: Wirtschaftspsychologisches Praxiswissen für Fach-und Führungskräfte (S. 265-277). Springer, Berlin, Heidelberg.

McCain, J. L., & Campbell, W. K. (2018). Narcissism and social media use: A meta-analytic review. *Psychology of Popular Media Culture*, *7*(3), 308-327. https://doi.org/10.1037/ppm0000137

McClelland, D. C. (1975). Power: The inner experience. Irvington.

McClelland, D. C., & Boyatzis, R. E. (1982). Leadership motive pattern and long-term success in management. *Journal of Applied Psychology*, *67*(6), 737-743. https://doi.org/10.1037/0021-9010.67.6.737

McCullough, M. E., Emmons, R. A., Kilpatrick, S. D., & Mooney, C. N. (2003). Narcissists as »victims«: The role of narcissism in the perception of transgressions. *Personality and Social Psychology Bulletin*, *29*(7), 885-893. https://doi.org/10.1177/0146167203029007007

Miller, J. D., Lynam, D. R., Hyatt, C. S., & Campbell, W. K. (2017). Controversies in narcissism. *Annual Review of Clinical Psychology*, *13*, 291-315. https://doi.org/10.1146/annurev-clinpsy-032816-045244

Miller, J. D., Back, M. D., Lynam, D. R., & Wright, A. G.. C. (2021). Narcissism today: What we know and what we need to learn. *Current Directions in Psychological Science*, *30*, 519-525. https://doi.org/10.1177/09637214211044109

Morf, C. C., & Rhodewalt, F. (2001). Expanding the dynamic self-regulatory processing model of narcissism: Research directions for the future. *Psychological Inquiry*, *12*(4), 243-251. https://doi.org/10.1207/S15327965PLI1204_3

Morf, C. C., & Koole, S. L. (2014). Das Selbst. In: K. Jonas, J. Stroebe, & M. Hewstone (Hrsg.), Sozialpsychologie (S. 141-195). Springer-Verlag.

Mota, S., Humberg, S., Krause, S., Fatfouta, R., Geukes, K., Schröder-Abé, M., & Back, M. D. (2020). Unmasking Narcissus: A competitive test of existing hypotheses on (agentic, antagonistic, neurotic, and communal) narcissism and (explicit and implicit) self-esteem across 18 samples. *Self and Identity*, *19*(4), 435-455. https://doi.org/10.1080/15298868.2019.1620012

Nerdinger, F. W. (2019). Führung von Mitarbeitern. In: Nerdinger, F. W., Blickle, G., Schaper, N., & Nerdinger, F. W. (Hrsg.), Arbeits- und Organisationspsychologie (S. 95-117). Springer.

Nevicka, B., Baas, M., & Ten Velden, F. S. (2016). The bright side of threatened narcissism: Improved performance following ego threat. *Journal of Personality*, *84*(6), 809-823. https://doi.org/10.1111/jopy.12223

Nevicka, B., De Hoogh, A. H., Van Vianen, A. E., & Ten Velden, F. S. (2013). Uncertainty enhances the preference for narcissistic leaders. *European Journal of Social Psychology*, *43*(5), 370-380. https://doi.org/10.1002/ejsp.1943

Nevicka, B., De Hoogh, A. H., Den Hartog, D. N., & Belschak, F. D. (2018). Narcissistic leaders and their victims: Followers low on self-esteem and low on core self-evaluations suffer most. *Frontiers in Psychology*, *9*, 422. https://doi.org/10.3389/fpsyg.2018.00422

Nevicka, B., Ten Velden, F. S., De Hoogh, A. H., & Van Vianen, A. E. (2011). Reality at odds with perceptions: Narcissistic leaders and group performance. *Psychological Science*, *22*(10), 1259-1264. https://doi.org/10.1177/0956797611417259

O'Reilly, C. A., Caldwell, D. F., Chatman, J. A., & Doerr, B. (2014). The promise and problems of organizational culture: CEO personality, culture, and firm performance. *Group & Organization Management*, *39*(6), 595-625. https://doi.org/10.1177/1059601114550713

O'Reilly III, C. A., Doerr, B., & Chatman, J. A. (2018). »See You in Court«: How CEO narcissism increases firms' vulnerability to lawsuits. *The Leadership Quarterly*, *29*(3), 365-378. https://doi.org/10.1016/j.leaqua.2017.08.001

O'Reilly, C. A., & Chatman, J. A. (2020). Transformational leader or narcissist? How grandiose narcissists can create and destroy organizations and institutions. *California Management Review*, *62*(3), 5-27. https://doi.org/10.1177/00081256209149

O'Reilly, C. A., Chatman, J. A., & Doerr, B. (2021). When »me« trumps »we«: Narcissistic leaders and the cultures they create. *Academy of Management Discoveries*, *7*(3), 419-450. https://doi.org/10.5465/amd.2019.0163

O'Reilly, C. A., & Pfeffer, J. (2021). Why are grandiose narcissists more effective at organizational politics? Means, motive, and opportunity. *Personality and Individual Differences*, *172*, 110557. https://doi.org/10.1016/j.paid.2020.110557

O'Reilly, C. A., Cao, X., & Sull, D. (2022). CEO Personality: The Cornerstone of Organizational Culture? *Group & Organization Management*, 10596011231176591. https://doi.org/10.1177/10596011231176591

Oesterle, M. J., Elosge, C., & Elosge, L. (2016). Me, myself and I: The role of CEO narcissism in internationalization decisions. *International Business Review*, *25*(5), 1114-1123. https://doi.org/10.1016/j.ibusrev.2016.02.001

Organ, D. W. (1988). Organizational citizenship behavior: The good soldier syndrome. Lexington, MA: Lexington Books.

Österle, H., Höning, F., & Osl, P. (2011). Methodenkern des Business Engineering. Ein Lehrbuch. https://www.alexandria.unisg.ch/server/api/core/bitstreams/c3298d1f-2d42-4242-aa63-10af48d3c428/content. Abruf: 13.12.2023.

Ouimet, G. (2010). Dynamics of narcissistic leadership in organizations: Towards an integrated research model. *Journal of Managerial Psychology*, *25*(7), 713-726. https://doi.org/10.1108/02683941011075265

Padilla, A., Hogan, R., & Kaiser, R. B. (2007). The toxic triangle: Destructive leaders, susceptible followers, and conducive environments. *The Leadership Quarterly*, *18*(3), 176-194. https://doi.org/10.1016/j.leaqua.2007.03.001

Paulhus, D. L. (2001). Normal narcissism: Two minimalist accounts. *Psychological Inquiry*, *12*, 228–230. http://dx.doi.org/10.1207/S15327965PLI1204_2

Paulhus, D. L., & Harms, P. D. (2004). Measuring cognitive ability with the overclaiming technique. *Intelligence*, *32*(3), 297-314. https://doi.org/10.1016/j.intell.2004.02.001

Pastoors, S., Becker, J. H. (2019). Grundlagen der werteorientierten Führung: Werte definieren und kommunizieren. In: S. Pastoors, J. H. Becker, H. Ebert, & M. Auge (Hrsg.),

Praxishandbuch werteorientierte Führung: Kompetenzen erfolgreicher Führungskräfte im 21. Jahrhundert (S. 15-30). Springer.

Penney, L. M., & Spector, P. E. (2002). Narcissism and counterproductive work behavior: Do bigger egos mean bigger problems? *International Journal of Selection and Assessment, 10*(1-2), 126-134. https://doi.org/10.1111/1468-2389.00199

Petrenko, O. V., Aime, F., Ridge, J., & Hill, A. (2016). Corporate social responsibility or CEO narcissism? CSR motivations and organizational performance. *Strategic Management Journal, 37*(2), 262-279. https://doi.org/10.1002/smj.2348

Ployhart, R. E., & Bliese, P. D. (2006). Individual adaptability (I-ADAPT) theory: Conceptualizing the antecedents, consequences, and measurement of individual differences in adaptability. In: C. S. Burke, L. G. Pierce, & E. Salas (Hrsg.), Understanding adaptability: A prerequisite for effective performance within complex environments (S. 3–39). Elsevier.

Podsakoff, N. P., Whiting, S. W., Podsakoff, P. M., & Blume, B. D. (2009). Individual- and organizational-level consequences of organizational citizenship behaviors: A meta-analysis. *Journal of Applied Psychology, 94*(1), 122–141. https://doi.org/10.1037/a0013079

Popper, M. (2002). Narcissism and attachment patterns of personalized and socialized charismatic leaders. *Journal of Social and Personal Relationships, 19*, 797–809. https://doi.org/10.1177/026540750219600

Raskin, R. N., & Hall, C. S. (1979). A Narcissistic Personality Inventory. *Psychological Reports, 45*, 590–590. https://doi.org/10.2466/pr0.1979.45.2.590

Rauthmann, J. F. (2017). Persönlichkeitspsychologie: Paradigmen–Strömungen–Theorien. Springer-Verlag.

Renneberg, B., & Herpertz, S. C. (2020). Persönlichkeitsstörungen. Hogrefe.

Roberts, R., Cooke, A., Woodman, T., Hupfeld, H., Barwood, C., & Manley, H. (2019). When the going gets tough, who gets going? An examination of the relationship between narcissism, effort, and performance. *Sport, Exercise, and Performance Psychology, 8*(1), 93. https://doi.org/10.1037/spy0000124

Robinson, S.L., & Bennett, R.J. (1995). A typology of deviant workplace behaviours: A multidimensional scaling study. *Academy of Management Journal, 38*, 555–572. https://doi.org/10.2307/256693

Rogoza, R., & Fatfouta, R. (2020). Decoding the narcissism-charisma link: A facet approach. *Personality and Individual Differences, 156*, 109774. https://doi.org/10.1016/j.paid.2019.109774

Rogoza, R., Crowe, M. L., Jamison, L., Cieciuch, J., & Strus, W. (2022). Support for the three-factor model of narcissism and its personality underpinnings through the lens of the network psychometrics. *Psychological Assessment, 34*(9), 880–890. https://doi.org/10.1037/pas0001149

Rogoza, R., Krammer, G., Jauk, E., Flakus, M., Baran, L., Di Sarno, M., Di Pierro, R., Zajenkowski, M., Dufner, M., & Fatfouta, R. (2024). The peaks and valleys of narcissism: The factor structure of narcissistic states and their relations to trait measures. Psychological assessment, 36(2), 147–161. https://doi.org/10.1037/pas0001295

Rosenberg, M. (1965). Society and the adolescent self-image. Princeton University Press.

Rosenthal, S. A., & Pittinsky, T. L. (2006). Narcissistic leadership. *The Leadership Quarterly*, *17*(6), 617-633. https://doi.org/10.1016/j.leaqua.2006.10.005

Roulin, N., & Bourdage, J. S. (2017). Once an impression manager, always an impression manager? Antecedents of honest and deceptive impression management use and variability across multiple job interviews. *Frontiers in Psychology*, *8*, 29. https://doi.org/10.3389/fpsyg.2017.00029

Rowold, J., Bormann, K. C., & Poethke, U. (2015). Innovationsförderndes Human Resource Management. Springer Berlin Heidelberg.

Rubinstein, G. (2017). Narcissistic leadership in organizations: A two-edged sword. In: V. Muhlbauer, & W. Harry (Hrsg.), Redefining Management (S. 155-178). Springer, Cham.

Rudolph, A., Schröder-Abé & M. Schütz, A. (2016). Selbstkonzept, Selbstwert und Selbstwertregulation. In: S. Herpertz, F. Caspar & K. Lieb (Hrsg.), Psychotherapie. Funktions- und störungsorientiertes Vorgehen (S. 207-226). München: Elsevier Urban & Fischer.

Schäffer, U., Storek, F. (2022). Transforming risk management. *Controlling & Management Revue* (66), 30–35. https://doi.org/10.1007/s12176-021-0435-0

Schattke, K., & Marion-Jetten, A. S. (2022). Distinguishing the explicit power motives: Relations with dark personality traits, work behavior, and leadership styles. *Zeitschrift für Psychologie*, 230(4), 290-299. https://doi.org/10.1027/2151-2604/a000481

Schaufeli, W. B., Taris, T. W., & Van Rhenen, W. (2008). Workaholism, burnout, and work engagement: Three of a kind or three different kinds of employee well-being? *Applied Psychology*, *57*(2), 173-203. https://doi.org/10.1111/j.1464-0597.2007.00285.x

Schneck, C. (2017). Coaching und Narzissmus: Psychologische Grundlagen und Praxishinweise für Management-Coaches und Berater. Springer-Verlag.

Schuler, H., & Höft, S. (2001). Konstruktorientierte Verfahren der Personalauswahl. In: H. Schuler (Hrsg.), Lehrbuch der Personalpsychologie (S. 101-144). Göttingen: Hogrefe.

Schumacher, F., & Geschwill, R. (2014). Employer Branding-Human Resources Management für die Unternehmensführung. Springer: Gabler.

Schwarzinger, D. (2020). Die Dunkle Triade der Persönlichkeit in der Personalauswahl: Narzissmus, Machiavellismus und subklinische Psychopathie am Arbeitsplatz (Vol. 32). Hogrefe.

Schwarzinger, D., & Schuler, H. (2016). Dark triad of personality at work (TOP). Hogrefe.

Schyns, B., Neves, P., Wisse, B., & Knoll, M. (2018). Turning a blind eye to destructive leadership. In: R. E. Riggio (Hrsg.), What's wrong with leadership? Improving leadership research and practice (S. 189-206). New York: Routledge.

Sedikides, C., & Campbell, W. K. (2017). Narcissistic force meets systemic resistance: The energy clash model. *Perspectives on Psychological Science*, *12*(3), 400-421. https://doi.org/10.1177/174569161769210

Sedikides, C., & Hart, C. M. (2022). Narcissism and conspicuous consumption. *Current Opinion in Psychology*, *46*, 101322. https://doi.org/10.1016/j.copsyc.2022.101322

Smith, M. B., & Webster, B. D. (2018). Narcissus the innovator? The relationship between grandiose narcissism, innovation, and adaptability. *Personality and Individual Differences*, *121*, 67-73. https://doi.org/10.1016/j.paid.2017.09.018

Spain, S. M., Harms, P., & LeBreton, J. M. (2014). The dark side of personality at work. *Journal of Organizational Behavior, 35*(Suppl 1), 41-60. https://doi.org/10.1002/job.1894

Spector, P. E., Fox, S., Penney, L. M., Bruursema, K., Goh, A., & Kessler, S. (2006). The dimensionality of counterproductivity: Are all counterproductive behaviors created equal? *Journal of Vocational Behavior, 68*(3), 446-460. https://doi.org/10.1016/j.jvb.2005.10.005

Srikanth, P. B. (2020). Coping with abusive leaders. *Personnel Review, 49*(6), 1309-1326. https://doi.org/10.1108/PR-03-2019-0118

Stamoulis, D. (2009). Senior executive assessment: A key to responsible corporate governance. Chichester, West Sussex, United Kingdom: Wiley, Ltd.

Statista (2024). Umsatzverteilung von LVMH weltweit nach Regionen in den Jahren 2008 bis 2022. https://de.statista.com/statistik/daten/studie/218991/umfrage/weltweite-umsaetze-mode-lvmh/. Abruf: 28.01.2024.

Statista (2023). Number of social network users worldwide as of January 2023, by region. https://www.statista.com/statistics/454772/number-social-media-user-worldwide-region/. Abruf: 09.12.2023.

Steffens, N. K., & Haslam, S. A. (2022). The narcissistic appeal of leadership theories. The *American Psychologist, 77*(2), 234–248. https://doi.org/10.1037/amp0000738

Subra B. (2023). Why narcissists are more likely to be aggressive? The role of hostile attribution bias. *International Journal of Psychology, 58*(6), 518-525. https://doi.org/10.1002/ijop.12924

Tagesspiegel (2023). »Geile Dinge finden die Leute geil«: Zu Besuch beim Duft- und Energy-Influencer Jeremy Fragrance. https://www.tagesspiegel.de/gesellschaft/panorama/geile-dinge-finden-die-leute-geil-zu-besuch-beim-duft-und-energy-influencer-jeremy-fragrance-9554888.html. Abruf: 08.02.2024.

Tavanti, M. (2011). Managing toxic leaders: Dysfunctional patterns in organizational leadership and how to deal with them. *Human Resource Management, 6*, 127-136.

Tepper, B. J., Simon, L., & Park, H. M. (2017). Abusive supervision. *Annual Review of Organizational Psychology and Organizational Behavior, 4*, 123-152. https://doi.org/10.1146/annurev-orgpsych-041015-062539

Thomaes, S., & Brummelman, E. (2018). Parents' socialization of narcissism in children. In: A. D. Hermann, A. B. Brunell, & J. D. Foster (Hrsg.), Handbook of trait narcissism: Key advances, research methods, and controversies (S. 143-148). Cham: Springer International Publishing.

Tichy, N. (2020). Toxische Führung belastet das Arbeitsklima. https://www.personalwirtschaft.de/news/hr-organisation/giftige-chefs-kosten-deutsche-unternehmen-viel-geld-97742/. Abruf: 16.11.2023.

Tskhay, K. O., Zhu, R., Zou, C., & Rule, N. O. (2018). Charisma in everyday life: Conceptualization and validation of the General Charisma Inventory. *Journal of Personality and Social Psychology, 114*(1), 131-152. https://doi.org/10.1037/pspp0000159

Tversky, A., & Kahneman, D. (1986). The framing of decisions and the evaluation of prospects. *Studies in Logic and the Foundations of Mathematics, 114*, 503-520. https://doi.org/10.1016/S0049-237X(09)70710-4

Twenge, J. M., Konrath, S., Foster, J. D., Keith Campbell, W., & Bushman, B. J. (2008). Egos inflating over time: A cross-temporal meta-analysis of the Narcissistic Personality Inventory. *Journal of Personality*, *76*(4), 875-902. https://doi.org/10.1111/j.1467-6494.2008.00507.x

Twenge, J. M., & Campbell, W. K. (2009). The narcissism epidemic: Living in the age of entitlement. Simon and Schuster.

Van Scotter, J. R., & Roglio, K. D. D. (2020). CEO bright and dark personality: Effects on ethical misconduct. *Journal of Business Ethics*, *164*(3), 451-475. https://doi.org/10.1007/s10551-018-4061-5

Vater, A., Roepke, S., Ritter, K., & Lammers, C. H. (2013). Narzisstische Persönlichkeitsstörung. *Psychotherapeut*, *6*(58), 599-615. https://doi.org/10.1007/s00278-013-1021-5

Vazire, S., & Funder, D. C. (2006). Impulsivity and the self-defeating behavior of narcissists. *Personality and Social Psychology Review*, *10*(2), 154-165. https://doi.org/10.1207/s15327957pspr1002_4

von Collani, G. (2014). NPI-10. Narcissistic Personality Inventory-10. In: C. Kemper, E. Brähler, & M. Zenger (Hrsg.), Psychologische und sozial-wissenschaftliche Kurzskalen (S. 204-207). Berlin: Medizinisch Wissenschaftliche Verlagsgesellschaft.

Wallace, H. M., & Baumeister, R. F. (2002). The performance of narcissists rises and falls with perceived opportunity for glory. *Journal of Personality and Social Psychology*, *82*(5), 819-834. https://doi.org/10.1037/0022-3514.82.5.819

Wardetzki, B. (2023). Ist es noch Selbstliebe oder schon Narzissmus? Den weiblichen Narzissmus verstehen und überwinden. Kösel.

Watts, A. L., Lilienfeld, S. O., Smith, S. F., Miller, J. D., Campbell, W. K., Waldman, I. D., … & Faschingbauer, T. J. (2013). The double-edged sword of grandiose narcissism: Implications for successful and unsuccessful leadership among US presidents. *Psychological Science*, *24*(12), 2379-2389. https://doi.org/10.1177/0956797613491970

Weber, M. (1978). Economy and society: An outline of interpretive sociology. Berkley, CA: University of California Press.

Weidmann, R., Chopik, W. J., Ackerman, R. A., Allroggen, M., Bianchi, E. C., Brecheen, C., Campbell, W. K., Gerlach, T. M., Geukes, K., Grijalva, E., Grossmann, I., Hopwood, C. J., Hutteman, R., Konrath, S., Küfner, A. C. P., Leckelt, M., Miller, J. D., Penke, L., Pincus, A. L., Renner, K. H., … Back, M. D. (2023). Age and gender differences in narcissism: A comprehensive study across eight measures and over 250,000 participants. *Journal of Personality and Social Psychology*, *124*(6), 1277–1298. https://doi.org/10.1037/pspp0000463

Welge, M. K., & Eulerich, M. (2014). Corporate-Governance-Management. Springer Fachmedien Wiesbaden.

Westen, D. (1998). The scientific legacy of Sigmund Freud: Toward a psychodynamically informed psychological science. *Psychological Bulletin*, *124*(3), 333–371. https://doi.org/10.1037/0033-2909.124.3.333

Wetzel, E., Brown, A., Hill, P. L., Chung, J. M., Robins, R. W., & Roberts, B. W. (2017). The narcissism epidemic is dead; long live the narcissism epidemic. *Psychological Science*, *28*(12), 1833-1847. https://doi.org/10.1177/0956797617724208

Wienands, A. (2015). *Choreographien der Seele: Lösungsorientierte systemische Psychosomatik*. Kösel-Verlag.

Yagil, D., Ben-Zur, H., & Tamir, I. (2011). Do employees cope effectively with abusive supervision at work? An exploratory study. *International Journal of Stress Management, 18*(1), 5-23. https://doi.org/10.1037/a0020548

Zeigler-Hill, V., & Dehaghi, A. M. B. (2023). Narcissism and psychological needs for social status, power, and belonging. *Personality and Individual Differences*, 210, 112231. https://doi.org/10.1016/j.paid.2023.112231

Zeigler-Hill, V., Vonk, J., & Fatfouta, R. (2023). Does narcissus prefer to be alone? Narcissistic personality features and the preference for solitude. *Journal of Personality*. https://doi.org/10.1111/jopy.12901

Żemojtel-Piotrowska, M. A., Piotrowski, J., Pers, P., Tomiałowicz, E., & Clinton, A. (2018). Narcissism and its relationship with counterproductive work behavior: Mediational effects of psychological entitlement and subjective well-being. *Polish Psychological Bulletin, 49*(4), 442-448. https://doi.org/10.24425/119513

Zhang, H., Ou, A. Y., Tsui, A. S., & Wang, H. (2017). CEO humility, narcissism and firm innovation: A paradox perspective on CEO traits. *The Leadership Quarterly, 28*(5), 585–604. https://doi.org/10.1016/j.leaqua.2017.01.003

Zhao, H., & Seibert, S. E. (2006). The big five personality dimensions and entrepreneurial status: a meta-analytical review. *Journal of Applied Psychology, 91*(2), 259-271. https://doi.org/10.1037/0021-9010.91.2.259

Zhou, Y., Wang, C., & Sin, H. P. (2023). Being »there and aware«: A meta-analysis of the literature on leader mindfulness. *European Journal of Work and Organizational Psychology, 32*(3), 299-316. https://doi.org/10.1080/1359432X.2022.2150170

Zhu, D. H., & Chen, G. (2015). Narcissism, director selection, and risk-taking spending. *Strategic Management Journal, 36*(13), 2075-2098. https://doi.org/10.1002/smj.2322

Zimmerman, M. (2023). Narzisstische Persönlichkeitsstörung (NPS). Manual für medizinische Fachkreise. https://www.msdmanuals.com/de-de/heim/psychische-gesundheitsst%C3%B6rungen/pers%C3%B6nlichkeitsst%C3%B6rungen/narzisstische-pers%C3%B6nlichkeitsst%C3%B6rung-npd. Abruf: 27.01.2024.

Zitek, E. M., & Jordan, A. H. (2016). Narcissism predicts support for hierarchy (at least when narcissists think they can rise to the top). *Social Psychological and Personality Science, 7*(7), 707-716. https://doi.org/10.1177/1948550616649241

Zvi, L., & Elaad, E. (2018). Correlates of narcissism, self-reported lies, and self-assessed abilities to tell and detect lies, tell truths, and believe others. *Journal of Investigative Psychology and Offender Profiling, 15*(3), 271-286. https://doi.org/10.1002/jip.1511

Zvi, L., & Shtudiner, Z. (2021). Resume fraud and counterproductive behavior: The impact of narcissism in the labor market. *Journal of Behavioral and Experimental Economics, 93*, 101715. https://doi.org/10.1016/j.socec.2021.101715

Der Autor

Copyright: Ivo Wilhelm

Dr. habil. Ramzi Fatfouta, geb. 1988, ist als Experte für HR Diagnostics&Development Concepts bei einem großen, deutschen Unternehmen tätig und dozierte zuletzt als Professor für Wirtschaftspsychologie. Davor arbeitete er als Seniorberater bei Kienbaum, wo er im Bereich Assessment Services u.a. nationale und internationale (Einzel- oder Gruppen-)Auswahl- und Entwicklungsverfahren sowie Management Audits und Potenzialanalysen für diverse Zielgruppen (Young Professionals bis Executives) durchführte. Darüber hinaus publiziert er als international ausgewiesener Narzissmusforscher und Autor zahlreicher wissenschaftlicher Fachpublikationen und -vorträge zum Thema Narzissmus sowie der Dunklen Triade. Er hat Psychologie und Neurowissenschaft studiert mit anschließender Promotion&Habilitation in der Psychologie. Zudem ist er als systemischer Coach sowie Laufbahn-&Karriere-Coach ausgebildet und nebenher freiberuflich tätig.

https://www.fatfouta.de/

Wenn Sie die hier vorgestellten Lösungs- und Handlungsstrategien in Ihrer Organisation umsetzen möchten oder zu Narzissmus bzw. Leadership Derailment (Führungsversagen) beraten werden möchten, kontaktieren Sie mich bitte direkt zwecks Impulsvorträgen, Coaching/Beratung, Workshops etc. Zusätzlich biete ich individuelles Einzelcoaching an, um persönliche Herausforderungen im Umgang mit Narzissmus zu bewältigen und passgenaue Lösungswege zu entwickeln.

ramzi@fatfouta.de